技术专著系列

内陆寒旱区
盐渍土工程地质特性研究

严耿升　胡向阳　等　著

中国水利水电出版社
www.waterpub.com.cn
·北京·

内 容 提 要

　　本书系统阐述了西北内陆寒旱区盐渍土的基本特征、形成的自然环境和区域地质条件、由其特性产生的工程地质问题及非饱和条件下的水盐迁移特性，进行了西北内陆寒旱区盐渍土物理力学特性测试研究，提出了西北内陆地区盐渍土地基处理措施建议。

　　本书可作为水利水电、公路、石油、市政工程等行业的工程地质和建筑专业技术人员参考用书。

图书在版编目（CIP）数据

内陆寒旱区盐渍土工程地质特性研究 / 严耿升等著
. -- 北京：中国水利水电出版社，2020.9
ISBN 978-7-5170-8871-4

Ⅰ. ①内… Ⅱ. ①严… Ⅲ. ①寒冷地区－干旱区－盐渍土－工程地质－特性－研究 Ⅳ. ①P642.13

中国版本图书馆CIP数据核字(2020)第175194号

书　　名	**内陆寒旱区盐渍土工程地质特性研究** NEILU HANHANQU YANZITU GONGCHENG DIZHI TEXING YANJIU	
作　　者	严耿升　胡向阳　等著	
出版发行	中国水利水电出版社 （北京市海淀区玉渊潭南路 1 号 D 座　100038） 网址：www. waterpub. com. cn E - mail：sales@ waterpub. com. cn 电话：(010) 68367658（营销中心）	
经　　售	北京科水图书销售中心（零售） 电话：(010) 88383994、63202643、68545874 全国各地新华书店和相关出版物销售网点	
排　　版	中国水利水电出版社微机排版中心	
印　　刷	北京印匠彩色印刷有限公司	
规　　格	184mm×260mm　16 开本　16.25 印张　395 千字	
版　　次	2020 年 9 月第 1 版　2020 年 9 月第 1 次印刷	
印　　数	0001—1000 册	
定　　价	**128.00 元**	

前言

　　西北内陆地区规划和已建成的风力发电场大部分布在空旷的戈壁地貌上，场地大面积分布内陆盐渍土，土中含有大量盐分形成盐渍土层。由于对盐渍土溶陷、盐胀等工程地质性质认识不足，前期已建风力发电场的集控中心、变电站等建筑物有发生墙体倾斜、墙面裂缝、地面胀裂等病害，给风电场的正常运行和后期处理造成很大的经济损失。

　　西北地区属于典型的干旱半干旱内陆性气候，多年平均年蒸发量可达2800mm以上，蒸发量是降雨量的40倍之多，形成了典型的内陆性寒旱区盐渍土或盐渍类土。内陆盐渍土基本都是冲洪积形成的砂砾或砾砂类粗粒盐渍土。土的组成以圆砾、角砾、卵石、碎石为主，其间常伴有砂类及黄土类土的杂乱堆积，或呈交互层状及透镜体产出。由于蒸发量大、降雨量小、毛细作用强烈，极利于盐分在地表聚集。旱季时在地表形成白色盐霜或盐壳，雨季时地表盐分被地表水溶解，随水流带向低洼地带或渗入地下，表层含盐量减少，地表白色盐霜或盐壳甚至消失。这种内陆粗粒盐渍土具有平面分布的不连续性、不均匀性和垂向分布的表聚性。作为一种特殊土，在天然状态下，盐渍土可作为一般工业与民用建筑物的良好地基。一旦自然条件改变或浸水，发生溶陷和盐胀，造成土体结构破坏、力学强度降低，使建筑物发生裂缝、倾斜或结构破坏，则严重威胁建筑工程的安全性。

　　中国电建集团西北勘测设计研究院有限公司在酒泉地区、新疆地区、华北地区北部等盐渍土地区规划的风力发电场开展了大量的勘测设计工作，积累了大量的基础资料和丰富经验，同时也发现了盐渍土引起的诸多特殊问题。鉴于此，中国电建集团西北勘测设计研究院有限公司与兰州大学联合攻关，针对酒泉地区千万千瓦级风电工程建设中遇到的盐渍土工程问题，开展西北内陆寒旱区粗粒盐渍土工程地质特性研究，旨在查明盐渍土的分布赋存规律，分析寒旱区粗粒盐渍土溶陷、盐胀的发生机理，发展趋势，影响因素，以及各影响因素的交互作用规律，评价盐渍土地基的工程性质，提出解决盐渍土地基的承载力不足、溶陷和盐胀等强度、变形及稳定性问题的办法。本书依据课题研究成果编撰而成。

　　全书共分为6章：第1章内容包括盐渍土的研究概况，分为盐渍土的定义、分类、成因、分布、工程地质性质、危害，以及我国西北地区盐渍土概况和研究进展八个方面进行论述；第2章内容包括盐渍土形成的气候、地形地貌、地层岩性、水文地质、地质构造等自然环境和区域地质条件；第3章内容包括盐渍土的分布和成生模式、盐胀、压缩和融陷特性及温湿度对盐渍土性质的影响；第4章内容包括盐渍土的非饱和特征和不同测试方法获得盐渍土持水和水盐迁移特性；第5章内容包括盐渍土的原位和室内物理力学性质测试及其导电性；第6章内容为内陆地区盐渍土地基处理措施建议，包括水分隔断、结构加固和去除盐分三方面的措施。

先后在现场开展了盐渍土分布规律研究，采用地质调查、测绘、探地雷达测试、高密度电阻率法测试、地层温湿度监测等勘察测试工作。同时，为了进一步探讨盐渍土的物理力学特性，开展了"酒泉地区盐渍土物理力学特性现场试验研究"专题研究，采用静力载荷试验、动力荷载试验、静力触探试验、多道瞬态面波测试、单环注水试验等方法，在不同深度土层开展了天然状态和浸水状态条件下盐渍土的强度和变形特性、渗透性能测试研究工作。

在现场调查与测试的基础上，课题组进行了大量的室内试验研究工作，采用颗粒分析筛、离子色谱仪、X射线衍射仪、环境扫描电镜分别测定了土样的颗粒组成、易溶盐化学成分、矿物组成和微结构特征。随后，为了进一步查明研究区盐渍土的工程性质，开展了大量盐渍土特性的室内模拟试验研究。采用Ku-PF非饱和导水率仪、压力膜仪、水汽平衡法测试不同盐渍土试样的非饱和特性；利用三联式固结仪，采用双线法测试不同试样的溶陷性；利用光照-温度-湿度-二氧化碳环境控制室，模拟不同温湿度条件的环境变化条件，探究了不同颗粒组成、不同干密度和含水率状态下盐渍土试样的盐胀性，拟从机理上阐释盐胀发生和发展的规律与趋势，以预测盐渍土的盐胀病害；采用温纳法装置测试不同盐渍土试样的电阻率特性，讨论了盐渍土电阻率特性随含盐量、含水率和干密度等因素的变化规律，为现场电阻率法测试提供了理论依据。同时，为了说明盐渍土地基处理后的强度特性，室内开展了不同试样的抗剪强度、抗压强度等常规物理力学性能测试研究，探究了不同颗粒组成土体的强度特性。

研究成果可以有效指导盐渍土地区风电工程设计和施工，提升工程建设的总体技术水平，满足工程构筑物的耐久性和使用性能，提高工程建设质量和综合效益。同时，通过对项目研究成果的分析总结，积累经验，建立较为系统的理论体系，不仅对酒泉地区大型风电工程的勘察设计和施工建设具有很大的实用价值，也对西北地区风电工程勘察设计具有重要的技术指导意义，研究成果还可推广到干旱地区盐渍土的高耸建筑工程设计与地基处理中，期望为今后盐渍土地区的工程建设和科学研究起到积极借鉴作用。

本书撰写的具体分工是：第1章由严耿升、赵天宇、胡向阳撰写；第2章由王志硕、钟建平、王明甫撰写；第3章由张虎元、王逸民、梁海撰写；第4章由赵天宇、何小亮、黄佳撰写；第5章由严耿升、刘军、李安旗撰写；第6章由胡向阳、赵成、侯智斌撰写。全书由王志硕、张虎元、严耿升、胡向阳审定，全书汇总由严耿升负责，文字和插图处理由于沉香和杨雄兵负责。

研究中，中国电建集团西北勘测设计研究院有限公司有关领导、新能源工程院和科技研发部给予了极大的支持和关注，开展了研究成果论证、中期评估等指导工作；兰州大学的周仲华、王锦芳等老师对本书研究的实施方案、研究任务、技术难点等提出了许多宝贵意见和建议。各位同志在课题开展过程中，针对开展进度和遇到的问题不断给予的建设性指导，有力地保障了研究的顺利完成和研究成果的提炼。在此，向各位领导和老师表示诚挚的谢意，感谢他们对本书的高度重视和辛勤奉献！

本书旨在将研究成果进一步精炼，将通用的知识、经验推广，以资广大专业人士应用，减少工程浪费。感谢为本书付出辛勤劳动和做出贡献的所有单位和个人。在此，向参与本书的所有人员及对研究提出宝贵意见和建议的专家一并表示感谢！

由于时间仓促，加之作者水平有限，书中难免有错误或不完善之处，敬请读者批评指正。

作者

2020 年 2 月 20 日

目录

第1章

盐渍土研究概况

1.1 盐渍土定义

盐渍土广义上系指包括盐土和碱土在内的，以及不同盐化、碱化土的统称。土的含盐量通常是指土体中易溶盐重量与干土重量之比，以百分数来表示。

《工程地质手册》（第五版）中定义：盐渍岩土系指含有较多易溶盐类的岩土，易溶盐含量大于0.3%，具有融陷、盐胀、腐蚀等特性的土称为盐渍土。

《岩土工程勘察规范》（GB 50021—2001）（2009年版）中盐渍土判断标准：易溶盐含量大于0.3%，并具有融陷、盐胀、腐蚀等工程特性。

《铁路工程地质勘察规范》（TB 10012—2019）中规定：土中易溶盐含量大于0.3%的土定为盐渍土，当地表以下1.0m深度内的土层易溶盐平均含量大于0.3%时，应定为盐渍土场地。

《盐渍土地区建筑技术规范》（GB/T 50942—2014）中规定：盐渍土为易溶盐含量大于或等于0.3%且小于20%，并具有溶陷或岩胀等工程特性的土。

《公路工程地质勘察规范》（JTG C20—2011）中规定：地表以下1.0m深度范围内的土层，当其易溶盐平均含量大于0.3%时，具有溶陷、岩胀等特性时，应判定为盐渍土。

1.2 盐渍土分类

盐渍土与素土的根本区别就在于前者含有一定量的易溶盐，当这些盐类不能完全溶解于水中时，盐渍土的组成包括气体、盐溶液、易溶盐结晶、难溶盐结晶、土颗粒五部分。正是由于这种特殊的组成，盐渍土的工程性质也异常特殊和复杂，除了与土的三相组成有关外，盐渍土的工程性质还取决于含盐类型、含盐量及土质结构等。

作为一种广泛分布的特殊土，盐渍土的分类方法很多。我国现行规范中，按照含盐量、含盐类型等分类标准可以将盐渍土分为不同种类，表1.2-1～表1.2-4列出了不同盐渍土的分类方法及依据。

表 1.2－1   盐渍土按含盐性质分类

名　称	$\dfrac{C(Cl^-)}{2C(SO_4^{2-})}$	$\dfrac{2C(CO_3^{2-})+C(HCO_3^-)}{C(Cl^-)+2C(SO_4^{2-})}$
氯盐渍土	＞2	—
亚氯盐渍土	2～1	—
亚硫酸盐渍土	1～0.3	—
硫酸盐渍土	＜0.3	—
碱性盐渍土	—	＞0.3
分类依据:《盐渍土地区建筑技术规范》(GB/T 50942—2014)		

注 $\dfrac{C(Cl^-)}{2C(SO_4^{2-})}$、$\dfrac{2C(CO_3^{2-})+C(HCO_3^-)}{C(Cl^-)+2C(SO_4^{2-})}$ 是指这些离子在 100g 土中所含毫摩数的比值。

表 1.2－2   盐渍土按含盐量分类

名　称	平均含盐量/%		
	氯及亚氯盐	硫酸及亚硫酸盐	碱性盐
弱盐渍土	0.3～1.0	—	—
中盐渍土	1～5	0.3～2.0	0.3～1.0
强盐渍土	5～8	2～5	1～2
超盐渍土	＞8	＞5	＞2
分类依据:《盐渍土地区建筑技术规范》(GB/T 50942—2014);《岩土工程勘察规范》(GB 50021—2001)(2009 年版)。			

表 1.2－3   盐渍土按盐类溶解度分类

名　称	含 盐 成 分	溶解度 ($t=20$℃)/%
易溶盐渍土	氯化钠(NaCl)、氯化钾(KCl)、氯化钙(CaCl$_2$)、硫酸钠(Na$_2$SO$_4$)、硫酸镁(MgSO$_4$)、碳酸钠(Na$_2$CO$_3$)、碳酸氢钠(NaHCO$_3$)	9.6～42.7
中溶盐渍土	石膏(CaSO$_4$·2H$_2$O)、无水石膏(CaSO$_4$)	0.2
难溶盐渍土	碳酸钙(CaCO$_3$)、碳酸镁(MgCO$_3$)	0.0014
分类依据:《岩土工程勘察规范》(GB 50021—2001)(2009 年版)		

表 1.2－4   盐渍土按盐胀性分类

盐胀分类	非盐胀性土	弱盐胀性土	盐胀性土	强盐胀性土
盐胀率	$\eta\leqslant1\%$	$1\%<\eta\leqslant3\%$	$3\%<\eta\leqslant6\%$	$\eta>6\%$
硫酸钠含量	$Z\leqslant0.5\%$	$0.5\%<Z\leqslant1.2\%$	$1.2\%<Z\leqslant3.0\%$	$Z>3.0\%$
分类依据:《新疆盐渍土地区公路路基路面设计与施工技术规范》(XJT01—2001)				

1.3 盐渍土成因

盐渍土的成因与盐分补充、盐分迁移和所在地的地理、地形、气候,以及工程地质和水文地质条件等自然因素有着最直接的关系。归纳起来，盐渍土的形成有以下几个方面的原因：含盐地表水的蒸发造成、含盐地下水造成、含盐海水造成，以及盐湖、沼泽退化生成等。近年来，人类活动对自然的干涉力加大，也使局部不含盐土体产生盐渍化，生成次生盐渍土。

1.3.1　盐分来源

盐分来源是一个地区土体盐渍化的必要条件，通常的盐分来源有以下两类。

1. 原生盐分的出露

这类地区的地层较深处原本就埋藏有含盐地层，当地表的含盐岩石经过机械风化作用及盐类的结晶胀裂作用时，其上部覆盖的岩石破碎崩解，使岩层中已有盐分或早期残余积盐露出地表，并与地表土体混合而成原生的盐渍土。如青海省柴达木盆地边缘与天山南麓等高峻的山脉山麓处原生盐分出露，这些盐分在水的带动下成为整个流域盐渍化的盐源。

2. 外来盐分的侵入与积聚

外来盐分的侵入与积聚是非盐渍土地区土体盐渍化的充要条件，其中任何一项的变化都会直接影响地区土体的盐渍化进程。滨海地区经常受到海潮侵袭或海面上飓风直接将海水吹上陆地，经蒸发盐分析出积留在土中，形成盐渍土。另外，为满足日益增长的生活和工业发展的需要，滨海地区大量开采地下水，使含盐海水倒灌，加上气候干旱、蒸发量大，也能形成次生盐渍土。

1.3.2　盐分迁移

存在于自然界中的盐分在一定的条件下会产生迁移，盐分迁移分为垂向迁移与水平向迁移两大类。

1. 垂向迁移

盐分垂向迁移指土中盐分在不同地层深度内的迁移。水流是盐分垂向迁移与重新分布的主要因素。地下含盐水体随地下水位及毛细作用范围的升降而升降，在其升降过程中由于蒸发作用而脱水，使水体含盐浓度不断增大，当其因蒸发脱水或因降温而使含盐水体浓度超过所含盐分的溶解度时，水体中的盐分就会结晶析出。盐分由上向下迁移通常是由于低矿化度水的下渗引起，当降水或流经本地段的水流下渗时，低于当地土体所含盐分溶解度的水体会溶解土体中的盐分渗向地层深处，造成地表土体的脱盐。另外，在干旱半干旱地区，不少植物可以从很深的土层中汲取大量盐分，积聚在上部枝干中，枯死后盐分随着茎与叶的腐烂而留在表层土中。有的植物（胡杨树等）本身枝干能分泌出盐结晶；有的植物还具有强烈的蒸腾作用，消耗的水分可超过地面蒸腾量的 1.5～2.0 倍，所以这些植物的生长，都会促使盐分由土层深处向地表迁移。

2. 水平向迁移

盐分水平向迁移是指土中所含盐分在大地不同位置上的移动，主要因水体流动、风及人类活动引起。雨水降落到地表面后会经历流域蓄渗、坡面漫流、河槽集流等过程后下泄入海、入湖或入地，在这一系列过程中，降水所形成的水体在流经含盐土体时会溶解土体中的易溶盐，水体的矿化度逐渐增高，直至该种盐类在当时自然环境下的饱和度为止。这些含盐水体在地表的流动就形成了盐类在地表的水平向迁移。这些含盐水体在地表深处的流动就形成了盐类在地底下以潜流形式发生的水平向移动。

当地表因风化而产生剥蚀，将底层深处的原生盐分出露后，盐分会附着在地表的沙尘上，含盐沙尘在风的作用下发生迁移，造成风沙影响地域内土体的盐渍化现象。

1.4 盐渍土分布

1.4.1 分布规律

土中的盐类以4种形态存在：土层孔隙中的结晶盐、盐壳层、孔隙中的盐溶液和地下水中的盐溶液。由于盐渍土所含各类盐分溶解度等性质不同，所以在不同的地理、地貌、工程地质和水文地质条件下，其分布在宏观上具有一定的规律。

盐渍土在平面上的分布取决于地形地貌及盐类的溶解度。由于碳酸盐的溶解度小，所以在山前冲、洪积倾斜平原区，形成以碳酸盐为主的盐渍土带；而在冲洪积平原区，则成为从含少量的碳酸盐到以含硫酸盐为主的硫酸盐、亚硫酸盐和氯盐型盐渍土过渡带。各种盐类因其溶解度的不同，在含盐的地下水或毛细水的迁移和蒸发过程中，以不同的先后次序达到饱和并析出，使得盐渍土在深度上分布的大致规律是：氯盐在地面附近的浅层处，其下为硫酸盐，碳酸盐则在较深的土层中。当然，实际上这些盐类有时是交错混杂逐渐过渡的，无明显界面。

1.4.2 土分布概况

盐渍土在世界各地区均有分布，在欧洲、南北美洲、亚洲、非洲等各大洲均有大面积分布，涉及100多个国家和地区，其中大量分布在亚洲、非洲及亚非交界地区。盐渍土在苏联主要分布在中亚、后高加索、乌拉尔、黑海和东、西西伯利亚等地区。据联合国教科文组织不完全统计，全世界盐渍土面积约有955.45万 km^2。

盐渍土在我国分布很广，面积也很大，类型众多，总量约为99万 km^2，主要分布于我国西北、华北、东北的西部，内蒙古河套地区以及东南沿海一带。除沿海外，大都分布于内陆干旱半干旱地区。具体来说，青海、新疆、内蒙古、甘肃、宁夏和黑龙江等省份是我国盐渍土分布面积最广最多的地域，陕西、辽宁、吉林、河北、河南、山东、江苏等省份也都有零星分布。

甘肃河西走廊除山地高坡外，土质类型大多为发育在灰棕荒漠土上的盐碱土。在冲积扇中部大面积分布的是结皮蓬松盐土，盐分以硫酸钠为主；冲积平原分布的是灰褐色结皮盐土，硫酸盐含量较低；平原下部排水不良和低洼河滩地上分布有潮湿结皮盐土，多含氯化物和镁盐。

1.5 盐渍土工程地质性质

盐渍土在岩土工程中被归为特殊土，在外界条件作用下，土体所含盐分会发生相态变化。土中含水率增加时，固态的可溶盐类溶解于水中而变成液态。一般情况下，土中盐类溶解度随温度而改变（温度升高时溶解度增大，温度降低时溶解度减小），所以温度升高导致土中结晶盐被溶解成液态，温度降低则引起原来土中的盐溶液结晶转化为固态。因此，盐渍土中盐类的存在及相态变化，对土的物理力学性质有较大影响。归结起来，盐渍土的性质主要有以下特点：

（1）盐渍土的三相组成与常规土不同，其液相实际上不是水而是盐溶液，固相中除土的固体颗粒外，还有不稳定的结晶盐（图1.5-1）。也就是说，盐渍土的液相与固相会因外界条件变化而相互转化，它们的相变对土的大部分物理指标均有影响，因而测定非盐渍土物理指标的常规土工试验方法对盐渍土不完全适用，对土的颗粒分析、液塑限试验结果，以及重度、含水率等给出的不正确评价，可能会导致对土的名称和状态做出错误判断。

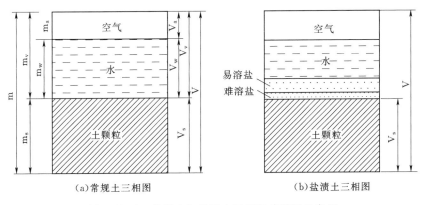

图1.5-1　常规土与盐渍土三相组成差异示意图

（2）盐渍土中的结晶盐遇水溶解后，土的物理力学指标均会发生变化，其强度指标将明显下降，所以盐渍土地基不能同一般土一样只考虑天然条件下的原始物理力学性状。

（3）盐渍土地基浸水后，因盐类溶解而产生地基溶陷。地基溶陷量大小主要取决于：易溶盐的性质、含量及分布形态；盐渍土的类别、原始结构状态和土层厚度；浸水量、浸水时间和方式；渗透方式和土的渗透性等。

（4）某些盐渍土（如含硫酸钠的盐渍土）地基在温度或湿度变化时，会产生体积膨胀，对建筑物和地面设施造成极大破坏。这种由于盐胀引起的地基变形的大小，取决于土中含盐量的大小及温度和湿度的变化程度。

（5）盐渍土中的盐溶液会导致建筑物及地下设施的材料腐蚀。腐蚀程度取决于材料的性质、状态以及盐溶液的浓度等。

除了以上性质外，盐渍土还具有其他一些特点。例如，盐渍土一般具有较强的吸湿性，因土中的吸附性阳离子存在，遇水后能吸附较多的水分，使土体变软；反之则干缩严重造成地面龟裂。另外，干旱地区的盐渍土，由于其特殊的地理条件和成因，其结构常呈现架空的点接触或胶结接触的形式，使盐渍土具有不稳定的结构性。

盐渍土的性质还取决于含盐类型、含盐量及土质结构等。土中易溶盐类主要可以分为三大类，即氯化物盐类、硫酸盐类和碳酸盐类。由于土中易溶盐的类型及含盐量大小能够对盐渍土的胶结、组成、结构等产生影响，从而改变土体的物理力学性质。盐渍土的基本工程性质不仅与其中可溶盐的化学成分和含盐量有关，同时也与土体的颗粒组成、塑性大小、气候、地形、水文条件有着密切关系。表 1.5 - 1 列出了三大类盐渍土的基本工程性质。

表 1.5 - 1　　　　　　　　　　　　三大类盐渍土的基本工程性质

名　　称	基 本 工 程 性 质
氯化物盐渍土	（1）湿化后盐结晶的溶解使土体孔隙增加，密度降低，当含盐量超过 5％～8％时，密度下降更为显著，使用含盐量更高的土壤修筑公路路基，必须加大夯实的能量，才能达到技术标准要求的密度。 （2）液、塑限随含盐量的增大而减小。由于氯盐使土的细粒分散部分起脱水作用，结果导致最佳含水率随含盐量的增加而降低。 （3）干燥状态时有黏固性，强度高于非盐渍土，潮湿时强度随含盐量的增加而降低，当潮湿化程度相同时，盐渍土比非盐渍土更易丧失稳定性。 （4）盐分溶解和结晶，体积不发生变化，不会出现盐胀导致土体破坏的现象。 （5）不同氯盐在 0℃时溶解度较大，所以浓度增加时冰点相应降低幅度亦大，且对地基无显著危害，并可减轻冻害程度，这对冬季施工有利。
硫酸盐渍土	（1）密实度随含盐量的增加而降低，当含盐量超过 2％时松胀严重，密实度亦大大降低。 （2）液、塑限随含盐量的增加而增大，这样就必须在较大含水率的情况下，才能达到最佳密实度。 （3）干燥状态下，盐分对土的黏固作用不显著，潮湿时强度随含盐量的增加而降低。 （4）体积随温度变化而异，在沉淀结晶时增大，脱水时则体积缩小。冬天气温下降，溶解度降低，盐分便产生大量结晶，产生严重盐胀，造成土体表层结构破坏和膨胀。气温回升时，盐胀随之减小。 （5）硫酸盐对土的脱水作用影响较小，由于这类盐的作用，土体最佳含水率反而增大，且最佳含水率随含盐量的增加而增大
碳酸盐渍土	（1）密实度随含盐量增加而降低。 （2）液、塑限随含盐量的增加而增大，需要较大的含水率才能达到最佳密实度。 （3）含有大量吸附性阳离子，有水作用时胶体颗粒与黏土颗粒周围形成结合水薄膜，减小了各颗粒间的黏聚力，使其互相分离，引起土体膨胀严重。实践证明，当土中 Na_2CO_3 的含量超过 0.5％时，膨胀量显著增大，膨胀作用往往仅在表层发生。 （4）最佳含水率与硫酸盐渍土相仿，亦随着含盐量的增加而增大

1.6　盐渍土的危害

盐渍土对工程建设的危害是多方面的。据不完全调查统计，我国每年因盐渍土危害造成的直接经济损失可高达上亿元。盐渍土对地基工程的危害主要表现在其浸水后的溶陷、含硫酸盐地基的盐胀、盐渍土地基对基础和其他地下设施的腐蚀等。盐渍土对工程建设的影响，主要取决于盐渍土所含易溶盐的成分、性质、含量、盐类、水状态的性质，以及所在地区自然条件对盐渍土稳定性的影响。

1.6.1　溶陷

土颗粒接触点的盐类被溶解带走或土颗粒自身被溶解带走引起的地基下陷称为盐渍土的溶陷。盐渍土的含盐类型多为硫酸盐、碳酸盐和氯化物，其中的钠、镁和钾盐都属于易溶盐，这些盐成为土粒之间胶结物的主要成分。干燥状态下盐渍土具有强度高、压缩性小的特点，但遇水后可溶盐被溶解，土体在荷载或自重作用下下沉，使盐渍土产生溶陷。这一现象与黄土地基浸水后沉陷是相似的，但在产生沉陷的机理、组成和特征上却有着本质的区别。此外，在浸水时间很长、浸水量很大而造成渗流的情况下，盐渍土中的部分固体颗粒被水流带走产生潜蚀溶陷，这是盐渍土地基与其他非盐渍土地基沉陷的本质区别，也是盐渍土溶陷的主要组成部分。

1.6.2 盐胀

盐分结晶膨胀使岩土材料发生开裂、剥落、胀缩等物理劣化的现象称为盐渍土的盐胀，它是最主要的盐害。盐渍土地基的盐胀包括结晶膨胀和非结晶膨胀，一般以结晶膨胀为主。结晶膨胀是指硫酸类盐渍土因温度降低或失去水分后，溶于土孔隙中的盐分（主要是硫酸钠）浓缩并析出结晶所产生的体积膨胀。在常温条件下，硫酸钠是含结晶水的固相盐，当温度较高时硫酸钠会脱水成为无水硫酸钠。当温度下降到一定程度时，无水硫酸钠又会结合水分子成为水合硫酸钠，此时它的体积急剧膨胀。

1.6.3 腐蚀

盐类与孔隙介质材料发生化学反应，改变其原有的性质使其发生化学劣化的现象称为盐渍土的腐蚀。氯盐主要是指氯化钠、氯化钾、氯化钙、氯化镁和氯化氨等，其中的氯离子能与水泥及水泥熟料中的氢氧化钙、铝酸三钙反应，大大加速了硅酸盐的水化速度。氯盐在混凝土硬化的过程中具有早强作用，但在混凝土硬化以后，过量侵入的氯盐会继续反应并生成大量不溶于水的多水氯铝酸，使混凝土产生破坏。此外，氯离子对金属具有较强烈的腐蚀作用，特别是钢铁，会受到很强烈的腐蚀。

1.6.4 翻浆

传统意义上的翻浆，是指在寒冷地区天暖解冻时，路面下的冻土开始融化，使路基土层饱水软化，在行车作用下造成路面破裂，从裂缝中冒出泥浆的现象，也称为冻融翻浆，是季节性冰冻地区的主要病害之一。盐渍土地区既具有一般公路翻浆的共性，又有自身的特点。在干燥状态时，盐类呈结晶状态，地基土有较高的强度，但盐类浸水易溶解，呈液态后土的强度降低，压缩性增大。含盐量愈多，土的液塑限愈低，则可在较小的含水率时达到液性状态，抗剪强度降低到近于零。同时，氯盐渍土有明显的保湿性，使土体长期处于潮湿、饱和状态易产生液化现象。硫酸盐渍土春融时结晶体脱水也可以加重翻浆的作用，可见易溶盐的存在使盐渍土的翻浆更容易发生。

1.7 盐渍土研究进展

1.7.1 国外研究进展

国外对盐渍土的研究工作最早开展于农业土壤学和建筑行业，在基础理论研究与工程特性方面，以苏联的各有关加盟共和国的研究水平较高、比较丰富和系统。苏联从 20 世纪 40 年代起就开始对盐渍土进行了科学研究，根据盐渍土的工程特性对其进行了工程分类并被广泛应用。考夫达[1]首先对盐渍土的成因及分布规律进行了研究，并发表了很有价值的论文；巴甘诺夫、崔托维奇等[2]对盐渍土的基本物理力学性质及盐渍土地基的工程特性作了系统论述，并提出了有关的设计和施工措施；穆斯塔法耶夫等[3]对盐渍土的潜蚀溶陷有较深入的理论研究，提出了模拟溶盐和洗盐过程的数学方法，还研究了脱盐过程中各种参数的测定方法。

在盐渍土土体机理方面以美国、加拿大以及位于中东沙漠地区的各国研究水平较高，众多学者开展了盐渍土在正负温度变化时对其工程性质影响的研究。这些国家对盐渍土的物理力学性质、盐胀机理以及雨水的相互作用进行了较多试验研究和机理分析。Blaser 和 Scherer[4]研究了含硫酸钠盐渍土在不同含水率、孔隙水盐浓度、黏土矿物含量以及干密度条件下的膨胀规律。加拿大有人研究了细粒冻土的蠕变和强度[5]。还有人对中东地区盐沙土的物理和力学性质及其与水的相互关系做了许多试验研究[6]，例如，含盐量对土的静圆锥阻力、摩擦角、黏聚力、抗剪强度、渗透系数、压缩系数、液塑限、塑性指数等物理力学性质的影响规律。

T J 马歇尔等[2]还报道了在盐渍土地区采用各种类型灌注桩和预制桩的施工方法、机具、施工经验以及测试方法等。另外，针对盐渍土的工程勘察特点、基础和地基设施的防腐措施开展过许多研究，利用工业废料、矿化水等对盐渍土地基进行过化学改良，也采用过预浸水方法进行地基处理。在盐渍土的流变和盐渍冻土的强度与变形方面，也进行了大量工作，对盐渍土地基的各种加固方法作了全面的概括和说明[5-6]。

工程领域对于盐渍土的研究主要集中在含盐土在环境条件变化时的应力、应变特性。从本质上讲，这只是一种力学研究。其实，土体作为一种孔隙材料，当其中含有较多的盐分时，由于盐溶液性质与水有较大的差异，固-液反应对材料自身性质的影响十分明显。因此，可溶盐对孔隙材料性质劣化的影响，是许多学科关注的共性问题，如混凝土盐害、砖石基础盐害、文物材料老化等。其实，水盐运移及盐类重结晶引起的孔隙介质材料性质退化，是许多领域的研究课题，习惯上统称为盐类风化（salt weathering）。已有的研究发现，石质文物风化[7]、砖墙劣化[8]，均与盐类风化直接相关。关于孔隙材料的盐致劣化问题，从理论上讲，已经取得了大量的认识[9]，但随着新型试验手段的进步，这些理论得不到很好的验证，原来普遍接受的有些观点受到质疑。也就是说，含盐土性质变异的理论问题，并没有得到很好的解决，这给工程实践带来了隐患。

只有溶解于水，盐才能进入孔隙体并在其中运动。水进入孔隙材料的方式要么是液体要么是水汽。如果是液体形式，两种机理发挥作用：毛细作用和入渗。毛细作用是水与毛细材料之间因为液体表面引力而引起。静水压力引起的入渗取决于材料的渗透性。如果是以水汽方式进入孔隙材料，主要有两种机理，即凝结和吸湿。凝结有两种类型，即表面凝结和微孔内部凝结（即毛细凝结）。

如果水以液态进入，水就可以输送盐分。如果以气态进入，就会以潮解的方式被阻滞。前一种情形依赖于毛细机理，后一种情形依赖于扩散机理。两种机理之间的转换点定义为孔隙材料的临界含水率 χ_c（critical moisture content）。每一种材料都具有固定的临界含水率，主要由孔隙率和孔径分布决定[10]。

一旦孔隙材料中存在盐分，盐类的运动就受外部环境的强烈影响，如温度、湿度以及其他盐分的存在。相对湿度变化引起部分结晶和溶解。这种现象优先在中、大孔隙中发生，结果导致盐溶液从较小的孔隙向较大的孔隙运动[11]。野外观察发现，盐结晶主要发生在 $1 \sim 10 \mu m$ 的孔径中[12]。第二种盐的存在会降低第一种盐沉淀所需要的相对湿度[13]，因此，复合盐增大了结晶—溶解循环的频率。

毛细水迁移带动盐分运动。盐在液膜边缘结晶，会形成细粒微孔的固体盐，这会强化向液膜边缘的毛细流动，推进了结晶前锋的向前发展。孔隙材料劣化很少只由一种盐引起的。一般来说，劣化部位会发现两种或更多的盐。两种盐在溶液中同时存在，会影响它们各自的溶解度。最重要的规律是，如果两者没有相同离子（如 NaCl 与 $CaSO_4 \cdot 2H_2O$ 混合时），由于溶液离子强度较高，两盐的溶解度增大。对于难溶盐（如石膏）而言，溶解度增大很明显。如果两种盐存在相同离子（如 NaCl 与 Na_2SO_4），两者的溶解度降低。其中较难溶的盐（如 Na_2SO_4）的溶解度受到的影响，比易溶盐要明显。

复合盐溶液中盐的沉淀次序取决于混合盐最初的组成。地质学家就蒸发盐湖进行过研究，将这类可溶盐的结晶混合物通称为"蒸发盐"，并给出了各自的沉淀次序[13-14]。

孔隙材料中存在的盐分可以导致材料破坏，对此毫无争议。问题是，如何解释破坏机理。最早提出的假说[15-17]认为，结晶压力是引起破坏的原因，考虑的机理有两个：静水结晶压力和晶体线形生长压力（hydrostatic crystallization pressure and linear crystal growth pressure）。30 年后，Wellman 和 Wilson 建立了一个热学模型[18]，用来计算结晶压力。Mortensen 提出，盐分水化过程中由于体积增大而引起的水合压力（hydration pressure）可能是导致材料破坏的原因[19]，60 年之后，这一假说却遭到质疑。

1.7.2 国内研究进展

国内对盐渍土的工程应用研究始于 20 世纪 50 年代[20]，最初是铁道部门对盐渍土做的调查和研究工作。当时为解决西北盐渍土地区铁路建设，铁道部第一勘测设计院、中国铁道科学研究院西北所和铁建所对察尔汗盐湖等内陆盐渍土的工程特性、成因、分布以及对路堤工程的危害与治理措施等进行了大量的试验研究，为兰新、青藏（一期）、南疆等铁路建设及运营提供了技术保证。80 年代以后，随着盐渍土地区工程建设的增多，铁道、交通、石油、建筑部门及勘察、设计、施工单位都对盐渍土的工程性质和工程处理等方面进行过广泛的研究[21-27]，提出了盐渍土室内外试验方法与盐渍土病害防治的实践经验。随后，中国石油天然气总公司组织了《盐渍土地区建筑规定》编写组，开展了一系列的专题调查研究，1992 年作为行业标准颁布实施，相关的内容纳入国家标准《岩土工程勘察规范》（GB 50021—2001）。徐攸在经过多年的研究总结[28]，所著《盐渍土地基》一书于1993 年由中国建筑工业出版社出版。

进入 21 世纪后，随着西部大开发战略的实施，我国盐渍土地区建设工程规模不断增大，如西部地区的高速公路，新疆和田、库尔勒、克拉玛依和敦煌机场均建在盐渍土地区，标志着盐渍土研究更加广泛深入。青海省勘察设计院、新疆建筑勘察设计院、长安大学、中国科学院兰州寒区旱区环境与工程研究所等部门先后对内陆盐渍土进行过理论和工程应用研究，包括矿物成分、化学成分、微观结构、分类定名、盐胀和溶陷机理、防腐措施、改性方法、试验与监测等各个方面的研究。

在盐渍土研究的发展过程中，许多研究成果推动了盐渍土理论和实践应用的发展。卢肇钧等[20]于 20 世纪 50 年代初针对盐渍土地区铁路路基因膨胀导致变形而开展了盐渍土盐胀性的试验研究，并提出了铁路路基病害治理的基本原则与措施。在《兰新线张掖地区盐渍土路基的初步研究报告》和《盐渍土工程性质的研究》中最早阐明了硫酸盐渍土的松胀特性及其对路基稳定性的影响。铁道部第一勘察设计院对西北内陆盐渍土开展调查研究，编写了《西北铁路盐渍土路基修筑的调查报告》，结合其在西北内陆盐渍土、岩盐地区和松嫩平原盐渍土地区铁路修筑的研究和经验，编著了《盐渍土地区铁路工程》[21]，系统阐述了盐渍土概念、形成条件、工程性质、对铁路的危害，以及这些地区铁路工程的勘测、设计和施工经验，是一本指导铁路设计和施工较全面的专著。工民建部门在盐渍土地基研究方面也做了不少工作，徐攸在出版了《盐渍土地基》专著和周亮臣等发表的研究成果[22,28]，就盐渍土地区的工程勘察、盐渍土地基处理、盐渍土施工维护等方面作了较全面的专题论述，为我国在盐渍土地区建筑工程的施工和设计提供了丰富的实践经验，进一步保证了工程建设的安全、经济和合理。

从 20 世纪 70 年代起，通过大量室内试验，西北地区交通部门基本摸清了盐渍土在降温过程中盐胀率与土体中含盐量、含水率的相互关系，在分析论证的基础上，提出了起胀含盐量、起胀含水率分别为 0.5%、6.0%，并对盐胀机理进行了深入的探讨。研究表明，土体盐胀形成机制包括盐的迁移、相变结晶膨胀。土体中的硫酸盐溶液聚集在土颗粒接触点间并发生结晶析出，在此过程中由于结合 10 个水分子，导致体积膨胀，将土粒胀开而引起土体膨胀，硫酸盐结晶后改变了剩余溶液浓度，在负温时产生结冰引起冻胀。在对大量的病害路段定点观测调查中发现，路基盐胀率与路基土中的 Na_2SO_4 含量有很好的对应关系，Na_2SO_4 越多，盐胀越严重。在同等条件下，路基在最佳含水率时，盐胀最严重。调查中还发现道路病害是逐渐累积的过程，每年 9 月下旬开始起胀，次年 1 月达到最大，随后随气温回升而回落，这一过程年复一年地发生，导致路面不均匀变形、开裂、鼓包，甚至波浪，加速其破坏。与此同时，我国有关公路科研院所、高等院校等单位进一步开展了盐胀病害成因、特征和规律的试验研究工作，取得了许多有实用价值的成果，初步掌握了路基盐胀规律，其有许多科研成果已被纳入相应的公路规范中。

20 世纪 70 年代末，罗伟甫等[29]在对盐渍土地区公路病害展开大量调查的基础上，结合室内试验，对盐渍土生成原因、分布、工程特性及对公路工程的危害等进行了论述，并于 1980 年编著《盐渍土地区公路工程》，这是第一部论述公路设计和施工的专著，也是对 20 世纪 80 年代以前盐渍土地区公路工程研究工作进行的里程碑式的总结。

周亮臣[22]通过扫描电子显微镜、X 射线能谱仪、差热分析等技术，研究了青海柴达木盆地盐渍土和新疆阜康地区盐渍土的矿物成分、原始结构状态、含盐成分等，同时还对浸水淋滤前后的盐渍土结构和矿物组成进行了分析和试验。

部分学者[23-24]采用较先进的试验手段，在室内开展了重盐渍土在温度变化时的物理化学性质、力学性质的研究，以及盐土在降温时的盐分重分布及盐胀试验研究工作。初步结果表明，盐土在降温时部分盐分向冷端迁移，土壤溶液中 Na_2SO_4 结合 10 个水分子结晶析出，从而使土体发生盐胀，盐胀具有不可逆性，并发生在一定的温度区间；盐胀使土的强度降低；不同类型盐渍土其盐胀性状不同，通常粉土的盐胀量比黏土高一个数量级；随着降温速率的增大，盐胀率呈幂函数衰减；盐胀率随含水率的减小而减小；随着超载压力的增大，盐胀率呈幂函数衰减。进一步研究表明：①降温及蒸发过程中，盐分从土体水溶液中析出，结晶及盐分从暖区向冷区、自湿区向干区迁移、聚集并结晶，是盐胀的主要特征；②土体盐胀具有累积性，剧烈盐胀区发生在特定的温度范围内。随后，他们又研究了温度作用下硫酸盐渍土盐胀敏感性及其应用，总结了盐胀的影响因素、盐胀的影响深度、冻融循环后的无侧限抗压强度变化，以及在公路工程中盐渍土的盐胀性评价[30]。

徐学祖等[31]也在室内开展了含盐冻土的盐分迁移，分别对含氯化钠、碳酸钠和硫酸钠盐渍土的盐胀和冻胀进行了试验，结果表明：土体自上而下冻结过程中，水分和盐分自下而上迁移，含盐量的增量受冷却速度、地下水位、初始溶液浓度和土的初始干密度控制。含氯化钠盐渍土温度降低时出现冷缩现象。含碳酸钠盐土降温速度为 3℃/h 时，盐胀量为 0，当降温速度为 1℃/h 时，盐胀率可达 2%，含硫酸钠粉土盐胀率可达 6%，并主要出现在 5～20℃ 温度区间。

李斌等[32-38]采用 X 射线衍射分析、差热分析、扫描电子显微镜分析等手段全面分析了盐渍土的微观结构及化学组成，并对盐胀机理和盐胀过程进行了深入的试验研究，初步得出了硫酸盐渍土盐胀与初始干密度、含水率、含盐量（Na_2SO_4）的关系。他们依据对盐胀机理和盐胀过程的剖析，提出了减轻硫酸盐渍土盐胀的方法。此外，他们还对硫酸盐渍土盐胀类型的系统性原因和划分系统进行了阐述。

高江平等[39-43]对硫酸盐渍土在单因素和多因素影响条件下的盐胀性进行了较深入的研究，推导出了盐胀率的计算公式，阐明了盐胀率与各影响因素（含水率、氯化钠含量、硫酸钠含量、初始干容重、上覆荷载）之间均呈二次抛物线规律。除上覆荷载对盐胀有强烈的抑制作用外，其他 4 个因素在一定范围内对盐胀均有不同程度的促进作用，并从对单因素的分析中断定盐胀率值随各因素的变化都是有临界值的。研究认为影响硫酸盐渍土盐胀性的各因素之间存在着不同的交互作用，利用各因素之间的交互作用规律可在一定程度上对硫酸盐渍土的盐胀进行控制或抑制。此外，他们还对含氯化钠硫酸盐渍土在单向降温时水分和盐分的迁移规律进行了测试，认为盐渍土中的水分、盐分均向土体冷端迁移，但从局部来讲，水分、盐分的重分布又具有一定的随机波动现象。高江平还将含氯化钠硫酸盐渍土的盐胀过程线划分为 4 种类型，找出了盐胀主要的起胀温度及 4 个剧烈盐胀的温度区间，并提出了"盐胀台原"的概念。这些结论对正确地判定盐胀过程线类型及合理地选择施工季节、减小盐胀量具有重要的参考价值。

吴青柏等[44]研究了含硫酸钠粗粒土降温过程中的盐胀性。结果表明，粗粒土不具有强烈盐胀性（可认为是弱盐胀），然而一旦形成硫酸钠盐聚集层后遇外来水分，则会发生突发性的破坏性盐胀。随着对盐渍土研究工作的进一步细化，科研人员还采用先进的测试手段对盐渍土的土工参数进行了测试，如雷华阳[45]、邓友生[46]等测试了盐渍土的渗透系数和导热系数，通过建立数学模型得到了渗透系数与时间、卤水入渗影响深度之间的关系式，并且认为含盐土的导热系数不仅受土质、密度、温度和含水率等因素的影响，还受其含盐类成分及含盐量的影响。

雷华阳等[47]针对青海省的超氯盐渍土塑性指标和抗剪强度指标的影响进行了研究；

陈炜韬等[48-50]研究了含盐量对格尔木地区氯盐渍土抗剪强度的影响。

在盐渍土地基处理方面，国内学者李敬业、杨思植和王文焰等做过一些研究，1992年出版了《盐渍土地区建筑规定》，是国内第一本关于盐渍土地基的勘察、设计和施工规范。

国内关于可溶盐对孔隙材料性质劣化的影响研究，是许多学科关注的共性问题[51-53]，如混凝土盐害、砖石基础盐害、文物材料老化、道路路基盐胀病害、土壤盐渍化板结等，关于孔隙材料的盐致劣化问题，从理论上讲，已经取得了大量的认识。

第2章

研究区自然环境与区域地质条件

中国西北地区包括新疆、甘肃、青海、宁夏、陕西以及内蒙古西部，占全国总面积的30%，处在青藏高原北部和东北部。这里由于地处大陆腹地，远离海洋，气候干燥少雨，区内沙漠遍布，植被稀疏，生态环境极为脆弱，对气候变化十分敏感，再加上青藏高原地形作用，造成了西北干旱的气候背景。而高原地形的热力、动力作用连同盛行环流的年际变化等又造成了干旱区相对干、湿年的变化。西北干旱内陆河流域地区深居内陆，四周又有高山阻挡，海洋潮湿气流难以到达，因而成为我国最干旱的地区。

本书以甘肃酒泉地区的自然环境和区域地质条件来说明西北内陆寒旱区盐渍土成生和赋存的自然地质环境。

研究调查区选取风电工程大规模建设的甘肃省酒泉市瓜州县，该区风能资源丰富，被誉为"世界风库"，地域辽阔，具有场址面积大且不占耕地、交通运输方便等优势，具备开发建设大型风电基地所需的良好条件。结合该区内正在开展的勘察设计工作及在建的风电工程，开展了大量的地质调查和原位测试工作。

瓜州县位于甘肃省河西走廊的西端，地处东经 94°45′~97°00′、北纬 39°42′~41°50′之间，东与玉门市接壤，西与敦煌市为邻，南北两边与肃北蒙古族自治县毗连，西北部与新疆维吾尔自治区哈密市相接。东西长 250km，南北宽 400km，总面积为 24130km²。

2.1 气候气象条件

瓜州县地处西北内陆腹地、河西走廊的西北端，常年受蒙古高压影响，属大陆性中温带干旱性气候，具有冬季寒冷、夏季炎热、气候干旱、降水量少、温差大、日照长及风沙活动频繁的典型沙漠气候特征。全县跨越3个不同的气候分区，即祁连山西段高寒半干旱气候区、河西西部暖温带干旱气候区、河西北部温带干旱荒漠气候区。

瓜州气象站于 1951 年 1 月设立，属国家基本气象站。气象站位于瓜州县城北门外，海拔高程 1171m。根据瓜州气象站 1971—2000 年气象资料统计，瓜州县年平均气温为 8.8℃，最高气温为 45.1℃，最低气温为 −29.3℃，多年平均日照时间为 3200h 左右；年平均气压为 884.2hPa，年平均水汽压为 5.3hPa；沙尘暴日数为 6.9 天，雷暴日数为 6.6 天[54-55]；多年年均风速为 3.7m/s，8 级以上大风年均 71 天，最多年份达 105 天，尤其是 6 月中旬到 7 月下旬的干热风，持续日数最长可达 9 天。

瓜州地区年平均降水量为 53.6mm，多年平均年蒸发量为 1988.9mm，多年平均干旱指数为 35.2，属极端干旱区。图 2.1−1 为瓜州气象站与西湖雨量站逐年降水量过程线，由图可知，两地区多年平均年降水量分别为 47.7mm、36.0mm，年降水量很少。较少的降雨量在年内的分配也不尽相同，汛期 4 个月的降水量占年降水量的 66.1%～69.7%，枯季 5 个月的降水量占年降水量的 15.4%～20.6%，冬季 3 个月的降水量为 6.4%～9.2%，最大月降水量出现在 7 月，占年降水量的 21.2%～30.6%，最小月降水量出现在 12 月至次年的 2 月。瓜州气象站与西湖雨量站多年平均降水量见表 2.1-1。造成年内降水量不均的主要原因是本区深居内陆，冬春季节受西伯利亚-内蒙古冷高压系统的影响，夏秋季则受太平洋暖湿气团的影响[55-56]。

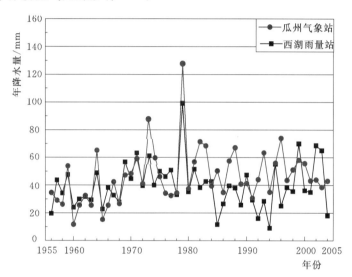

图 2.1-1　瓜州气象站与西湖雨量站逐年降水量过程线

表 2.1-1　　　　　　　　瓜州气象站与西湖雨量站多年平均降水量统计表

站　名	降　水　量/mm												年 均
	1 月	2 月	3 月	4 月	5 月	6 月	7 月	8 月	9 月	10 月	11 月	12 月	
瓜州气象站	0.9	1.2	3.0	3.4	4.2	6.9	12.3	9.5	2.5	1.5	1.3	1.2	47.7
西湖雨量站	0.6	0.5	2.6	2.7	2.3	4.2	11.0	6.3	1.8	0.3	1.5	2.2	36.0

温差大、蒸发强烈、极干旱的气候特征正是盐渍土易于形成的外界条件。巨大的温差促进了地表含盐岩石的机械风化作用及盐类的结晶胀裂作用，使其上部覆盖的岩石破碎崩解，使岩层中已有盐分或古代残余积盐露出地表，并与地表土体混合而生成原生盐渍土。降水量极少、蒸发强烈又为盐分向地表垂向迁移、析出、积聚提供了条件。气候条件是瓜州地区盐渍土形成的关键因素，对盐渍土地基的工程性质产生较大影响。

2.2　地形地貌

瓜州县的大地构造轮廓可分为 3 个单元，即南部的祁连山褶皱北翼、北部的天山—内蒙古褶皱系北山褶皱带南段、中部的河西走廊坳陷（即中新代安西—敦煌盆地）。

境内地势由东南逐渐向西北倾斜，大致呈东西走向，南部为祁连山前山地带，海拔

1250~1750m，多为上更新统和全新统砂砾石覆盖的荒漠戈壁；北部为北山—马鬃山区，海拔1150~2000m，多为低山残丘和中上更新统坡积砂砾碎石覆盖的荒漠戈壁；中部为敦煌盆地，海拔1100~1450m，多为昌马河冲积洪积平原和疏勒河洪积为主的上更新统细土组成的湖沼平原。三危山至南截山低山丘陵为走廊山脉，东西横穿全县，将其分为南北两半，毗邻南山的踏实盆地称为"南盆地"，走廊山脉以北的瓜州盆地称为"北盆地"，为广阔的戈壁地带，连片的冲积（洪积）扇是走廊平原地貌的主体。这一平原带是在祁连山地不断上升、盆地下陷过程中接受沉积而成，沉积物颗粒粗大，地势南高北低，组成物质主要是第四系酒泉砾石层（Q_1）和戈壁砾石层（Q_3）[57]。疏勒河以北呈起伏不平的戈壁残丘，疏勒河中下游为三角盆地，地势逐渐开阔平坦。境内包含了高山草原森林带、平原绿洲带及戈壁荒漠带等不同的地貌单元[55]。

根据收集的资料，工程区地处河西走廊西段的疏勒河断陷盆地北侧，南依祁连山山系的三危山、南截山断裂，北邻呈近东西走向的北山褶皱系南带，位于塔里木地台东段敦煌地块与北山古生代褶皱带的衔接部位[58]。研究区东北方向为北山山系的马鬃山，为一中低山地和丘陵区，呈近EW或NW向伸展。祁连山属高山区，一般海拔3000~4000m，山势总体走向为NWW~SEE，与区域构造线方向基本一致。疏勒河沿祁连山山系北侧与北山山系南侧的山前倾斜冲洪积平原前缘交汇处由东向西流过，地貌上属中新代安西（瓜州）—敦煌盆地山前洪积倾斜平原，疏勒河河床为该区最低侵蚀基准面。

瓜州干河口风电场场址位于疏勒河右岸（北岸），地貌上属北山山系山前倾斜冲洪积平原的戈壁滩地，地势北东高、南西低，海拔高程从北山山系的2500m降至疏勒河河床的1100m，坡度为1‰左右。疏勒河两侧的山前倾斜冲洪积平原的戈壁滩地上，发育有大小不一的冲沟，长度不等，大的冲沟可贯穿场址区，宽度一般为10~30m，深度一般为0.5~1.0m。沟中生长耐旱植被，冲沟中的冲洪积物主要来源于其两侧的戈壁平原，戈壁平原地势平坦，地形变化主要受冲沟的切割控制，戈壁滩地地势开阔，地形起伏不大。

2.3 地层岩性

2.3.1 区域地层岩性

瓜州地区周围数十公里范围内绝大部分地层为第四系沉积物所覆盖。根据沉积建造、岩浆活动及构造变动，工程区所处的疏勒河断陷盆地以新生代沉降为主，南部的三危山地区长期以来为相对隆起区，北部的北山山系在晚古生代阶段，塔里木、哈萨克斯坦和西伯利亚3个古板块的碰撞与拼贴，使得岩层强烈褶皱隆起，并伴随大规模酸性岩浆侵入[59]。

图2.3-1为研究区地质图，工程区出露地层岩性由老至新依次如下：

（1）震旦系：岩性较复杂，主要由敦煌岩群表壳岩、片麻岩、片岩、碳酸盐岩、混合岩及火山岩组成，主要出露于测区南部的火焰山、南截山、东巴兔山、青山、沙山等地，北部的白墩子、孤山南一带，地层呈北东东向和东西向展布。

（2）侏罗系：岩性主要由角砾岩、砂砾岩、泥质砂岩、杏仁状玄武岩、炭质页岩夹粗砂岩及煤层组成。其下部与前震旦系或海西旋回花岗岩、上部与上第三系疏勒河组皆呈断层接触。主要分布于火焰山北麓芦草沟东侧及瓜州口附近。

（3）新近系上新统：岩性主要由青灰色、微红色钙质黏土夹砂砾岩透镜体、浅褐黄色砂砾岩、砂岩及泥岩组成，在疏勒河断陷中广泛发育。其上部为第四系覆盖，下部与前震旦系或侏罗系呈断层或不整合接触，在沙山北坡多有出露。

（4）第四系：第四系地层分布广泛，主要由冲积、洪积、风积等形成的砾石、砂砾石、细砂、亚砂土、亚黏土、次生黄土和部分砾岩、砂砾岩组成。其中包括以下内容：

1）下更新统玉门组（Q_1^{pl}）：零星出露于芦草沟西部、东巴兔山南部及沙山北坡，分布面积很小。本组由一套洪积的砾岩及砂岩组成，与下伏上新统疏勒河组或更老地层呈不整合接触，岩性为灰色、褐灰色胶结砾岩、半胶结砂砾石层夹透镜状砂岩，主要为冲积-洪积相沉积。

2）中更新统（Q_2^{pl}）：分布于火焰山、东巴兔山及沙山南、北麓，构成山前洪积扇，瓜州一带亦有沉积。主要属冲积-洪积成因，岩性为半胶结或未胶结的砾石层夹透镜体状砂层。根据地表及钻孔资料，其岩性可分为上、下两层：下部主要由微红、淡黄、灰黄或黄褐色黏土、亚黏土及含砾亚黏土等组成（可能为冰水相沉积），最大厚度为78m，在瓜州一带有所分布；上部主要由砾石及砂砾岩组成，泥质胶结，磨圆度好，分选性中等，厚50～60m，构成山前洪积扇及五、六级阶地。

构成北戈壁（包括测区）、一百四戈壁、南戈壁及山前的洪积扇的上更新统（Q_3^{pl}）地层，在地貌组成由山麓向平原倾斜的洪积平原，在河谷两侧，则构成三、四级阶地，岩性主要由砂砾石夹亚砂土及含砾黏土透镜体组成，地表以砾石、碎石及细砂为主，具交错层理，砾石成分主要为石英、硅质灰岩、硬砂岩、辉绿岩及安山岩等。砾石为次浑圆状，分选性差，粒径多在2～5cm，个别可达7～8cm。砾石表面经氧化作用，常呈黑色。厚度一般为30～40m，据钻孔资料，最厚可达80m以上。地层下部细、上部粗，反映盆地逐渐缩小的过程。

3）全新统（Q_4）：现代沉积以湖积-冲积、冲积、洪积和风积物为主，覆盖在盆地沉积区的表层，一般厚数米。地层主要分布于瓜州、西沙窝以西及踏实等地。

（5）侵入岩：侵入岩分布较广，主要为花岗岩类及闪长岩类的侵入体，其次为酸性至基性的各类脉岩，岩浆活动有前寒武纪、海西及燕山旋回。其中海西旋回侵入岩最为发育[54]。

2.3.2 研究区地层岩性

研究区地基土主要为第四系上更新统洪积松散堆积物组成（图2.3-1），其特征自上而下描述如下：

①层：第四系全新统洪积（Q_4^{pl}）粉细砂层，含少量砾石和黏性土，多呈灰青色，分布于戈壁滩表部，在地势低洼处缺失。该层属盐渍类土，土层中见有硫酸盐类结晶（俗名称芒硝和石膏），呈雪花状或纤维状附着在碎石表面或空隙中，局部钻孔中取出的岩芯干燥后呈白粉状。厚度一般在1.0m左右。结构松散～稍密，干燥，锹易开挖。

②层：第四系上更新统洪积（Q_3^{pl}）角砾层，含少量黏性土，灰青色或褐黄色。场址区除个别部位缺失外均有分布，性状不稳定。受沉积环境影响，随着层内碎石数量增减和

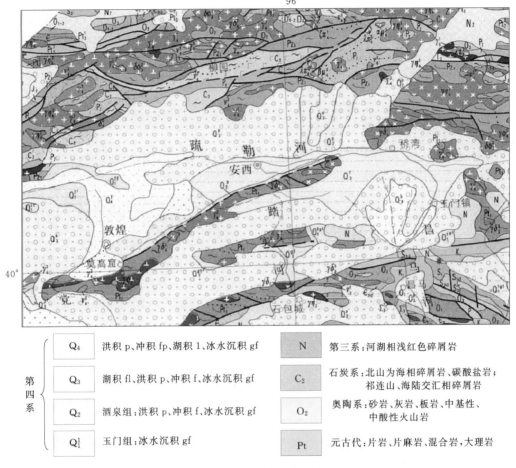

第四系	Q₄	洪积 p、冲积 fp、湖积 l、冰水沉积 gf	N	第三系：河湖相浅红色碎屑岩
	Q₃	湖积 fl、洪积 p、冲积 f、冰水沉积 gf	C₂	石炭系：北山为海相碎屑岩、碳酸盐岩；祁连山、海陆交汇相碎屑岩
	Q₂	酒泉组：洪积 p、冲积 f、冰水沉积 gf	O₂	奥陶系：砂岩、灰岩、板岩、中基性、中酸性火山岩
	Q₁¹	玉门组：冰水沉积 gf	Pt	元古代：片岩、片麻岩、混合岩，大理岩

图 2.3-1　研究区地质图

粒径的变化，部分地段渐变为砾砂。一般呈棱角及次棱角状，中粗砂充填，成分主要为石英岩、砂岩、灰岩、硅质岩等，砾石表面多经一定风化作用。该层厚度不等，少数直接出露地表，层厚变化较大，大部分为 1.0～2.0m。埋深一般小于 2.5m。层内发育有 ②₁ 粉土层。本层泥质微胶结，结构中密～密实，镐可开挖。

②₁ 层：第四系上更新统洪积（Q_3^{pl}）粉土层，以粉土为主，黄色～黄褐色，泥质微胶结，稍湿。该层分布不稳定，呈透镜状分布于第②层部分地段中，层厚约 1.0m。

②₂ 层：第四系上更新统洪积（Q_3^{pl}）粉细砂层，黄褐色～灰白色，稍密～中密，呈透镜体状零星分布。质地均一，结构稍密～中密，干燥～稍湿。

③ 层：第四系上更新统洪积（Q_3^{pl}）砾砂层，混杂较多粗中砂、少量圆砾和粉质黏土，浅褐色～红褐色，泥钙质弱胶结，广泛分布于研究区内。磨圆度一般，呈次棱角或次圆状，主要成分为砂岩、灰岩、硅质岩和石英岩等。埋深略大，平均埋深为 2.0～3.0m。干燥、密实。

③₁ 层：第四系上更新统洪积（Q_3^{pl}）粉土层，以粉土为主，含粉砂，黄褐～浅褐色，呈透镜状分布于第③层部分地段中，层厚约 2.0m。埋深较浅。该层泥质微～弱胶结，干

燥～稍湿，岩芯多呈块状或饼状。

③₂层：第四系上更新统洪积（Q_3^{pl}）粉细砂层，黄褐色～灰白色。呈透镜状零星分布于场区内，层厚在 1.0m 左右。埋深较浅。质地均一，结构稍密～中密，干燥～稍湿。

2.4　水文地质条件

2.4.1　区域水文地质条件

河西走廊内一系列北西、北西西、近东西的大断裂和沿断裂产生的断块运动，使得新生代以来，走廊区强烈沉降，沉降中的不均一性和沿断裂的隆起，形成一系列规模不等的构造盆地。盆地中部堆积了巨厚的半胶结松散的山麓相、河湖相堆积，形成了各盆地独自的含水岩系，以及各自的补给、径流、排泄过程。由于山麓中新生界褶皱带的存在及山区水文网强烈切割的地貌条件下，祁连山区的基岩裂隙水和走廊平原第四系松散岩类孔隙水之间一般不发生直接的水力联系，绝大部分山区地下径流在出山之前均已转化为河水，以地表水的形式注入走廊平原，即使在山麓中新生界褶皱带不发育的地段（山体基岩直接与走廊平原衔接），由于北缘大断裂高度糜棱岩化的阻水作用，山区地下水侧向补给走廊平原的数量也十分有限[60-61]。

2.4.1.1　地表径流

瓜州县一带的河流主要有疏勒河、榆林河等，均发源于祁连山北麓[55]。疏勒河流域地表水系为独立水系，河流补给源主要有冰雪融水、南北两侧的地表洪流入渗、降水入渗和和北山山系的基岩裂隙水。降水是本区域河川径流量的主要补给来源，河流来水量随雨量的变化而变化，流量过程与雨量过程基本相应，主要来水量集中在汛期；高山地带为固态降水，部分转化形成冰川，再由冰川融化补给河流；非汛期河流主要是山区地下水补给。后两种补给形式是降水在时空域上的重新分配，其补给量根据河流发源地的不同而不同，深山区大于浅山区。强烈的蒸发作用下，疏勒河已成为间歇性河流，除近河地带外，蒸发就成为地下水动态的决定因素。

南部榆林河径流的补给来源主要是上游石包城一带的泉水汇集，属地下水补给，但是，汛期的降水也产生径流，易出现尖瘦型的洪水过程，峰高量小。

2.4.1.2　地下水的赋存与分布规律

地下水的赋存条件和分布规律，严格受地质、构造、地貌的控制。北山山地的南部在地貌上属荒漠化剥蚀低山残山类型，河网不发育，无常年地表径流，仅有季节性瞬时洪水，其地下水就是靠这些极为稀少的降水量作为唯一补给来源，地下径流模数小于 $5.0L/(s \cdot km^2)$，地下水资源很贫乏，富水性不均。该区地下水主要有三种类型：岩溶水、脉状水、第四系松散岩类孔隙水。图 2.4-1 为场区北部的马鬃山白墩子—东泉水文地质剖面示意图[55]。

研究区地下水赋存于北山山前洪积倾斜平原前缘地带，由中上更新砂砾碎石、砂砾石、泥质砂砾石组成含水层，含水层厚度由北向南逐渐增厚，从零开始，在冲积平原边缘

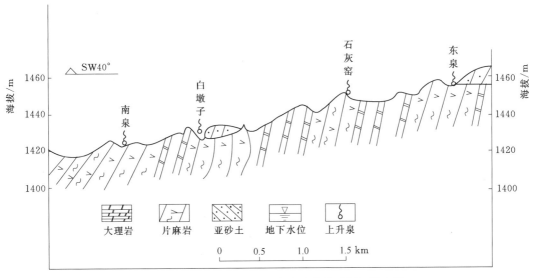

图 2.4-1　马鬃山白墩子—东泉水文地质剖面示意图

厚度达 40～60m。其补给来源主要是双塔水库的库区渗漏、引水灌溉入渗、南北两侧的地表洪流入渗、降水入渗、三危山地下径流侧向补给。场区南部的望杆子—芦草河西水文地质剖面见图 2.4-2。

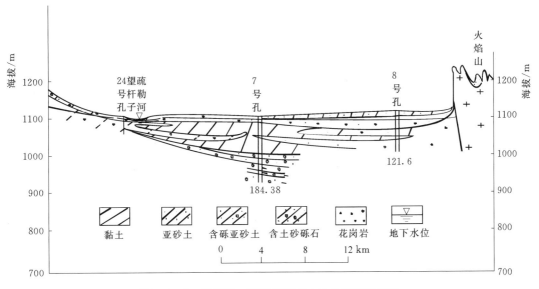

图 2.4-2　望杆子—芦草河西水文地质剖面示意图

场区南部祁连山山丘区地下水主要分布和赋存于风化裂隙、张性裂隙及断裂破碎带中，地下水补给来源于降雨入渗和地下径流侧向渗入。

2.4.2　研究区水文地质条件

风电场场址区为贫水区，含水层的富水性受地形地貌、地层岩性、地质构造和气候的影响及制约，含水层类型主要以厚层多层型和薄层型为主，单层厚度小于 5m。单一厚度型在北山山前附近有分布，含水层厚度变化较大。地下水补给来源主要为大气降水、雪山融水和北山山系的基岩裂隙水，流向大致呈自北东向南西方向，排泄于疏勒河，水力坡降为 0.6%～0.8%，与地形坡度基本一致，渗透系数约为 50m/d。地下水类型属孔隙性潜水型，地下水位埋藏深度一般大于 80m，历次勘探均未揭露出地下水。

场地地层岩性主要为圆砾、砾砂和呈透镜状分布的中砂、粉土，场址区地处西北干旱地区，场地岩土体常年处于干燥状态，地下水埋深很大，不具有砂土液化的条件，因此，场地岩土体无振动液化问题。预测场址区地下水埋藏深度大于 80m，对场址区建筑物影响较小[52]。

2.5　地质构造

2.5.1　区域地质环境

研究区地处河西走廊西段，南依祁连山山系，北邻北山。祁连山一般海拔 3000～4000m，山势总体走向为 NWW～SEE，与区域构造线方向基本一致。北山山系总体走向近东西向，研究区位于北山南带西段，甘肃北山南带在区域上呈一向北凸出的弧形构造带，东段走向为 NWW～SEE，西段走向为 NEE～SWW，南北宽 60km，东西延伸550km 以上[62]。东北方向为北山山系的马鬃山，属于中低山地和丘陵区，呈近 EW 或NW 向伸展。风电场场址位于疏勒河右岸（北岸），属北山山系山前倾斜冲洪积平原的戈壁滩地貌，地势北东高、南西低，海拔从北山山系的 2500m 降至疏勒河床的 1100m，戈壁滩地地势开阔，地形较平缓。

塔里木板块的东北端呈北东东向延伸到敦煌、马鬃山及雅干地区，其南部边界西段为阿尔金断裂，东段由金塔向东为恩格尔乌苏蛇绿混杂岩之缝合带（图 2.5-1）。塔里木板块的东端，在该区可划分为 4 个二级构造单元 21 个三级构造单元[63]，分别简述如下：

1. Ⅱ₁ 公婆泉-洪果尔构造区

该构造区位于本板块北缘。该构造区在早古生代时期，由被动的大陆边缘构造环境转变为活动大陆边缘沟、弧、盆构造格局，晚古生代经历了泥盆纪碰撞造山，石炭纪为裂陷和期后闭合，早二叠世到晚二叠世由裂谷阶段转为挤压走滑，形成拉分盆地构造环境，伴随发生了晚古生代三期花岗岩浆活动。中生代三叠纪的深层次的构造堆叠作用，引发了最晚一期花岗岩浆活动。侏罗纪由南向北推覆的薄皮构造为该构造区的最大特色。该构造区可分为 8 个三级构造单元。

（1）Ⅱ₁₋₁ 东七一山-洪果尔早古生代洋盆褶皱带。该褶皱带主要由震旦系、奥陶系咸水湖组、白云山组枕状玄武岩、凝灰岩、硅质岩组成。斜山、东七一山为洋区中火山弧，主要由圆包山组、公婆泉组及碎石山组安山岩、英安岩、流纹岩、硅质岩、礁灰岩组成。该褶皱带被黑河断裂左旋错位 40km。

（2）Ⅱ₁₋₂ 窑洞努如-公婆泉志留纪岛弧褶皱带。该岛弧褶皱带是在古大陆基底上形成的，基底为古元古界混合岩、大理岩、二云母片岩及长城系的浅变质岩系（石英岩、千枚

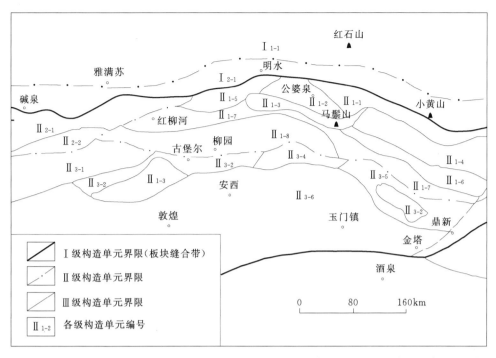

图 2.5 - 1　大地构造单元分区略图

岩）。火山岛弧主体形成于志留纪，原中、上志留统公婆泉群中，发现了早志留世牙形石化石，火山岩主要为安山岩、英安岩，夹有火山集块岩、火山角砾岩及生物碎屑灰岩，构成 23 个火山喷发旋回。该岛弧褶皱带中有早古生代晚期、晚古生代各阶段花岗岩浆活动。

（3）Ⅱ$_{1-3}$ 马鬃山地块。由长城系古硐井群二云母石英片岩、石英岩、大理岩，以及前长城系各类片岩、黑云斜长片麻岩、斜长角闪岩组成。前人曾将该地区大片变质岩厘定为石炭系，马鬃山主峰地区变质岩系主体仍是长城纪及古元古代产物。

（4）Ⅱ$_{1-4}$ 鹰嘴红山地块。主要由长城系古硐井群、蓟县系平头山组、青白口系野马街组和大豁落山组的石英岩、变砂岩、板岩、千枚岩、大理岩、白云质大理岩组成。北侧为地块边缘大陆斜坡区，出露震旦系洗肠井群冰积、冰水沉积物及寒武-奥陶系浊流、碳酸盐碎屑流和深水硅质岩沉积。该地块有晚古生代早、中、晚三期花岗岩浆活动。

（5）Ⅱ$_{1-5}$ 红岩井二叠纪裂陷槽褶皱带。由下二叠统双堡塘组的浊积岩、上二叠统红岩井组陆缘碎屑岩组成走滑拉分裂陷海槽，其基底为长城系古硐井群、前长城系敦煌岩群。

（6）Ⅱ$_{1-6}$ 沙红山二叠纪裂谷褶皱带。该褶皱带为早二叠世发育起来的裂谷带，下二叠统双堡塘组为巨碎屑磨拉石堆积，厚达 2000m 以上，双堡塘组、金塔组为双模式火山岩夹碎屑及生物灰岩，厚达 7000m 以上。有晚古生代晚期花岗岩浆活动。

（7）Ⅱ$_{1-7}$ 红柳河-红柳大泉志留纪弧后盆地褶皱带。该褶皱带是与窑洞努如-公婆泉志留纪岛弧带相匹配的弧后盆地，东西出露长达 450km，地处稳定陆棚区（方山口北）与岛弧带之间的广阔地域。西段出露下志留统黑尖山组砂砾岩、砂岩夹板岩、安山质凝灰岩、枕状玄武岩、灰岩，东段为砂岩、板岩夹玄武岩、砂岩夹滑混岩块。红柳河一带发育典型弧后盆地蛇绿岩，其蛇绿岩岩石组合有碧玉岩、凝灰岩、枕状熔岩、辉绿岩、斜长花岗岩、堆积辉长岩、堆积超镁铁岩、变质橄辉岩等。牛圈子一带经强烈改造，形成蛇绿混杂岩。

（8）II$_{1-8}$方山口-双鹰山寒武-奥陶纪陆棚海褶皱带。由长城系古硐井群、蓟县系平头山组组成陆棚海褶皱基底，寒武系双鹰山组、西双鹰山组为硅质岩、砂岩、灰岩，奥陶系罗雅楚山组、西林柯博组为砂岩夹板岩、硅质岩及灰岩。震旦系洗肠井群亦有少量出露，为冰成岩。

2. II$_2$库米什-卡瓦布拉克构造区

该构造区主要是由中、古元古界组成的褶皱基底，北缘有卡瓦布拉克（碱泉）奥陶纪蛇绿混杂岩带，古老基底之上被早古生代陆棚浅海所覆盖，其南侧为晚古生代裂谷环境。该构造区可分为两个三级构造单元：

（1）II$_{2-1}$卡瓦布拉克地块。由前长城系星星峡岩群、长城至蓟县系卡瓦布拉克群石英岩、千枚岩、大理岩、白云质大理岩组成古陆壳基底。古陆壳北缘为塔里木板块与哈萨克斯坦板块缝合带（即库米什-碱泉蛇绿岩带）。

（2）II$_{2-2}$卡瓦布拉克南二叠纪裂谷褶皱带。该褶皱带发育于二叠纪，其西段出露寒武系、奥陶系及志留系，并组成二叠纪裂谷带的基底。下二叠统红柳河组、骆驼沟组为玄武岩、安山岩、英安岩、流纹岩及广泛发育的次火山岩，磁海地区火山岩中赋存大型磁铁矿。

3. II$_3$敦煌-玉门构造区

该构造区是塔里木板块东部的上太古界敦煌岩群出露区。敦煌岩群主体为TTG岩套，表壳岩由糜棱状黑云斜长片麻岩、二云石英片岩、石英岩、斜长角闪岩、石墨大理岩等组成。晚古生代时期，上叠有早、中石炭世裂陷槽、早二叠世裂谷、晚二叠世拉分盆地。在中生代剪切带有金矿产出。该构造区可分成6个三级构造单元：

（1）II$_{3-1}$罗布泊-白山晚古生代裂陷槽褶皱带。该褶皱带主体是下石炭统红柳园组的浅海相陆缘碎屑岩夹安山岩，中、上石炭统茅头山组、盐滩组为中基性火山岩、火山碎屑岩夹灰岩、碳质页岩及硅质板岩。二叠系除下部红柳河组为中基性火山岩外，上部骆驼沟组为浅海相磨拉石，夹有中酸性火山岩。晚古生代有中、晚期花岗岩浆侵入。

（2）II$_{3-2}$黑山梁-白山煤窑早二叠世裂谷褶皱带。该褶皱带东西长达530km，为早二叠世活动性强的活动带。下二叠统双堡塘组为粗碎屑磨拉石沉积，分别不整合于石炭系、泥盆系及石炭纪花岗岩之上。双堡塘组为复理石浊流沉积，显示该褶皱带早期由浅海向裂陷拉张环境发展。金塔组为枕状玄武岩夹硅质岩、板岩，发育了陆内小型裂谷带。

（3）II$_{3-3}$石板山石炭-二叠纪裂陷槽褶皱带。下石炭统红柳园组、中石炭统石板山组为厚约8000m的中基性火山岩、中酸性火山岩、砂岩、砾岩夹灰岩，反映了活动性强的裂陷环境；上石炭统干泉组下部为碎屑岩、灰岩，上部为4000m厚的流纹岩，表现了由裂陷下沉转为挤压堆叠构造环境。下二叠统金塔组为流纹岩、安山岩、砂岩、砾岩，厚达2000m，为又一次裂陷的产物。

（4）II$_{3-4}$大奇山晚二叠世拉分盆地褶皱带。上二叠统方山口组为流纹岩、英安岩、玄武岩、火山质浊积岩、集块岩夹碎屑岩、碳酸盐岩，厚度可达4200m，表现了双峰式火山岩组合，并具陆相-深湖相-海相-海陆混合相多种环境。该盆地基底为下二叠统双堡塘组碎屑岩系以及古元古界片岩系组成。该盆地反映了晚二叠世在由拉张地动力环境转为挤压、走滑构造背景基础上产生的拉分盆地。晚二叠世末，有三期花岗岩浆侵入活动。

（5）Ⅱ$_{3-5}$俞井子-丁字路口石炭纪裂陷海槽褶皱带。下石炭统红柳园组下部为流纹岩、流纹英安岩、安山岩；中部为白云质大理岩夹生物灰岩；上部为千枚岩、粉砂岩、粉砂质板岩。总厚度达 3000m。该褶皱带有晚石炭世辉长岩和花岗岩浆侵入活动。

（6）Ⅱ$_{3-6}$安西-桥湾地块。由上太古界敦煌岩群为主的 TTG 岩套及表壳岩深变质岩系组成褶皱基底。

2.5.2 新构造运动

2.5.2.1 研究区新构造运动概述

研究区在大地构造分区上位于塔里木地台东北端的菱角部位（一级构造单位），属于塔里木地块的瓜州（安西）—敦煌地轴。区内主要受前震旦纪、海西、燕山及喜马拉雅 4 个构造旋回的影响，其中前震旦纪、海西旋回的构造运动表现较显著，伴随有岩浆活动，使前震旦纪地层深变质，并呈紧闭褶皱。燕山旋回的构造运动表现较微弱，一般以断裂为主，岩浆活动不剧烈。喜马拉雅旋回的构造运动以大面积的垂直升降运动为主，其次有断裂出现。

研究区处于疏勒河断陷盆地，北部为北山褶皱系南带西段造山带，南部为塔里木断块东南缘的三危山断层，新构造运动表现为强烈的大范围垂直升降运动，其次褶皱、断裂也有所表现。

2.5.2.2 断层活动

研究区主体断裂构造走向为 NEE～EW 向，大都沿山地、丘陵与平原的边界展布，在平原内部有隐伏断裂存在，总体走向与主体断裂近于平行[61,64]。研究区附近主要活动断层如下。

1. 三危山断层[62]

三危山断层位于塔里木断块东南缘，是阿尔金断裂带东段北侧的一条次一级断层。在次一级构造上，三危山断层位于疏勒河断陷盆地与三危山断块隆起之间，再向南则为踏实新断陷[65]。三危山断层全长 150km，破碎带宽 30～50m，最宽处可达 100m 以上。内层总体走向为北东 50°～70°，倾向南东，倾角变化在 50°～70°。在断层东北端，即双塔水库附近，其走向发生了变化，由原来的北东向逐渐变为南东向，末端处走向为南东130°～135°。

三危山断层切过沿断层分布的海西旋回的花岗闪长岩体，控制了侏罗纪地层的发育。它可能形成于古生代，并在燕山旋回进一步活动，属于继承性第四纪活动断层，线性构造特征极为明显。第三纪末断层有过一次强烈的活动，使第三系发生了剧烈的构造变动。第四纪早、中更新世，断层活动仍很明显，控制并切割了早、中更新统，使其产生强烈的构造掀斜和挤压变形。早更新世时期，三危山断层曾经发生过一次规模较大的倾滑逆冲运动，断层切割了下更新统砾石层，并使其产生了强烈的构造掀斜和挤压变形。中更新世时期，三危山断层也曾发生过一次倾滑逆冲运动，切割了中更新统砾石层和洪积层，并使其发生强烈的构造掀斜和挤压变形。自晚更新世以来，三危山断层基本上停止了活动。沿断层带堆积了大量上更新统和全新统的冲洪积物，有的断层谷地中也堆积了上更新统，断层未切割上更新统和全新统的冲洪积层，也未使其发生构造掀斜或挤压变形。

地震是断层活动的表现形式之一。对于全新世的活动断层而言，强地震活动是其新活动的具体表现。三危山断层及其附近地区历史上很少有中强地震发生，有史以来此区内从未发生过 6 级以上的破坏性地震，弱小地震也较贫乏。因此可知，三危山断层的地震活动性极弱，今后相当长的一段时间内沿三危山断层不存在发生强震的危险性。

2. 疏勒河断裂

瓜州风电场位于疏勒河断陷盆地、疏勒河断裂带西段。疏勒河断裂带位于北山山地与河西走廊平原地带的分界线上，形成于早古生代加里东期，中新生代以来，断裂带北侧上升形成北山地区的低山、丘陵地貌，南侧下降形成盆地。由于处于这一特殊位置，断裂带基本上被北山冲刷下来的大量砂砾石和河西走廊北缘沉积的细土所掩埋[64-65]。疏勒河断裂是一条隐伏的区域性基底大断裂，除局部地段外，地表很难发现其构造形迹。断裂带位于甘肃西部北山的南缘，西起玉门双塔堡，经饮马场北山向东延至黑山头以南，长约80km，主干断裂宽度在 100m 以上，近东西向展布。区内多被沙漠、戈壁覆盖，仅在桥湾附近能观测到主干断裂露头[68]。

余运祥等[69]在甘肃西部河西走廊地区，对 360 个钻孔的测温及试油资料进行分析、处理，得到该区 1000m、2000m 及 3000m 深地温分布图（图 2.5 - 2）及地温梯度分布图（图 2.5 - 3）。经分析，河西走廊地区断裂带的地温等值线分布方向与断裂带走向基本一致，风电场所处断裂带平均地温为 30℃。从图 2.5 - 3 可以看出，地温梯度等值线的展布方向与断裂带走向也基本一致，呈近东西向。疏勒河断裂带及其北侧的北山地区地温梯度值小于 1.5℃/100m，属低地温梯度分布区。图 2.5 - 2 和图 2.5 - 3 说明河西走廊及疏勒河断裂带属于低温区，内地壳结构较完整，断裂带活动性极弱，是相对稳定的地区，其中疏勒河断裂带及其以北地区稳定性更好[68,70]。

3. 北山南带断裂

在地质位置上，北山位于我国塔里木—华北古陆板块北缘，是天山、阿尔泰山、阿尔金山、祁连山及华北地台北缘等褶皱带的延伸交汇地区，具有悠久的多旋回发展史，形成区内极为复杂的菱形构造格局。尤其是古生代以来，该区东西向裂谷（或微洋盆）多次活动，形成复杂的裂谷式地槽沉积岩系和种类繁多的多期岩浆活动及火山喷发作用。以南北向引张和挤压应力为主的构造应力场，形成以东西向为主的断裂系统，这些断裂深达地幔或地壳深部。中生代以来受特提斯—阿尔金山断裂的影响，区内北东向断裂构造十分发育，它与东西向构造共同控制了构造岩块的发展演化[71]。

北山南带是一条发育在古陆边缘的多旋回裂谷活动带，形成了复杂的裂谷式火山-沉积建造和多期次构造岩浆活动，若将甘肃北山南带从总体上作为一个巨大岩片来认识区域构造作用，则这个巨大岩片曾至少经历过两期东西向区域剪切作用。第一期为韧性剪切作用，由简单剪切机制造成，属低级韧性平移剪切带向推覆韧性剪切带的初步过渡类型。韧

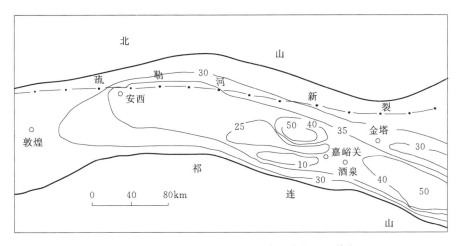

图 2.5-2　疏勒河断裂带 1000m 深地温分布图（单位：℃）

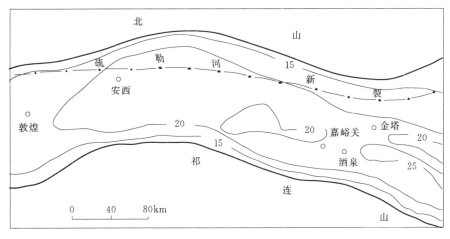

图 2.5-3　疏勒河断裂带地温梯度分布图（单位：℃）

性剪切带的东西向剪切应变值自穿山驯经西铅炉子向西到五峰山一带呈递进加大趋势，以柳园—五峰山—青石泉一带最大，并与区域变质作用强度的递增呈正相关。第二期为脆性破裂剪切作用，造成一些东西向断裂具压剪性正断层性质和区域破劈理的广泛发育。这两期剪切作用均为左行式，活动时代应晚于早二叠世。两期剪切作用的叠加发育，反映了地壳抬升剥蚀的过程[72]。距研究区较近的大型断裂主要有两条，即北东走向的老金场断裂带与白墩子-石板墩断裂带[71-72]。

2.6　地震

根据兰州地震研究所编制的《甘肃西部地区区域重力异常图》资料，疏勒河断裂带位于−200～−230mgal 的等值线上，重力场总体呈近东西向展布的负异常平稳梯度带，梯度变化较小[69]（图 2.6-1 和图 2.6-2）。疏勒河断裂带虽然在区域上规模很大，但切割地壳的深度有限，对区域重力场和地壳厚度影响不大。疏勒河断裂带及其以北地区，地壳厚度变化极其平缓，地壳结构整体性完好，属稳定地壳类型。疏勒河断裂带以南地区则由于有数条区域性深大断裂带的强烈活动，致使区内地壳厚度变化剧烈，地壳结构整体性差。

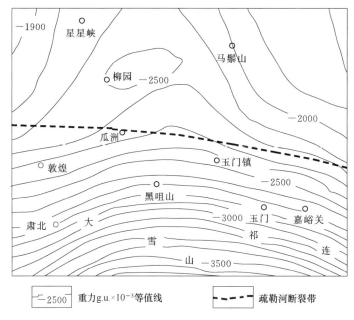

图 2.6-1　研究区区域重力异常图（单位：N）

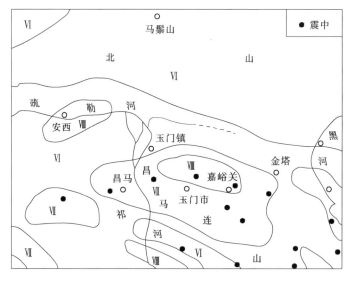

图 2.6-2　安西—玉门地区地震烈度及震中分布图

根据 1：400 万《中国地震动反应谱特征周期区划图》及《中国地震动参数区划图》（GB 18306—2015）（图 2.6-3、图 2.6-4），该区 Ⅱ 类场地，50 年超越概率 10% 的地震动峰值加速度为 0.05g，地震动反应谱特征周期为 0.45s，相对应的地震基本烈度为Ⅵ度。

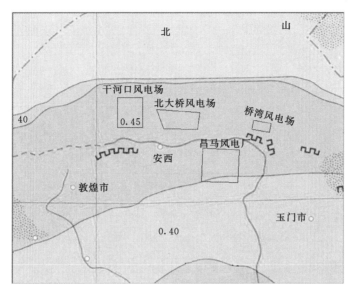

图 2.6-3　研究区地震动反应谱特征周期区划图

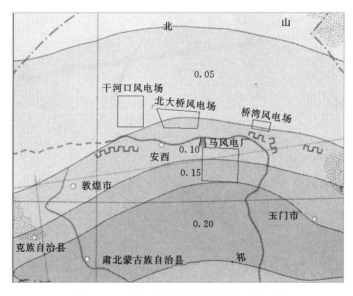

图 2.6-4　研究区地震动峰值加速度区划图

由以上分析可知，该区地震活动主要分布于疏勒河断裂带以南的河西走廊地区。根据新构造运动和历史上地震的强度和分布，预测该区在未来一定时期内可能发生烈度为Ⅶ度以上的地震。地震危险区主要分布在疏勒河断裂带以南的广大地区，如玉门镇—酒泉、昌马—祁连山等地震危险区（图 2.6-2）。除上述地区外，其余地区地震烈度为Ⅵ度，可能会发生 41P4～51P4 级地震。疏勒河断裂带及其北山地区，地震烈度小于Ⅵ度，历史上无破坏性地震记录，属于相对稳定地区。根据潜在震源区判定指标判断，研究区内存在 23 个不同震级上限的潜在震源区（表 2.6 - 1）。

表 2.6 - 1　　　　　　　　　　　潜在震源区及震级上限

编号	潜在震源区名称	震级上限	最大历史震级	所属地震带
1	大黑山	6.0	—	阿尔金山带
2	沙泉子	6.0	—	
3	红柳井子	6.0	—	
4	马莲井	6.0	—	
5	三危山	6.5	—	
6	花海	6.5	—	
7	赤金堡	7.5	—	
8	肃北	8.0	—	
9	阿克赛	7.5	—	
10	野马泉	8.0	—	
11	金塔南山	7.0	—	河西走廊带
12	嘉峪关	7.0	6.0	
13	旱峡	7.0	5.5	
14	昌马	8.0	7.6	
15	镜铁山	7.0	—	
16	荒田地	7.0	5.5	
17	大雪山	7.0	—	祁连山带
18	团结峰	7.0	6.5	
19	党河	7.0	—	
20	响水河	6.5	—	
21	赛什腾山	6.5	—	柴达木带
22	绿梁山	7.5	—	
23	宗务隆山	6.5	—	

第 3 章

盐渍土盐胀、压缩与溶陷

3.1 盐渍土分布规律与成生模式

3.1.1 概况

3.1.1.1 盐渍土形成的自然条件

我国西北地区位于欧亚大陆之间，与大海距离遥远，再加上高山峻岭的阻挡，生成于海洋上的湿润空气对我国西北地区的影响由东向西逐渐减弱，使得云量及降雨量同样由东向西逐渐减弱。而地区日照量及总日照时数是由东向西逐渐增大，辐射强烈。因此，我国西北地区降雨稀少，蒸发强烈，气候干燥，温差巨大，构成了盐渍土易于形成的外界条件。

由表 3.1-1 可知，我国西北地区具备了完善的盐渍土生成条件，这些自然条件越向西部越严酷，因此，我国西北地区土体盐渍化的严重程度同样也是由西向东逐渐减弱的。

表 3.1-1　　　　　　　　　西北地区盐渍土形成的环境条件

地区	气候				土体	地下水	
	类型	年均气温 /℃	年均降雨量 /mm	年均蒸发量 /mm	主要盐分	埋深 /m	总固溶物 TDS/(g/L)
新疆	干旱	4～12	100～200 (最小 10)	1500～3500	钠的氧化物、硫酸盐	3～10 (最浅 1～2)	3～5 (最高大于 10)
甘肃	干旱	7～9	50～150	1800～3300	钠硫酸盐、钠镁氯化物	1～2.5	5～10 (最低为 0.43)
青海	干旱	3～4	25～200	3000	钠的氧化物、硫酸盐、钠氯化物		
宁夏	半干旱	9	150～300	1600～3000	钠氯化物、硫酸盐或硫酸盐氯化物	1～2	<2 (最高 10～25)
内蒙古	半干旱	6～10	140～330	1800～2000	钠镁氯化物或硫酸盐	1～2	1～3 (最高 5～10)

3.1.1.2 基本特点

我国西北地区的盐渍土分布，明显受地质地貌、盐类矿藏、气候环境、水文地质等自然环境的综合影响。西北内陆盐渍土区按自然地理环境划分，一部分属天山、祁连山、昆仑山山地中干区和绿洲区及柴达木荒漠过干区；一部分属以黄河中上游及内蒙古高原为主的中干盐渍土区。不同的地理环境形成的盐渍土具有不同的特点。

西北内陆盐渍土所含易溶盐来源主要为岩石风化、地下水、地表径流及古残余积盐的出露。从盐类组成上说，内陆地区盐类组成比较复杂，除含有氯化物、硫酸盐和碳酸盐外，还有少见的硝酸盐、甘肃河西走廊的镁质碱化土、青海柴达木盆地的硼酸盐等。盐类淋溶程度受地区降雨量的影响很大，由于内陆地区降雨稀少，蒸发量大，淋盐作用极微，甚至长期积盐，盐分在土体中多呈固体状态。极干旱气候条件下的内陆垦区（包括扇缘绿洲、山麓绿化、湖畔绿洲等），由于灌溉排水设施不配套、用水不合理等不当的人类活动使地下水位抬高，造成大片地区土地产生次生盐渍化。

3.1.2　盐渍土的形成

盐渍土的生成、发展与演变，是所在的地区自然条件（地形、地质、水文地质、气候等）综合作用的产物，人类活动也有着较大的影响。气候条件是引起土质盐渍化的主要外在因素，易溶盐的存在则是盐渍化发展的内在因素，存在于土体中的易溶盐通过地形、土质、水文地质等条件发生迁移和积聚。

西北地区属于荒漠生态环境，由于缺乏降水的淋溶作用，土中积累的易溶盐较其他区域多，加上强烈的蒸发，不仅地表水蒸发浓缩，同时矿化度高的地下水借助毛细作用上升到地表，所以盐渍化就成为西北地区普遍的特点。西北地区绝大多数的河流所携带的盐分均汇聚于下游低洼处，成为盐沼或盐湖。地下径流与盆地低洼处接近地表，导致水分持续大量蒸发，因此，各个盆地斜坡的中部或中下部都是盐渍土的分布地带，这是水、热不平衡造成盐水不平衡的结果。

甘肃河西地区和新疆地区位居大陆腹地，海洋影响十分微弱，因此年降水量小，蒸发量大，形成了夏季炎热、冬季寒冷、春季气候多变、秋季降温迅速的大陆性荒漠气候和南北疆过渡气候特点。年平均气温为 $8 \sim 10℃$，最高气温可达 $40℃$，最低气温可低至 $-30℃$。年平均湿度为 $0 \sim 50\%$，无霜期为 $160 \sim 200$ 天，最大冻结深度为 $0.8 \sim 1.2m$。年降水量为 $50 \sim 80mm$，集中在 6 月、7 月和 8 月，占年降水总量的 60% 以上，年蒸发量为 $1800 \sim 3000mm$，蒸发量超过降水量的 30 倍以上。在这种特定环境条件下，地下径流和盐分缺乏出路，形成了盐渍土的广泛分布[73]。

甘肃河西走廊及新疆地区的内陆盆地，地形地貌由地势较高的山前冲洪积扇戈壁荒漠地带逐步过渡到地势较低的冲积湖积平原。第四系地层由山前砂砾卵石渐变为细颗粒粉土和一般黏性土。地下水位自盆地边缘至盆地中心由深变浅，直至出露形成盐湖[74]（图 3.1 - 1）。

从大的地貌类型看，我国西北地区盐渍土大部分在群山环抱的内陆盆地中。这些盆地多为封闭、半封闭型，而且绝大多数河流为内陆河流，与地下水一起溶解周围山区的易溶盐分，并携带至盆地低洼处积聚沉积下来。从次一级地貌单元看，盐渍土只发育在河流三角洲、河漫滩、低级阶地、滨湖平原及山前洪积、冲积平原上。其中尤以盐湖周围积盐过程最强烈，滨湖盐壳分布广泛。

由于自然条件与地形地貌条件的限制，西北地区形成了特殊的盐渍土类型。山前冲洪积扇中上部位多为碎石类土，靠近平原或盆地中心多为含砾中粗砂、粉砂和黏性土，纵向

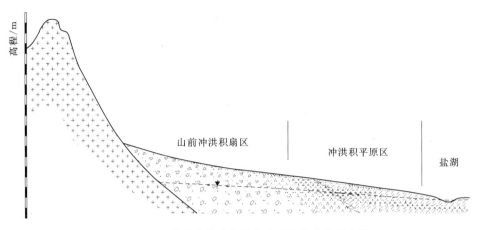

图 3.1-1 西北地区内陆盆地山前地貌分区示意图

分布具有区域不均匀性。同时，同一区域内低洼地带的易溶盐含量较高，这与地表水的汇集有关，暴雨过后大量的盐分被地表水溶解，沿浅沟流向低洼地带，使盐分大量聚集，故易溶盐含量相对较高，盐渍土平面分布具有局部不均匀性[73]。因此，西北地区内陆盐渍土分布在平面上具有区域不均匀性，给工程建设带来更多的困难，同时也给地质勘察和工程基础处理设计提出了新的挑战。

按照地貌单元的平面分布形态，从山前至盆地中心可将盐渍土在平面上分为碎石类盐渍土、砂类盐渍土和黏土类盐渍土。

碎石类盐渍土一般皆为冲洪积物，多分布在山前地带或盆地周边地带，其沉积特点为颗粒磨圆度，分选性和均匀性都较差，岩性在水平方向和垂直方向上变化均较大。土的组成以圆砾、角砾、卵石、碎石为主，其间常有砂类及黄土类土的杂乱堆积，或呈交互层状及透镜体产出。盐类将土颗粒胶结，其含量多时可达 10% 以上。这种土在天然状态下具有较好的力学性质，但浸水后强度有所降低，并且具有溶陷性。

砂类盐渍土多分布于冲洪积扇中下部或在盆地过渡地带，其成因为洪冲积，洪冲积成因分选性差，多以中、粗、砾砂为主，间夹有风积粉细砂。砂类盐渍土一般具有溶陷性。

黏土类盐渍土一般分布于冲洪积扇前部或盆地中心及内陆湖泊的周围，其含水率变化较大，且含盐量及含盐类型亦各不相同，因此工程地质性质比上述两类盐渍土也更为复杂。这类盐渍土与一般的黏性土相比，密度较大、孔隙比较小、强度较高，由于含水率较高一般不具有湿陷性[73]。

1. 形成途径

根据我国西北地区盐渍土形成途径，研究人员经调查总结为以下几点[76]：

（1）现代积盐，也称活性积盐，即当地下水埋深小于临界深度时，潜水中的盐分通过毛管上升水流不断向地表聚积，是最广泛的一种积盐方式。

（2）残余积盐，是过去地下水位较高时积聚在土壤中的盐分，由于地下水位下降不再积盐，又因降雨稀少，原聚积的盐分不能淋洗仍残留在表层和土体中。

（3）洪积积盐，是一种地表水参与土壤积盐的方式，由暴雨冲刷和溶解山区含盐地层中的盐分，与泥沙一起形成洪水径流，在山前平原散流沉积。

（4）生物积盐，是盐生植物的分泌物或残体分解时，将盐分聚积于地表下的土壤。

（5）风力积盐，大风吹蚀，把含盐的土壤刮走，以沙尘暴或浮尘的方式迁移到别的地方沉积。

（6）次生积盐，主要是灌溉不合理，导致地下水位升高，使原来非盐渍化土壤变为盐渍土，或增强了土壤原有盐渍化程度。

（7）脱盐碱化，当地下水位下降，在淋溶作用下，土壤发生脱盐时，土壤胶体从溶液中吸附钠离子形成碱土或碱化土壤。

2. 分布特点与成因

根据盐渍土的分布特点与成因，其规律总结为以下几种[77]：

（1）由含盐母质决定的分布规律：盐渍土中盐类来自于含盐母质，母质中的盐分在地质构造、地下水或地面径流等因素作用下，运移至土体表层并积聚，而形成盐渍土。

（2）由盐的性质决定的分布规律：盐的性质对其分布规律的影响表现为微观和局部。最有明显影响的是盐的溶解度。各种盐类因其溶解度不同，故在含盐水的迁移和受蒸发的过程中，以先后不同的次序达到饱和并析出，故在深度上盐渍土的分布也有一定的规律。如难溶的碳酸钙，因其溶解度很小而最先析出，故碳酸钙盐渍土层埋藏较深；然后是溶解度不大的中溶盐，如硫酸钙（即石膏），达到饱和并析出，故含硫酸钙的盐渍土一般位于碳酸钙盐渍土之上；最后析出的是易溶盐。

（3）由洪水、河流和地下径流主导的分布规律：洪水、河流和地下径流直接受地形、地貌的影响，对盐渍土影响很大，从而也决定了盐渍土的类别和分布规律。

（4）由气候因素主导的分布规律：干旱地区的积盐过程就是蒸发主导的、毛细孔隙水控制的集盐过程，一般情况下，气候愈干旱，蒸发愈强烈，通过土中毛细水作用带至土表层的盐分也就愈多。半干旱地区蒸发量也大于降水量，土中毛细水上升水流总体上占优势，在蒸降比较大的情况下，地下水中的可溶性盐类也会逐渐汇集在地表，其盐渍土分布不连续，面积相对干旱地区来说也比较小。

（5）次生盐渍土的分布规律：主要分布在干旱和半干旱的农业生产地区，这一规律主要是由于人类活动（如不合理的灌溉或过度放牧等）引起的。

3.1.3 盐渍土分布规律调查

3.1.3.1 地质调查

为了分析盐渍土分布规律，本书关于盐渍土地质调查涉及甘肃酒泉、敦煌地区，新疆的哈密、吐鲁番及博州地区以及青海的格尔木地区等。

1. 酒泉地区

调查区位于酒泉地区的玉门以西、瓜州以北～西北及敦煌市以南的戈壁滩上，地处河西走廊西端，南依祁连山山系，北邻马鬃山、北山。新能源基地位于南北两山之间的近东西向走廊的戈壁滩地带。祁连山高程为 $300\sim4000\mathrm{m}$，北山山系高程为 $2500\mathrm{m}$，疏勒河谷高程为 $1100\mathrm{m}$。地形由北山向南和由南向北向中部的疏勒河一带倾斜，自山前总体地形坡度为 1‰ 左右，戈壁滩地地势开阔，地形较平缓。沿北山沟口发育不同程度的冲沟，冲沟流向以由北向南为主，较大冲沟深数米至百余米，以宽浅冲沟为主，沿冲沟植被稀少，植被主要分布于冲沟部位，以低矮的骆驼刺、麻黄等为主（图 3.1-2）。

图 3.1-2　酒泉地区风电场局部地貌图

地层以第四系上更新统为主，岩性自上而下一般为粉细砂、角砾层、砾砂层，在安北一带下部为第三系砂质泥岩。

细砂层呈灰黄色，稍湿，松散～稍密。以细砂为主，含少量砾石，分布不稳定，土层中含盐，呈纤维状附着在碎石表面或空隙中，局部钻孔中取出的岩芯干燥后呈白粉状。主要分布于戈壁平原表部。

角砾层呈杂色，稍湿，碎石含量为 15%～45%，砾石含量为 30%～35%，充填细砂及粉土。调查发现块石最大粒径为 300mm，砾石一般粒径为 5～15mm，磨圆较差。分布不连续，一般厚度大于 2m。玉门一带发现有 1m 左右的钙质胶结的透镜体。

砾砂层呈黄褐色，稍湿，碎石含量为 2%～25%，砾石含量为 25%～35%，充填细砂及粉土。局部钙质胶结，碎石最大粒径为 180mm，砾石一般粒径为 5～10mm，磨圆较差。分布较为广泛，一般层厚大于 5m。

第三系砂质泥岩呈褐黄色、褐黄色，局部呈青灰色。全风化呈黏土状，随含水率的变化密实程度各异，位于水上时，结构密实，水下则呈中密，主要分布于桥湾—干河口一带的下部地层中。

场址区地表水系不发育，普遍地下水位较低，一般大于 20m，局部地下水位较低，如玉门东北的三十里井子、玉门西北的麻黄滩。在北山与疏勒河之间的安北（如安北四、安北二、安北六等风电场）及西侧的干河口四等，局部冲沟部位水草繁茂，地下水位较低，雨季呈沼泽，旱季时地下水位埋深也较浅，最浅为 1m 左右。

地下水位随大气降水有所波动，据调查，在 2012 年 2 月进行安北第四风电场勘探过程中，仅有两个钻孔发现地下水，在同年 6 月几次大雨之后，地下水位上升，多个钻孔出现地下水。在 8 月施工过程中，其地下水位又有所下降，水位变幅较大。

酒泉地区戈壁滩大多表部覆盖薄层黑色～灰白色的角砾。地形略起伏，植被较少，地表松软，人行走在上面会留下深 1～4cm 的脚印，车在上面行驶时车辙较深处可达 30～50cm，局部陷车。这些部位表部土层密度小，呈白色～灰白色，芒硝含量高，呈白色纤维状或蜂窝状，与土粒、砂粒胶结（图 3.1-3）。

图 3.1-3　地表松软的场地
（表部芒硝富集呈白色）

在地势平坦部位，表层以角砾层为主，

砾石接触紧密，地表坚硬，表部无白色晶簇，盐粒含量也较少（图 3.1-4）。

酒泉地区盐碱化仅在地表水活动频繁的地带出现，如地下水较高部位、水草繁茂的冲沟部位（图 3.1-5）。盐碱呈白色薄膜状，其下部含白色盐粒含量较少。

图 3.1-4　地表坚硬的场地（无芒硝富集带）　　　图 3.1-5　湖沼区地表（白色盐碱化）

盐渍土在垂直方向分布总体呈下降趋势。在地层断面上，盐渍土（芒硝）呈白色层状 [图 3.1-6（a）、（b）、（c）]、白色和土黄色晶簇状 [图 3.1-6（d）、（e）] 及团块状 [图 3.1-6（f）、（g）、（h）]。

盐渍土自地表向深部并不是连续分布的，在地表数厘米硬壳下面为硫酸钠晶簇，密度很小，含水率很低，如果进行钻探或车辆碾压，立即会成为粉末状或呈细砂状，该盐渍土一般不会再次失水膨胀，但遇水会产生强烈溶陷（图 3.1-7）。再往深部，受沉积环境等控制，一般呈层状或蜂窝状分布，充填于砂卵砾石的孔隙间，层厚 10cm 左右，局部钻孔岩芯呈灰白色，在阳光下易反光。随着深度的增加，硫酸钠结晶程度越高，密度较大，含水率相对较大。在探坑刚开挖揭露出的时候，一般为结晶较好的晶体，但 3～5 天之后，则很快失水为白色粉末，或者在开挖上部的土层之后，硫酸钠晶体接近地表时，其很快失水膨胀，在基坑底面形成一个个鼓胀的小包，其分布深度一般为 2～3m（图 3.1-8）。

2. 哈密、吐鲁番地区

（1）哈密地区。哈密市位于新疆东部，东西长 404km，南北宽 440km。天山山脉横亘其中，以天山为界，分为南北两部分：南部的哈密盆地为封闭式山间盆地，干燥少雨，昼夜温差大；北部为准噶尔盆地东南部。盆地内除少数绿洲外，大多为戈壁荒滩。哈密东南风电场位于哈密市东南约 100km 处，石城子光伏基地位于哈密市以北约 20km 处，均位于哈密盆地的边缘部位。

哈密东南风电基地位于山前洪积扇上，地势北高南低，南侧为红柳沟。沿北部沟口发育冲沟，冲沟流向以由北向南为主，较大冲沟深约 3m，地表植被不发育（图 3.1-9）。

哈密东南风电基地地势平坦开阔。地层以第四系上更新统、第三系地层为主，主要岩性为细砂、角砾及砂砾岩。含砾细砂层：灰褐～黄褐色，松散～稍密状，该层分布于地表，层厚一般小于 1m。角砾层：青灰色～杂色，结构中密～密实，砾石含量为 55%～70%，粒径一般为 10～15mm，局部夹少量块石，中细砂充填，较干燥。第三系中新统桃树园组砂砾岩：褐红色～棕红色，全风化，岩芯多呈碎块状、短柱状，结构密实。场址区地表水体不发育，地下水位普遍较低，一般大于 100m，局部地下水位较低，如场址区的

(a)条带状密集分布盐分

(b)条带状分层分布盐分

(c)针簇状条带分布盐分

(d)针簇状连片分布盐分

(e)毛细阻断顶部富集盐分

(f)土体内部富集盐分晶块

(g)密集盐分脱水后分布形态

(h)土层表部盐化现象

图 3.1-6 调查区盐分赋存形态

(a)晶簇   (b)晶块

图 3.1-7 调查区盐渍土晶簇和晶块

(a)基坑盐渍土   (b)膨胀现象

图 3.1-8 调查区基坑盐渍土及膨胀现象

图 3.1-9 哈密东南风电基地地貌

野马泉、滴水泉等部位，地下水位埋深仅 1m 左右，为上层滞水。场址区冲沟较为发育，冲沟宽几十米，延伸数公里，深 1～3m。冲沟底部分布块石、漂石，已发现最大粒径约为 400mm。

石城子光电基地位于山前洪积扇上，地势平坦开阔。地层以第四系上更新统为主，主要岩性为圆砾层、卵石层。地表结构松散，向下逐渐密实。卵石含量为 30%～55%，砾石含量为 30%～40%，充填细砂。卵石最大粒径为 180mm，砾石粒径一般为 5～15mm，磨圆一般。冲沟内场址区地表水体不发育，地下水位较低，一般大于 20m。场址区冲沟较为发育，冲沟宽几十米，延伸数公里，深约 1m。冲沟底部分布漂石，最大粒径约为 500mm。

哈密地区降雨量小、蒸发量大。戈壁滩上易溶盐含量总体较高，根据地形、地貌及地下水渗流条件不同，盐渍土的平面分布不均。

石城子光电基地地表覆盖砾石、坚硬，人行走在上面脚印很浅，车辆在上面行驶时车辙印很浅。在冲沟形成的断面上，表部的粉土盐碱化。在林带灌溉区，地表盐碱化明显，呈白色薄膜状。

哈密东南风电基地大部分有稀疏、低矮植被，部位地表较为坚硬，覆盖砾石或块石，表部一般稍密，人在上面行走时脚印很浅或不明显，车在上面行驶时车辙很浅。这些部位表部无白色晶簇，盐粒相对较少。在局部地段，如东南的烟墩第三风电场，地形略起伏，植被较少，地表相对松软，人走在上面会留下较深的脚印，车在上面行驶时车辙较深，两驱车易陷车，表部土层含大量纤维状芒硝结晶体，结构松散，碾压后呈白色粉末状。

在垂向分布地层断面上，上部易溶盐含量高，芒硝呈纤维状结晶体，与土粒胶结，岩结晶体呈白色～灰白色，与土粒微胶结，岩芯呈白色粉末状。下部盐晶体分布于土颗粒的孔隙间，深度越大，颗粒越小，白色越不明显，相比瓜州地区要弱得多。

（2）吐鲁番地区。吐鲁番位于天山与火焰山夹持地带，呈东西向。地势开阔，地势略起伏，总体地势北高南低。沿北山沟口发育不同程度的冲沟，冲沟流向以由北向南为主，沟深较浅，植被不发育。吐鲁番光伏电站地貌和鄯善光伏电站地貌分别见图 3.1－10 和图 3.1－11。

图 3.1－10　吐鲁番光伏电站地貌

图 3.1－11　鄯善光伏电站地貌

吐鲁番地区地层以第四系上更新统冲洪积地层为主，表部以含砾粉细砂为主，以下以漂卵石层为主，粒径较大。含角砾粉土层呈灰黄色，稍湿，表部含角砾，层内可见白色盐粒，分布不稳定，厚度小。卵石层呈杂色，稍湿，密实。漂石含量为 $10\% \sim 15\%$，卵石含量为 $40\% \sim 50\%$，砾石含量约为 25%，充填中粗砂。漂石最大粒径约为 500mm，卵石粒径一般为 $40 \sim 60$mm，砾石粒径一般约为 10mm，磨圆较好。

场址区地表水体不发育，地下水一般埋深大于 30m，受山区基岩裂隙水、冰雪融水补给。径流方向基本由北向南，排泄于南部。由于蒸发量大，地下水矿化度较高，含盐量大。

根据地质调查，盐渍土在平面上分布不均匀，地势较高处地表松软，土层中含白色盐粒，岩芯呈灰白色，在阳光下易反光，含盐量较高。低洼地带地表较硬，含盐量较低，白色盐粒小且少。在地层断面上，上部可见白色盐粒，下部较少，由上至下含盐量逐渐减少（图3.1-12和图3.1-13）。

图3.1-12　吐鲁番地层断面

图3.1-13　鄯善地层断面

图3.1-14　阿拉山口地貌

3. 阿拉山口及和田地区

（1）阿拉山口地区。阿拉山口风电基地位于阿拉山口口岸附近，为山前冲洪积平原，地势开阔，起伏较大，地势倾向艾比湖，地形坡度为3‰～5‰。场址区植被较发育，较大的高约1.5m，成片分布（图3.1-14）。

阿拉山口地区场址区主要地层为第四系洪积，岩性为角砾层。角砾层呈杂色，稍湿，表部1m左右稍密，以下密实。碎石含量约为15％，砾石含量约为45％，充填粉细

砂。碎石最大粒径约为300mm，砾石粒径一般为10～15mm，磨圆差。碎石、砾石成分以石英岩、花岗岩、灰岩为主，碎石、砾石表面强风化，层厚一般大于20m。

场址区无地表水，勘探深度内未发现地下水，地下水埋深大于20m。靠近湖泊部位地下水位较高。盐碱化仅在地表水活动的部位出现，如湖边地下水较高部位、冲沟部位，盐碱呈白色薄膜状。场址区未发现溶陷坑。

场址地面较硬实，人在场地行走时脚印浅，车辆行驶时车辙较浅，不易陷车。未发现盐分富集现象，土层中盐粒较少，地层断面上仅见局部盐碱化（图3.1-15）。

（a）基坑断面 1　　　　　　　　　　　　　（b）基坑断面 2

图 3.1-15　阿拉山口风电场地层断面

（2）和田地区。和田地区位于新疆维吾尔自治区最南端，南枕昆仑山，北部深入塔克拉玛干大沙漠腹地，东西长约 670km，南北宽约 600km。和田光伏基地位于和田市以西的昆仑山北侧山前洪积平原，地势平坦、开阔，表部植被不发育（图 3.1-16）。

（a）场址区地貌 1　　　　　　　　　　　　（b）场址区地貌 2

图 3.1-16　和田光伏基地场址区地貌

场址区地层以第四系松散堆积物为主，主要岩性为粉砂层、粉土层、圆砾层。粉砂层：稍湿，表部含角砾，层内白色盐粒含量高。粉土层：灰黄色，稍湿，以粉土为主，厚度大于 5m。圆砾层：杂色，稍湿，密实。卵石含量约为 25%，砾石含量约为 30%，充填细砂。卵石粒径一般为 40mm，砾石粒径一般为 5~8mm，磨圆较好。

场址区地下水一般水位埋深大于 15m，地下水受南部的昆仑山基岩裂隙水、冰雪融水补给，径流方向基本由南向北，蒸发量大，矿化度较高，含盐量较大。

场址区地势较高处表部较为松软，表层可见白色团块状盐粒分布。在宽浅冲沟底部，地面相对硬实，地表呈白色盐碱化。

在地层断面上，表部含白色盐粒较多，与土粒胶结成块状，结构松散。下部 3m 内岩芯多呈白色粉末状，在阳光下易反光。岩粒与土粒、砂粒呈微胶结~弱胶结，呈块状（图

3.1-17)。

(a)基坑断面　　　　　　　　　　　　　　(b)探槽挖出的盐渍土

图 3.1-17　和田光伏基地场址区地层断面

4. 柴达木盆地地区

柴达木盆地位于青海省西北部，包括格尔木市的一部分、德令哈市、天峻县、乌兰县、都兰县及大柴旦、冷湖、茫崖等，是中国海拔最高的盆地，北依阿尔金山—祁连山，南靠昆仑山，是一个西北部开阔、东部狭窄、略呈菱形状的断陷盆地。东西长 800km，南北宽 350km，总的地势北高南低，平均海拔 3000m 左右，最低点位于盆地南部的达布逊湖南岸，海拔 2675m。地貌由周边向中心依次呈现高山、风蚀丘陵、戈壁、沙漠和湖沼 5 个环带状结构。

图 3.1-18　德令哈光伏电站场址区地貌

德令哈位于柴达木盆地中北部，光伏电站位于祁连山脉南的戈壁滩，地势略起伏，地形坡度为 1%～3%，山前冲洪积平原部位冲沟发育（图 3.1-18），宽小于 100m，深度以 1～2m 为主，雨季有季节性流水，表部植被较为发育。场址区地层以第四系松散堆积物为主，主要为含角砾粉砂层、圆砾层。含角砾粉砂层：灰黄色，稍湿，表部含少量角砾。圆砾层：杂色，稍湿，密实。卵石含量约为 25%，砾石含量约为 30%，充填细砂。场址区地下水水位埋深大于 15m，地下水受盆地四周的基岩裂隙水、冰雪融水补给。潜水的化学特征主要受地形、气候及径流、排泄条件的制约，蒸发量大，矿化度较高，含盐量较大。

格尔木位于柴达木盆地西南侧边缘地带，南侧为基岩形成的低山区，场地区处于山前冲洪积平原，地貌类型为荒漠沙地，植被不发育。场址区南部有多个月牙型移动沙丘，沙丘相对高程为30～40m。场址区范围内地势总体上南高北低，地形开阔平坦，冲沟不发育。场址区地基土主要为第四系全新统风积（Q_4^{eol}）粉细砂层，灰黄色～黄色，广泛分布于场址区，分布厚度大于15m，表部松散，下部中密～密实，质地纯净，颗粒均匀。场址内地下水径流方向由南向北，为孔隙潜水，场址区地下水埋深为4～20m，受大气降雨和盆地南侧山区基岩裂隙水补给。

山前冲洪积平原地表较为硬实，局部可见白色盐碱化，钻孔岩芯中偶见少量白色盐粒分布；在距山区较远的戈壁滩上，如格尔木南出口、路南等地，地形略起伏，地形较高处地表松软，土层中含白色盐粒；在距山区较远的沙漠地带，如格尔木东出口，地层以粉砂为主，地表松软，地表局部盐碱化，表层含白色盐粒较多，下部较少（图3.1-19和图3.1-20）。

图3.1-19　德令哈光伏电站坑槽断面

图3.1-20　格尔木光伏电站钻探土芯

3.1.3.2　颗粒组成分析与易溶盐测定

1. 颗粒组成分析

在地质调查过程中，依据对土体分层情况的调查结果，在瓜州选取部分探坑不同土层分别取样，旨在分析不同土层的颗粒组成情况、易溶盐特征等。本次调查过程中分别在17个基坑中共取样65组，采用筛分法测定了不同土层的颗粒组成情况，并计算得出了每组样品的不均匀系数、曲率系数、有效粒径、平均粒径、中间粒径、限制粒径等颗粒分析参数。表3.1-2和表3.1-3分别给出了调查区探坑样品的颗粒组成分析记录和颗粒组成分析成果。

表3.1-2　　　　　　　　　　　调查区探坑样品颗粒组成分析成果

样品编号	样 品 质 量/g									总质量
	>10 mm	10～5 mm	5～2 mm	2～1 mm	1～0.5 mm	0.5～0.25 mm	0.25～0.1 mm	0.1～0.074 mm	<0.074 mm	
92-1	141.9	279.5	175.4	54.1	93.1	47.0	42.2	6.8	2.2	842.2
92-2	151.3	325.3	203.9	37.5	35.4	10.7	11.5	4.6	4.4	784.6
92-3	23.1	251.9	272.5	124.3	129.6	44.9	24.6	5.3	6.7	882.9
93-1	56.1	219.2	163.5	36.9	42.9	18.2	23.8	7.1	3.9	571.6

续表

样品编号	样　品　质　量/g									
	>10 mm	10～5 mm	5～2 mm	2～1 mm	1～0.5 mm	0.5～0.25 mm	0.25～0.1 mm	0.1～0.074 mm	<0.074 mm	总质量
93-2	108.9	286.6	112.4	17.8	26.6	17.7	20.8	4.6	3.2	598.6
93-3	77.2	112.0	246.5	99.8	94.4	23.3	12.8	3.2	3.0	672.2
93-4	228.1	131.8	121.8	46.3	43.5	13.4	10.5	2.1	2.7	592.2
94-1	114.5	420.0	224.7	78.5	116.2	71.9	65.7	10.8	7.0	1109.3
94-2	93.2	180.2	108.6	20.2	13.2	7.0	9.0	2.4	1.4	435.2
94-3	107.9	164.8	230.2	95.6	196.0	95.2	48.9	10.7	9.0	958.3
95-1	100.7	128.8	81.8	25.6	50.7	33.1	43.7	11.3	10.6	486.3
95-2	79.1	175.1	95.8	23.4	29.4	18.6	29.9	10.3	7.3	468.9
95-3	89.4	123.1	134.7	34.4	37.1	30.0	20.4	4.3	1.6	475.0
96-1	216.0	301.5	137.5	42.9	66.6	39.1	51.3	11.5	12.5	878.9
96-2	131.0	281.8	150.6	71.0	122.4	42.5	16.7	2.0	2.7	820.7
96-3	159.3	243.3	74.2	27.7	51.7	11.8	15.2	2.0	1.6	586.8
97-1	64.9	257.5	125.0	44.6	99.6	102.0	122.2	14.2	9.1	839.1
97-2	111.1	235.9	200.5	62.3	141.5	96.9	73.4	9.4	8.5	939.5
97-3	34.8	180.8	199.9	58.2	88.1	28.8	25.8	6.2	6.0	628.6
97-4	144.4	261.9	362.7	107.7	135.2	44.5	41.5	10.9	10.0	1118.8
98-1	36.0	139.7	76.6	24.8	47.3	44.4	69.5	13.3	8.4	460.0
98-2	166.6	105.0	114.5	42.2	77.0	72.6	137.1	31.5	22.4	768.9
98-3	144.7	63.2	95.6	45.2	93.6	60.8	75.0	14.0	14.7	606.8
98-4	111.4	262.9	373.6	145.2	116.9	17.3	8.2	2.4	3.0	1040.9
99-1	91.6	397.5	97.0	19.2	34.6	23.2	28.6	7.7	8.2	707.6
99-2	129.2	298.1	114.6	26.3	35.3	18.6	18.1	5.6	8.2	654.0
99-3	25.0	64.9	165.4	60.8	46.6	10.8	10.3	2.9	2.3	389.0
99-4	167.5	161.3	123.0	37.6	46.4	18.4	15.3	4.0	2.0	575.5
100-1	76.5	341.3	118.9	17.0	34.5	17.0	19.7	4.0	7.9	636.8
100-2	192.8	157.2	193.8	71.1	78.5	21.9	8.9	2.0	1.8	728.0
100-3	92.4	105.8	138.3	64.6	98.1	28.2	18.4	3.2	2.5	551.5
101-1	10.1	72.5	146.5	60.2	87.7	34.5	22.2	6.2	5.2	445.1
101-2	53.2	231.8	151.6	44.7	84.4	53.1	47.6	20.4	7.7	694.5
101-3	165.8	73.0	58.8	18.5	20.4	7.3	7.6	1.8	1.8	355.0

续表

样品编号	样 品 质 量/g									
	>10 mm	10~5 mm	5~2 mm	2~1 mm	1~0.5 mm	0.5~0.25 mm	0.25~0.1 mm	0.1~0.074 mm	<0.074 mm	总质量
102-1	15.2	395.8	230.5	72.0	115.5	87.0	132.4	28.5	3.5	1080.4
102-2	46.1	189.9	163.0	65.4	115.7	50.8	34.7	9.0	4.0	678.6
102-3	8.3	72.7	131.9	71.1	118.2	86.8	117.8	39.6	70.8	717.2
103-1	82.8	313.8	212.7	74.1	95.8	35.4	23.7	6.8	5.0	850.6
103-2	13.6	47.4	95.6	96.2	262.8	241.3	158.3	24.5	17.3	957.0
103-3	159.1	159.6	211.8	78.0	85.7	31.1	29.5	5.5	5.4	765.7
103-4	24.8	96.5	297.1	141.8	224.7	104.1	94.4	20.1	14.3	1017.8
104-1	52.5	183.8	121.9	33.8	66.1	54.4	74.1	13.7	8.9	609.2
104-2	10.7	89.8	145.9	62.2	76.6	21.3	10.7	1.5	2.2	510.9
104-3	23.6	77.1	194.2	112.9	160.5	63.7	24.1	2.1	1.5	659.7
104-4	110.6	230.1	172.3	81.5	121.4	55.0	27.8	3.4	2.5	804.6
104-5	27.5	94.2	220.0	60.2	72.8	49.9	74.0	6.2	2.2	607.0
105-1	785.3	1226.0	884.9	293.9	454.1	308.4	309.1	74.8	41.3	4377.6
105-2	100.6	388.0	287.4	149.4	265.9	147.2	109.3	30.0	13.9	1491.7
105-3	36.6	226.3	385.5	183.6	266.4	133.3	89.0	17.3	10.7	1348.7
105-4	233.1	342.0	256.3	94.1	165.8	138.1	139.5	17.1	14.9	1400.9
105-5	101.5	285.0	275.8	70.6	106.2	60.1	51.7	11.2	5.3	967.4
106-1	181.7	322.8	220.5	73.2	118.1	68.7	49.9	6.0	0.9	1041.8
106-2	70.7	248.8	203.8	59.8	152.4	128.6	100.5	21.3	12.3	998.2
106-3	57.5	169.2	223.7	70.4	113.5	66.6	53.3	8.8	5.8	768.8
106-4	34.0	242.7	376.5	109.8	174.6	105.0	84.2	20.0	8.6	1155.4
107-1	166.6	280.6	228.7	34.1	40.1	31.6	52.8	15.3	13.5	863.3
107-2	59.0	121.5	147.1	82.0	111.0	80.5	92.6	17.1	17.1	727.9
107-3	46.3	228.6	174.5	43.0	61.1	30.4	29.5	5.4	6.7	625.5
107-4	50.4	156.2	145.8	51.9	98.5	60.7	49.3	7.1	3.2	623.1
107-5	12.9	157.7	385.6	90.9	84.0	41.3	51.2	8.1	1.5	833.2
108-1	0.0	6.6	50.2	32.8	86.7	108.5	225.1	83.3	62.3	655.5
108-2	106.8	467.5	319.3	76.9	120.7	65.7	57.4	12.8	11.9	1239.0
108-3	63.3	264.9	204.1	79.2	175.3	127.5	103.7	12.7	6.8	1037.5
108-4	53.8	353.8	305.6	77.2	113.4	71.6	82.2	19.7	3.9	1081.2
108-5	48.1	212.3	221.8	66.7	113.6	90.0	110.6	10.7	9.9	883.7

注 样品编号以基坑号与分层号为准，前面数字为基坑号，后面数字为该基坑内的自上而下的分层号，下同。例如：编号为105-2的样品即代表105号基坑内第二层土样。

表3.1-3 调查区探坑样品颗粒组成分析成果

样品编号	颗粒百分比/%									不均匀系数 C_u	曲率系数 C_c	有效粒径 /mm	中间粒径 /mm	平均粒径 /mm	限制粒径 /mm
	>10 mm	10~5 mm	5~2 mm	2~1 mm	1~0.5 mm	0.5~0.25 mm	0.25~0.1 mm	0.1~0.074 mm	<0.074 mm						
92-1	16.85	33.19	20.83	6.42	11.05	5.58	5.01	0.81	0.26	15.289	1.628	0.426	2.125	5.006	6.513
92-2	19.28	41.46	25.99	4.78	4.52	1.36	1.46	0.59	0.56	3.584	3.985	2.092	3.932	6.296	7.502
92-3	2.62	28.53	30.86	14.08	14.68	5.08	2.79	0.60	0.76	16.285	3.456	0.526	1.433	3.861	8.566
93-1	9.81	38.35	28.63	6.46	7.49	3.18	4.16	1.24	0.68	11.053	2.208	0.549	2.712	4.810	6.068
93-2	18.19	47.88	18.78	2.97	4.44	2.96	3.47	0.77	0.53	10.216	3.277	0.756	4.374	6.679	7.723
93-3	11.48	16.66	36.67	14.85	14.04	3.47	1.90	0.48	0.45	6.377	1.070	0.632	1.651	3.212	4.030
93-4	37.17	22.26	20.57	7.82	7.34	2.26	1.77	0.35	0.46	11.003	1.501	0.851	3.458	7.118	9.364
94-1	10.32	37.86	20.26	7.08	10.47	6.48	5.92	0.97	0.63	17.578	1.507	0.346	1.781	2.027	6.082
94-2	21.41	41.41	24.95	4.64	3.03	1.61	2.07	0.55	0.32	5.097	1.450	1.522	4.138	6.549	7.757
94-3	11.26	17.20	24.02	9.97	20.45	9.93	5.10	1.12	0.94	11.056	0.581	0.322	0.816	2.311	3.560
95-1	20.71	26.48	16.82	5.26	10.42	6.81	8.99	2.32	2.18	33.125	0.763	0.192	0.965	4.500	6.360
95-2	16.87	37.34	20.43	4.99	6.27	3.97	6.37	2.20	1.56	68.346	10.309	0.101	2.861	5.564	6.903
95-3	18.82	25.91	28.36	7.24	7.81	6.32	4.29	0.91	0.34	13.880	2.180	0.426	2.327	4.443	5.913
96-1	24.58	34.30	15.64	4.88	7.58	4.45	5.84	1.31	1.42	23.491	3.213	0.330	2.867	6.294	7.752
96-2	15.96	34.34	18.35	8.65	14.91	5.18	2.03	0.24	0.33	11.326	0.912	0.574	1.845	5.045	6.501
96-3	27.15	41.46	12.64	4.72	8.81	2.01	2.59	0.34	0.27	10.947	3.346	0.772	4.672	7.246	8.451
97-1	7.73	30.69	14.90	5.31	11.87	12.16	14.56	1.69	1.08	26.919	0.333	0.174	0.521	2.670	4.684
97-2	11.82	25.11	21.34	6.63	15.06	10.31	7.81	1.00	0.90	17.786	0.588	0.257	0.831	3.165	4.571
97-3	5.54	28.76	31.80	9.26	14.01	4.58	4.10	0.99	0.95	9.577	1.200	0.466	1.580	2.152	4.463
97-4	12.91	23.41	32.42	9.63	12.08	3.98	3.71	0.97	0.89	8.977	1.445	0.519	1.869	3.734	4.659
98-1	7.83	30.37	16.65	5.39	10.28	9.65	15.11	2.89	1.83	30.763	0.388	0.152	0.525	2.874	4.676
98-2	21.67	13.65	14.89	5.49	10.01	9.44	17.83	4.10	2.91	32.472	0.295	0.125	0.387	2.044	4.059

续表

样品编号	颗粒百分比/%									不均匀系数 C_u	曲率系数 C_c	有效粒径/mm	中间粒径/mm	平均粒径/mm	限制粒径/mm
	>10 mm	10~5 mm	5~2 mm	2~1 mm	1~0.5 mm	0.5~0.25 mm	0.25~0.1 mm	0.1~0.074 mm	<0.074 mm						
98-3	23.85	10.42	15.75	7.45	15.42	10.02	12.36	2.31	2.42	23.835	0.550	0.164	0.594	2.004	3.909
98-4	10.70	25.26	35.89	13.95	11.23	1.66	0.79	0.23	0.29	11.483	2.454	0.406	2.155	3.826	4.662
99-1	12.94	56.17	13.71	2.71	4.89	3.28	4.04	1.09	1.16	13.956	5.595	0.544	4.807	6.702	7.592
99-2	19.75	45.58	17.52	4.02	5.40	2.84	2.77	0.86	1.25	10.942	3.192	0.711	4.202	6.683	7.780
99-3	6.43	16.68	42.52	15.63	11.98	2.78	2.65	0.74	0.59	10.818	2.207	0.352	1.720	3.103	3.808
99-4	29.10	28.03	21.37	6.53	8.06	3.20	2.66	0.69	0.35	11.643	1.831	0.692	3.195	6.274	8.057
100-1	12.01	53.60	18.67	2.67	5.42	2.67	3.09	0.63	1.24	10.277	3.472	0.719	4.295	5.027	7.389
100-2	26.48	21.59	26.62	9.77	10.78	3.01	1.22	0.27	0.25	9.235	1.252	0.744	2.530	4.784	6.871
100-3	16.75	19.18	25.08	11.71	17.79	5.11	3.34	0.58	0.45	8.765	0.654	0.515	1.233	3.318	4.514
101-1	2.27	16.29	32.91	13.52	19.70	7.75	4.99	1.39	1.17	9.258	0.761	0.329	0.873	2.135	3.046
101-2	7.66	33.38	21.83	6.44	12.15	7.64	6.85	2.94	1.11	22.417	0.797	0.230	0.972	3.769	5.156
101-3	46.70	20.56	16.56	5.21	5.75	2.06	2.14	0.51	0.51	12.483	1.937	0.916	4.504	9.197	11.434
102-1	1.41	36.63	21.33	6.67	10.70	8.05	12.25	2.64	0.32	25.398	0.756	0.186	0.815	3.318	4.724
102-2	6.80	27.98	24.02	9.64	17.05	7.49	5.11	1.33	0.59	12.456	0.600	0.349	0.954	3.098	4.347
102-3	1.16	10.14	18.39	9.91	16.48	12.10	16.42	5.52	9.87	13.173	0.733	0.075	0.233	0.685	0.988
103-1	9.73	36.89	25.01	8.77	11.26	4.16	2.79	0.80	0.60	10.250	1.426	0.576	2.202	4.601	5.904
103-2	1.42	4.95	9.99	10.05	27.46	25.21	16.54	2.56	1.81	4.987	1.017	0.151	0.340	0.571	0.753
103-3	20.78	20.84	27.66	10.19	11.19	4.06	3.85	0.72	0.71	10.187	1.305	0.529	1.929	4.091	5.389
103-4	2.44	9.48	29.19	13.93	22.08	10.23	9.27	1.97	1.40	10.217	0.998	0.207	0.661	1.363	2.115
104-1	8.62	30.17	20.01	5.55	10.85	8.93	12.16	2.25	1.46	27.073	0.638	0.178	0.740	3.319	4.819
104-2	19.71	17.58	28.56	12.17	14.99	4.17	2.09	0.29	0.43	7.847	0.972	0.601	1.660	3.666	4.716
104-3	3.58	11.69	29.44	17.11	24.33	9.66	3.65	0.32	0.23	6.198	0.698	0.400	0.832	1.690	2.479

续表

样品编号	颗粒百分比/%									不均匀系数 C_u	曲率系数 C_c	有效粒径 /mm	中间粒径 /mm	平均粒径 /mm	限制粒径 /mm
	>10 mm	10~5 mm	5~2 mm	2~1 mm	1~0.5 mm	0.5~0.25 mm	0.25~0.1 mm	0.1~0.074 mm	<0.074 mm						
104-4	13.75	28.60	21.41	10.13	15.09	6.84	3.45	0.42	0.31	10.888	0.821	0.463	1.384	3.928	5.041
104-5	4.53	15.52	36.24	9.92	11.99	8.22	12.19	1.02	0.36	9.107	1.834	0.206	0.842	1.542	1.876
105-1	17.94	28.00	20.21	6.71	10.37	7.04	7.06	1.71	0.94	23.323	1.295	0.260	1.429	4.400	6.064
105-2	6.74	26.01	9.271	10.02	17.83	9.87	7.32	2.01	0.93	15.800	0.637	0.245	0.777	2.314	3.871
105-3	2.71	16.78	28.58	13.61	19.75	9.88	6.60	1.28	0.79	10.032	0.771	0.284	0.790	1.860	2.849
105-4	16.64	24.41	18.30	6.72	11.84	9.86	9.96	1.22	1.06	24.134	0.618	0.216	0.834	3.531	5.213
105-5	10.49	29.46	28.51	7.30	10.98	6.21	5.34	1.16	0.55	13.537	1.736	0.369	1.789	4.942	4.995
106-1	17.44	30.98	21.17	7.03	11.34	6.59	4.79	0.58	0.09	15.064	1.403	0.422	1.940	4.775	6.357
106-2	7.08	24.92	20.42	5.99	15.27	12.88	10.07	2.13	1.23	19.226	0.506	0.199	0.621	2.357	3.826
106-3	7.48	22.01	29.10	9.16	14.76	8.66	6.93	1.14	0.75	13.796	0.767	0.284	0.924	2.887	3.918
106-4	2.94	21.01	32.59	9.50	15.11	9.09	7.29	1.73	0.74	13.048	0.794	0.270	0.869	2.602	3.523
107-1	19.30	32.50	26.49	3.95	4.64	3.66	6.12	1.77	1.56	23.670	4.402	0.288	2.940	5.278	6.817
107-2	8.11	16.69	20.21	11.26	15.25	11.06	12.72	2.35	2.35	16.834	0.676	0.163	0.550	1.557	2.744
107-3	7.40	36.55	27.90	6.87	9.77	4.86	4.72	0.86	1.07	8.286	1.317	0.672	2.220	4.371	5.568
107-4	8.09	25.07	23.40	8.33	15.81	9.74	7.91	1.14	0.51	15.797	0.321	0.261	0.588	2.841	4.123
107-5	1.55	18.93	46.28	10.91	10.08	4.95	6.14	0.97	0.18	9.651	0.702	0.387	1.007	3.087	3.735
108-1	0	1.01	7.66	5.00	13.23	16.55	34.34	12.71	9.50	40.27	0.793	0.075	0.134	0.221	0.302
108-2	8.62	37.73	25.77	6.21	9.74	5.30	4.63	1.03	0.96	14.286	2.115	0.409	2.248	4.576	5.843
108-3	6.10	25.53	19.67	7.63	16.90	12.29	10.0	1.22	0.66	16.770	0.546	0.222	0.672	2.198	3.723
108-4	4.98	37.72	28.26	7.14	10.49	6.62	7.60	1.82	0.36	18.438	1.694	0.258	1.442	3.695	4.757

　　从表3.1-2和表3.1-3中可以看出各探坑不同土层的颗粒组成情况，据此可以确定不同深度土层的物理特性。然而，从颗分成果中也可以看出，不同探坑内土层的变异性较大，很难从区域上清晰地了解不同深度的土层情况，为此，需将不同探坑的土样进行统计分析，以便更直观地了解调查区不同深度土层的颗粒组成情况。基于颗分试验成果，利用三角相图统计分析，即可判断和划分土样类别[76]。

　　由于调查区土层的颗粒分选性较差，颗粒大小差异明显，同一土层内既有数十毫米的碎石颗粒，同时也有小于0.1mm的细颗粒，因此选用一般的三角相图会使颗分点落在一个很窄小的范围，不利于土层的精确划分。为此，选用不同划分尺度的相图对各土层样品进行统计分析，最终综合各相图结果判定土层类别。第一种相图包括土样的全部组成颗粒；第二种相图为去除大于5mm颗粒的土样分析；第三种为去除大于2mm颗粒的土样分析，后两种相图分类方法为对土样细粒的进一步详细划分，三种相图划分结果详见表3.1-4。

表 3.1-4　　　　　　　　　　　不同土层颗粒组成三角相图

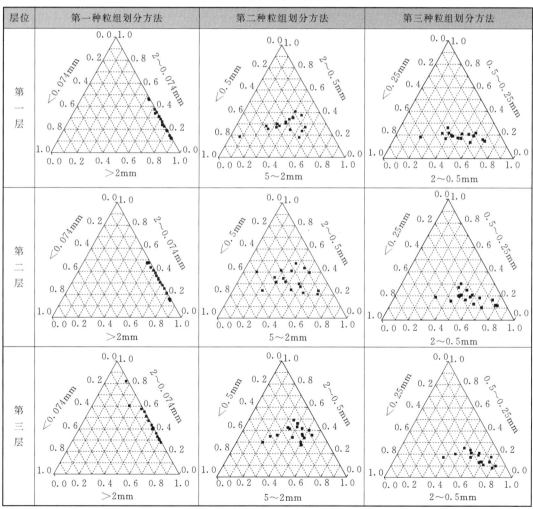

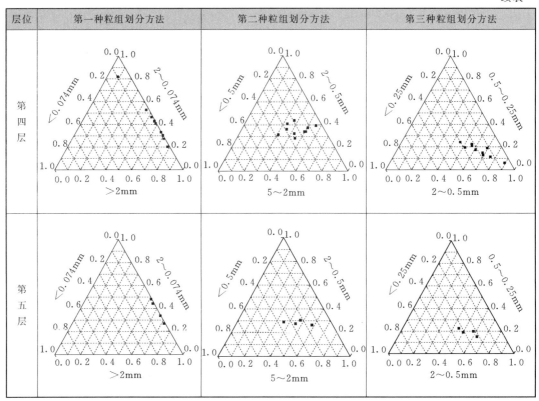

据《岩土工程勘察规范》（GB 50021—2001）（2009 年版）中土的分类方法，分别划定 3 种不同三角相图中土的类别，如图 3.1-21～图 3.1-23 所示。

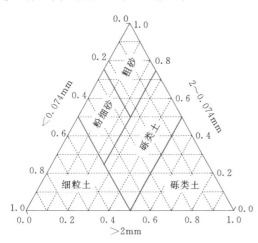

图 3.1-21 土的类别划分（第一种三角相图）

结合表 3.1-4 中不同土层颗粒的分布位置和土的三角相图类别划分，即可统计性地看出调查区不同深度不同土层的颗粒组成特征。可以得出与现场调查相一致的结果：第一层土样中细粒含量很少，多为磨圆度和分选性很差的粗大颗粒，属砾类土范围，该层中一般不含盐；第二层土样中细粒含量增多，粗颗粒粒径减小，土样级配变好，粗颗粒的磨圆度也较差，该层土大多也可以划分到砾类土中，但颗粒组成逐渐靠近含砾砂土，部分土样可划分为砾类砂土，该层中断续分布盐分；第三层土样中细粒进一步增多，粗粒土含量和粒径都减小，且含有大量黏粒，土层密实，强度较高，该层土样大多属于含砾砂土，部分细粒含量较多土层可划分为粗砂，少量粗粒含量多的土层可划分为砾类土，现场调查显示该层为盐分赋存最多的土层；第四层和第五层土样与第三层类似，只是在粗粒含量上有所变化，大多为含砾砂土，这两层盐分含量逐渐减少。

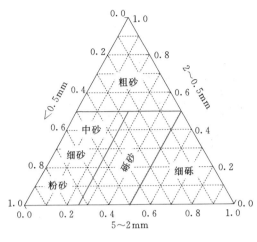

图 3.1-22 土的类别划分
（第二种三角相图）

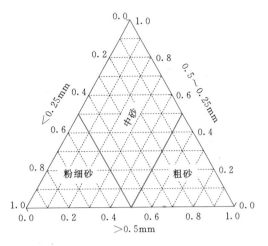

图 3.1-23 土的类别划分
（第三种三角相图）

2. 易溶盐测定

（1）干河口风场区易溶盐测试分析。土中易溶盐类型及含量是评价盐渍土工程地质特性的重要指标，也是盐渍土勘察过程中必不可少的项目之一。依据土中各种易溶盐的含量可以判断盐渍土的类别和土体盐渍化程度，能够定性定量评价盐渍土地基对工程建设的危害。因此，了解盐渍土不同土层中易溶盐类别和盐分含量是查明盐渍土赋存规律和成生模式的必要条件。与颗粒组成相对应，本次坑探调查编录过程中对干河口风场开挖基坑不同土层取样进行了易溶盐测试分析。

1）测试方法。测试前需对样品进行预处理，首先将土样在室内风干并过 2mm 筛子，得到粒径小于 2mm 的试样，随后依据《土工试验方法标准》（GB/T 50123—2019）中土的易溶盐测试方法制取浸出液。

称取过 2mm 筛的风干试样 10g（另取 10～20g 测定土样含水率），按土水比 1∶5 加入蒸馏水并在磁力搅拌器上均匀搅拌 15min，取上层液置于 25mL 离心管中，采用转速为 1000r/min 的离心机将土悬液离心 10min，取出离心管，提取上层清液抽气过滤得到浸出液。

采用 PHS-3C 型 pH 计和 EH 计分别测定浸出液的酸碱度和氧化还原电位，作为评价易溶盐含量的指标和浸出液稀释的依据。

最后，采用美国戴安公司生产的 ICS-2500 研究型离子色谱仪测定样品中各种离子的含量，图 3.1-24 和图 3.1-25 分别为易溶盐测试制取液和离子色谱仪测试样品易溶盐的过程。表 3.1-5 为易溶盐测试中阴、阳离子分析条件。

2）测试结果。根据地质编录过程的分层，在各试坑不同土层取样进行易溶盐测试分析，根据分析结果判定盐渍土类别及盐渍化程度。表 3.1-6 为不同深度土层的易溶盐含量测试结果。

图 3.1-24　易溶盐测试制取液　　　　图 3.1-25　离子色谱仪测试样品易溶盐的过程

表 3.1-5　　　　　　　　　易溶盐测试中阴、阳离子分析条件

项目	阴离子分析条件	阳离子分析条件
分析柱	AS14	CS12A
保护柱	AG14	CG12A
抑制器	ASRS-4mm	CAES-4mm
淋洗液	$Na_2CO_3/NaHCO_3$（3.5mm/1.0mm）	20mmMSA（甲烷磺酸）
淋洗液流速/(mL/min)	1.2	1.0
系统压力/psi	1416～1398	1233～1209
抑制器电流/mA	24	65

表 3.1-6　　　　　　　　　不同深度土层的易溶盐含量测试结果

试坑	分层	取样深度/cm	各离子含量/(mmol/L)						
			Cl^-	NO^{3-}	SO_4^{2-}	Na^+	K^+	Mg^{2+}	Ca^{2+}
92	①	80	2.31	0.15	14.18	2.93	0.25	0.13	14.94
	②	152	1.76	0.00	15.62	4.50	0.34	0.24	14.36
	③	258	1.87	0.00	1.79	9.16	0.46	0.17	7.28
93	①	65	19.79	1.55	17.46	34.28	2.22	0.05	1.51
	②	135	42.81	2.86	4.09	5.65	0.13	0.02	0.13
	③	265	17.03	0.81	0.83	2.39	0.06	0.01	0.05
94	①	60	20.16	0.92	3.25	3.32	0.05	0.01	0.10
	②	220	22.76	4.42	5.21	22.07	0.59	0.46	8.69
	③	295	3.29	0.33	1.07	42.43	0.73	0.83	12.61
95	①	90	19.00	0.75	1.24	23.16	0.62	0.23	1.49
	②	160	12.32	1.41	17.91	27.00	0.83	0.09	17.82
	③	310	44.47	3.30	23.56	78.78	0.83	0.22	12.24

续表

试坑	分层	取样深度 /cm	各离子含量/(mmol/L)						
			Cl^-	NO^{3-}	SO_4^{2-}	Na^+	K^+	Mg^{2+}	Ca^{2+}
96	①	85	13.39	0.54	5.48	22.48	0.69	0.19	5.64
	②	183	1.11	0.00	1.31	13.80	1.03	0.48	15.12
	③	303	6.17	0.39	6.93	21.81	0.80	0.10	2.62
97	①	55	10.55	0.37	6.83	41.33	4.38	0.28	2.69
	②	115	19.70	1.45	13.68	29.54	0.96	0.57	12.88
	③	205	5.31	0.24	12.35	12.68	0.64	0.21	11.21
	④	285	2.76	0.15	5.42	1.91	0.11	0.02	0.18
98	①	70	5.44	0.25	11.32	30.52	0.68	0.16	3.73
	②	150	18.78	3.61	19.18	36.32	0.49	0.15	16.15
	③	215	42.83	3.50	25.67	74.05	1.33	0.19	14.97
	④	315	2.14	0.16	1.61	44.01	0.80	0.24	16.16
99	①	57	1.09	0.00	0.30	22.98	0.33	0.16	0.92
	②	108	47.26	2.29	18.17	57.48	0.55	0.00	18.43
	③	172	16.93	1.02	15.59	79.99	1.54	0.30	31.20
	④	235	30.00	1.34	12.83	56.51	0.58	0.09	6.09
100	①	66	16.92	1.04	15.64	15.41	0.32	0.06	6.37
	②	156	1.71	0.00	1.26	7.16	0.44	0.44	2.57
	③	290	29.16	1.28	20.81	56.25	0.64	0.08	11.40
101	①	110	17.86	0.78	16.86	39.23	0.54	0.09	9.89
	②	190	6.64	0.00	5.95	0.91	0.60	0.04	0.45
	③	330	1.14	0.00	14.36	0.53	0.09	0.08	1.42
102	①	97	3.32	0.14	16.52	1.03	0.18	0.04	1.41
	②	199	10.50	0.76	2.52	17.41	0.34	0.14	1.94
	③	356	11.45	0.27	6.77	19.50	0.73	0.38	5.44
103	①	120	1.90	0.13	1.32	27.55	0.73	0.61	16.55
	②	180	12.88	2.84	10.98	24.07	0.66	0.12	10.45
	③	243	10.91	1.57	0.42	17.31	0.52	0.14	0.81
	④	358	7.20	0.96	6.35	16.12	0.38	0.10	4.99
104	①	50	15.90	1.09	13.39	25.59	0.70	0.59	18.04
	②	115	42.44	1.35	49.00	134.61	1.83	0.10	13.66
	③	150	27.16	0.48	23.31	60.69	0.94	0.05	17.14
	④	212	16.67	0.39	8.28	63.37	0.73	0.20	6.56
	⑤	292	27.65	0.56	13.13	58.06	0.74	0.10	3.61

续表

试坑	分层	取样深度/cm	各离子含量/(mmol/L)						
			Cl^-	NO_3^-	SO_4^{2-}	Na^+	K^+	Mg^{2+}	Ca^{2+}
105	①	15	1.12	0.00	4.34	2.37	0.51	0.21	5.43
	②	112	2.66	0.22	15.86	4.43	0.36	0.33	15.15
	③	196	4.15	0.24	15.14	9.67	0.54	0.67	18.24
	④	275	13.70	1.48	26.97	57.70	0.80	0.08	14.27
	⑤	385	2.42	0.20	13.63	8.39	1.19	0.51	14.98
106	①	50	6.55	0.54	5.92	7.77	0.29	0.24	5.98
	②	124	8.44	0.80	9.16	12.34	0.48	0.29	8.59
	③	215	0.54	0.00	0.78	3.14	0.54	0.14	1.97
	④	280	1.31	0.00	11.06	5.04	0.49	0.23	10.22
107	①	55	7.70	0.00	4.19	209.15	5.54	0.55	15.42
	②	120	5.39	0.00	4.44	199.05	3.44	0.46	14.96
	③	160	27.96	0.83	53.95	136.78	1.64	0.24	13.57
	④	230	10.36	0.72	260.94	567.35	1.44	0.17	14.71
	⑤	360	12.39	0.59	39.72	90.13	4.09	0.28	13.44
108	①	45	7.66	0.44	20.19	24.59	0.89	0.13	14.46
	②	100	9.50	0.34	7.99	57.29	1.00	0.09	14.91
	③	150	17.37	0.47	8.64	94.52	1.80	0.15	13.97
	④	230	17.40	0.72	344.51	751.30	1.95	0.00	17.43
	⑤	330	14.68	0.00	22.53	65.79	1.50	0.07	9.57

　　从表 3.1-6 中可以看出，调查区土层中易溶盐含量较高，且主要分布在土体深度方向的中部层位。为了更直观地从统计规律看出土层中易溶盐的分布特征，按取样位置分别整理各离子的含量情况，将不同深度土样的离子含量进行整理分析，结果如图 3.1-26～图 3.1-33 所示。

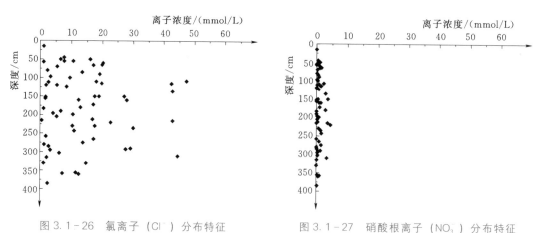

图 3.1-26　氯离子（Cl^-）分布特征　　　　　图 3.1-27　硝酸根离子（NO_3^-）分布特征

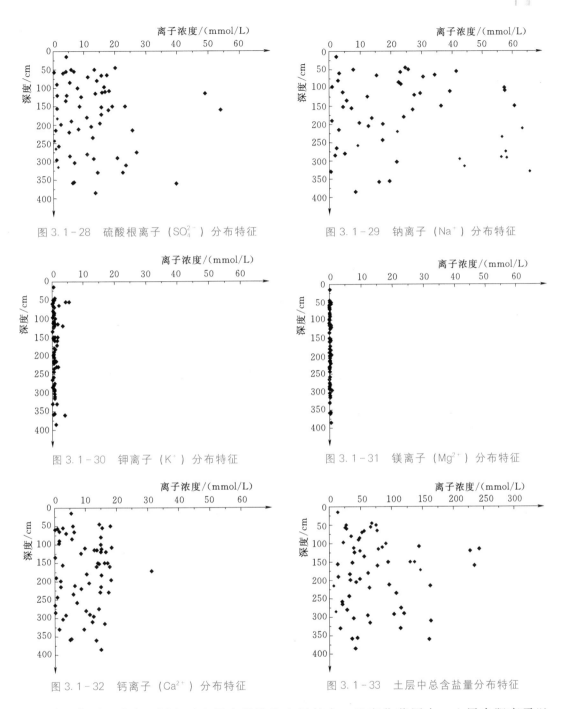

图 3.1-28 硫酸根离子（SO_4^{2-}）分布特征

图 3.1-29 钠离子（Na^+）分布特征

图 3.1-30 钾离子（K^+）分布特征

图 3.1-31 镁离子（Mg^{2+}）分布特征

图 3.1-32 钙离子（Ca^{2+}）分布特征

图 3.1-33 土层中总含盐量分布特征

从图中可以看出，调查区土层中易溶盐含量较大，且变化范围大。土层中阳离子以 Na^+ 为主，占阳离子总量的 75%～95%，含有少量 Ca^{2+} 及极少量 Mg^{2+} 和 K^+；易溶盐阴离子以 SO_4^{2-}、Cl^- 为主，占阴离子总量的 90%～97%。分析可知，易溶盐主要成分为 Na_2SO_4 和 $NaCl$，大部分可划分为亚硫酸盐渍土，盐渍化程度中等，部分土层由于氯盐含量较多可划分为中等亚氯盐渍土。从深度分布特征来看，盐分主要分布在探坑的中部层位

50～260cm 深度范围内，深度大于 260cm 的土层中盐分含量逐渐减少。

根据前述的盐渍土分类方法，可以判别盐渍土所属类别及盐渍化程度（表 3.1-7）。从表中可以看出，土层中 Cl^- 与 SO_4^{2-} 比值多介于 0.05～1.0 之间，研究区大部分土层属于（亚）硫酸盐渍土，为中等或弱盐渍土，少数土层由于盐分含量极高划分为强盐渍土或超盐渍土。部分土层由于氯盐含量较多，Cl^- 与 SO_4^{2-} 比值较高，可划分为中等亚氯盐渍土。总体来看，调查区土层大多属于硫酸类盐渍土，因此认为研究区盐渍土为中等亚硫酸盐渍土，这与该场地风电场勘察成果相一致。

表 3.1-7　　　　　　　　　　盐渍土类别与盐渍化程度判别

试坑编号	分层	取样深度 /cm	$Cl^-/2SO_4^{2-}$	总含盐量 /%	类别	盐渍化程度
92	①	80	0.08	1.07	硫酸盐渍土	中盐渍土
	②	152	0.06	1.13	硫酸盐渍土	中盐渍土
	③	258	0.52	0.38	亚硫酸盐渍土	弱盐渍土
93	①	65	0.57	1.71	亚硫酸盐渍土	中盐渍土
	②	135	5.24	1.11	氯盐渍土	中盐渍土
	③	265	10.29	0.40	氯盐渍土	弱盐渍土
94	①	60	3.10	0.58	氯盐渍土	弱盐渍土
	②	220	2.18	1.24	氯盐渍土	中盐渍土
	③	295	1.54	0.90	亚氯盐渍土	弱盐渍土
95	①	90	7.65	0.73	氯盐渍土	弱盐渍土
	②	160	0.34	1.81	亚硫酸盐渍土	中盐渍土
	③	310	0.94	3.20	亚硫酸盐渍土	中盐渍土
96	①	85	1.22	0.91	亚氯盐渍土	弱盐渍土
	②	183	0.43	0.58	亚硫酸盐渍土	弱盐渍土
	③	303	0.45	0.78	亚硫酸盐渍土	弱盐渍土
97	①	55	0.77	1.15	亚硫酸盐渍土	中盐渍土
	②	115	0.72	1.68	亚硫酸盐渍土	中盐渍土
	③	205	0.22	1.08	硫酸盐渍土	中盐渍土
	④	285	0.25	0.34	硫酸盐渍土	弱盐渍土
98	①	70	0.24	1.09	硫酸盐渍土	中盐渍土
	②	150	0.49	2.12	亚硫酸盐渍土	中盐渍土
	③	215	0.83	3.28	亚硫酸盐渍土	中盐渍土
	④	315	0.67	0.97	亚硫酸盐渍土	弱盐渍土
99	①	57	1.85	0.33	亚氯盐渍土	弱盐渍土
	②	108	1.30	2.82	亚氯盐渍土	中盐渍土
	③	172	0.54	2.66	亚硫酸盐渍土	中盐渍土
	④	235	1.17	1.97	亚氯盐渍土	中盐渍土

试坑编号	分层	取样深度 /cm	$Cl^-/2SO_4^{2-}$	总含盐量 /%	类别	盐渍化程度
100	①	66	0.54	1.40	亚硫酸盐渍土	中盐渍土
	②	156	0.68	0.25	亚硫酸盐渍土	弱盐渍土
	③	290	0.70	2.45	亚硫酸盐渍土	中盐渍土
101	①	110	0.53	1.81	亚硫酸盐渍土	中盐渍土
	②	190	0.56	0.44	亚硫酸盐渍土	弱盐渍土
	③	330	0.04	0.75	硫酸盐渍土	弱盐渍土
102	①	97	0.10	0.90	硫酸盐渍土	弱盐渍土
	②	199	2.08	0.58	氯盐渍土	弱盐渍土
	③	356	0.85	0.89	亚硫酸盐渍土	弱盐渍土
103	①	120	0.72	0.78	亚硫酸盐渍土	弱盐渍土
	②	180	0.59	1.35	亚硫酸盐渍土	中盐渍土
	③	243	12.95	0.49	氯盐渍土	弱盐渍土
	④	358	0.57	0.76	亚硫酸盐渍土	弱盐渍土
104	①	50	0.59	1.64	亚硫酸盐渍土	中盐渍土
	②	115	0.43	5.01	亚硫酸盐渍土	中盐渍土
	③	150	0.58	2.68	亚硫酸盐渍土	中盐渍土
	④	212	1.01	1.59	亚氯盐渍土	中盐渍土
	⑤	292	1.05	1.90	亚氯盐渍土	中盐渍土
105	①	15	0.13	0.38	硫酸盐渍土	弱盐渍土
	②	112	0.08	1.19	硫酸盐渍土	中盐渍土
	③	196	0.14	1.31	硫酸盐渍土	中盐渍土
	④	275	0.25	2.55	硫酸盐渍土	中盐渍土
	⑤	385	0.09	1.14	硫酸盐渍土	中盐渍土
106	①	50	0.55	0.64	亚硫酸盐渍土	弱盐渍土
	②	124	0.46	0.95	亚硫酸盐渍土	弱盐渍土
	③	215	0.35	0.14	亚硫酸盐渍土	弱盐渍土
	④	280	0.06	0.83	硫酸盐渍土	弱盐渍土
107	①	55	0.92	3.17	亚硫酸盐渍土	中盐渍土
	②	120	0.61	2.98	亚硫酸盐渍土	中盐渍土
	③	160	0.26	5.00	硫酸盐渍土	中盐渍土
	④	230	0.02	19.59	硫酸盐渍土	超盐渍土
	⑤	360	0.16	3.54	硫酸盐渍土	中盐渍土
108	①	45	0.19	1.71	硫酸盐渍土	中盐渍土
	②	100	0.59	1.54	亚硫酸盐渍土	中盐渍土
	③	150	1.01	2.14	亚氯盐渍土	中盐渍土
	④	230	0.03	25.90	硫酸盐渍土	超盐渍土
	⑤	330	0.33	2.32	亚硫酸盐渍土	中盐渍土

　　为了能够更直观和清晰地观察土层中各离子的含量情况，采用概率统计方法统计了不同层位易溶盐离子含量的最大值、最小值、平均值、75％对应值及 25％对应值，图 3.1 - 34、图 3.1 - 35 和图 3.1 - 36 深度分别为 0～100cm、100～260cm、260cm 以下土层易溶盐离子含量情况。可以看出，各离子含量和总含盐量都表现出上层含盐量较少、中部含盐量最大、下部土层含盐量减小的规律，阳离子以 Na^+ 为主，阴离子以 SO_4^{2-}、Cl^- 为主。

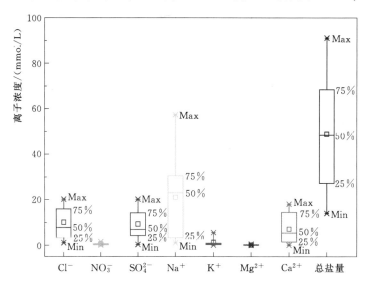

图 3.1 - 34　浅部（0～100cm）土层易溶盐离子含量

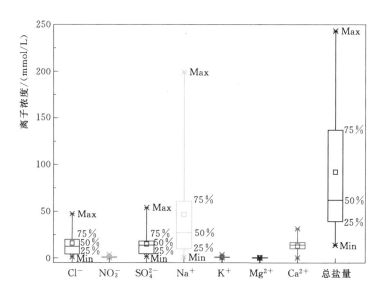

图 3.1 - 35　中部（100～260cm）土层易溶盐离子含量

　　（2）其他区域风场易溶盐测试分析。在地质调查过程中，针对不同区域的风电场进行分层取样，做了易溶盐测试分析，测试结果参见下文。

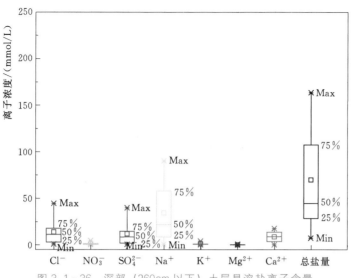

图 3.1-36 深部（260cm 以下）土层易溶盐离子含量

3. 微结构观测

土的微观结构指土体中结构单元体的大小、形状、表面特征、排列组合、孔隙特征及结构连接等形态，可以简单地用图 3.1-37 所示的土体微结构形态体系的基本构成来说明。

土的工程地质性质实际上是上部荷载作用在土体结构单元体性质的综合表现，而结构单元体的性质又在很大程度上取决于土粒集合体甚至于更小的单粒矿物的性质[78]。在土体材料一定的情况下，土体的工程性质主要取决于其结构单元体的组合形式。对于盐渍土来说，不同盐分的晶体形态各不相同，通过微结构可以观测土体中盐分的晶体形态及晶体间或盐分与土体之间的接触关系，可以进一步判定盐渍土的类别并了解盐渍土中微结构形态。

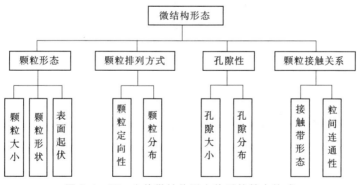

图 3.1-37 土体微结构形态体系的基本构成

最早对土的微结构进行研究的学者是 Terzaghi，他指出土具有蜂窝状结构，该结构对土的工程地质性质起着一定的影响。到 20 世纪 60 年代以后，由于电子显微镜技术的发展及制备试样技术的逐步完善，才开始对细粒土的微观结构进行广泛研究，并把微观结构的研究与土的工程地质性质、土的成因、后生变化联系在一起。

扫描电子显微镜（简称扫描电镜）是一种大型精密光学仪器，主要用于研究不同领域中各种样品的表面形貌特征。研究人员曾利用扫描电镜研究土的微观结构及形貌，评价土的工程力学性质[79]，利用扫描电镜对黄土微结构特征进行观察，并讨论了黄土微结构特征与渗透性的关系[80]。随后越来越多的学者通过扫描电镜研究了不同类型土体的微结构，并利用微结构对土的工程地质性质做出了合理评价[81]。

1）扫描电镜成像原理。扫描电镜成像过程与电视相似，但与透射电镜成像原理完全不同，它不需要成像透镜，其图像是按一定时间、空间顺序逐点形成，并在镜体外显像管上显示。电子发射的能量最高可达 30keV 的电子束，经聚光镜和物镜缩小，聚焦在样品表面，形成一个具有一定能量、强度斑点直径的电子束，由于入射电了与样品之间的相互作用，将从样品中激发出二次电子，二次电子经加速极加速射到闪烁体上，转变成光信号，经过光导管到达光电倍增管，使光信号转变成电信号，又经视频放大器放大，并将其输出送至显像管栅极，调制显像管亮度和对比度，便在荧光屏上呈现一幅亮暗程度不同的、反映样品表面形貌的二次电子像[82]。

2）环境扫描电子显微镜及样品预处理。ESEM 是环境扫描电子显微镜（Environmental Scanning Electron Microscope）的英文缩写。由于它在物镜的下极靴处装有一压差光阑，使得在保证电子枪区高真空的同时，允许样品室内有气体流动，最高达 50Torr，一般为 1～20Torr。因此，ESEM 的问世把人们引入了一个全新的形态学观察领域。首先，它能在高真空 HV、低真空 LV（真空度介于高真空与环境之间）和环境这三种工作方式下工作，除具备传统扫描电子显微镜的功能外，还可在很低真空（1～20Torr）相当于环境的方式下直接观察样品，而传统扫描电子显微镜仅能在 HV 下工作，LVSEM 也只能有 HV 和 LV 两种工作方式。其次是样品的适用范围拓宽了许多，从理论上讲，ESEM 对所有样品都可进行高分辨率观察。

试验采用日本日立公司生产的 SU - 1500 型环境扫描电子显微镜（图 3.1-38），在不同放大倍数条件下观测盐渍土样品的微观结构

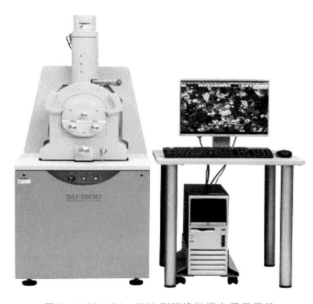

图 3.1-38 SU-1500 型环境扫描电子显微镜

特征。按照电镜观测要求，试验前将小块试样放置室内自然风干后，用土样刀将其切割成直径为 5～8mm、高约 2cm 的柱体，然后用手掰断，取其较平整的断面，用吹风机把表面的松动颗粒吹去，得到新鲜完整且保持其原状结构的试样（试样应该尽量薄），通过导电胶粘到专用的金属基座上，待其干燥后置于 E - 1010 离子溅射仪机中进行喷金镀膜，使其导电，随后放入电镜中进行微结构扫描观测。由于盐渍土中含有大颗粒和盐分晶体，土样自身较为松散，因此将其掰开至要求大小，采用吹风机吹去松动颗粒使其表面干净，

随后进行观测。

3）结果与分析。由于调查区的土体属于粗粒土，含有大量粗颗粒和大量盐分晶体，样品较为松散，样品制取和观测难度都较大。本次观测分别选取盐分含量少和盐分含量高的土体进行试验，主要观测盐渍土的土颗粒形态、盐分晶体形态、土颗粒及盐分晶体相互直接的接触关系。根据实际观测和结果分析需要，低倍数的微结构照片主要用于分析土体颗粒大小、分布、组合关系及孔隙特征，高倍数照片主要用于分析盐分晶体形态及其接触关系。限于篇幅，本书中只给出部分样品的微结构照片，见图3.1-39和图3.1-40。

(a)土黄色,盐分少,土多,有少量钙类物质

(b)棕红色,夹有细砂,有可见盐分结晶胶结

(c)白色钙质胶结土体

(d)黄白色,短针状盐分与土混杂,类轻质海绵

图3.1-39　低含盐量土体微结构照片与样品描述

由于调查区土样含有大量粗颗粒，微结构观测土样制取过程较一般土更为困难一些，制取样品的新鲜断面不平齐。从图3.1-39中可以看出，调查区低含盐量土体的颗粒大小很不均一，大小混杂，大颗粒之间夹杂小颗粒或絮状物，颗粒表面有较多附着物，表面不洁净。对比不同土样，可以发现含钙类土体颗粒中间的絮状胶结物更多，颗粒排列紧密，土体孔隙连通性和孔隙率都较小；棕红色夹杂细砂土样细颗粒包裹粗颗粒，大小颗粒混杂；含有针状盐分的土体的中空现象更为明显，颗粒相互搭接，形成了搭接式的结构特征，颗粒之间以点接触居多，排列较为松散，土体孔隙连通性和孔隙率都较大。

从图3.1-40中可以看出，调查区土层盐分含量较高且类型多样，土体和盐分的微结

（a）棕黄色,细砂,夹白色斑状盐分结晶　　　　　（b）棕黄色,晶体状盐分丛生于土中

（c）钙质胶结物土体,呈白色　　　　　　　　（d）结晶盐,晶粒状,无色

（e）棕红色土夹杂钙类盐分（晶体大,无色透明）,硬度大,密实

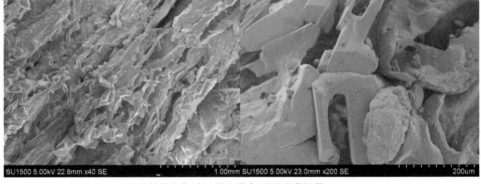

（f）针簇状盐分,有少量土混合,有些发黄松散

图 3.1-40（一）　高含盐量土体微结构照片与样品描述

（g）含大量块状结晶盐，晶体很大很多，无色

（h）结晶盐，无色

（i）土块内夹杂大量面粉白盐分（含盐量高），粉状但胶结好，中间有孔

图 3.1-40（二） 高含盐量土体微结构照片与样品描述

构形态多种多样。对比不同含盐土体的微结构照片可以发现：高含盐量土体的微结构形态受其中盐分影响较大，盐分晶体形态控制了颗粒接触形态，即含大量钙类胶结物的土体颗粒间隙较小，大颗粒被大量细粒钙类物质紧紧包裹，颗粒形态十分密实；含大量结晶盐的土体中盐分晶体生长充分，晶体与晶体之间基本呈无序排列，中间存在较大的搭接孔隙，不同盐分晶体的单晶形态也差异较大；含大量粉化盐分土体微结构与其他盐分相差较大，

土体内盐分以颗粒为中心，盐分呈纤维状向四周发散生长，表现为不同方向搭接的针簇状形态，土体内部孔隙连通性好，孔隙率也较大。

土的微结构形态主要受其物质组成和土体密实度的控制，物质组成决定了土体颗粒形态、大小、排列方式、孔隙连通性等，密实度在一定程度上决定了土体微结构颗粒的排列组合形式、颗粒之间的接触形态和土体孔隙特性。对于盐渍土而言，盐分的存在使得土体微结构形态更为多样化，盐分晶体丛生与土颗粒之间，不同盐分晶体之间、盐分晶体与土颗粒之间的接触形态各不相同，同时不同盐分晶体形态的差异也造成了盐渍土微结构形态的复杂性。

尽管盐渍土的微结构形态多样复杂，但结合其他测试手段，依据盐分晶体形态及其与土颗粒的接触形态，依然可以很好地判断盐渍土的类型及其含量状况，为盐渍土的评价提供有力证据。对照已有盐分的微结构照片，即可得知调查区内盐分类别及其相互接触关系，总结本次微结构观测结果，可以将调查区土层所含主要盐分归结为四类（图 3.1－41）。

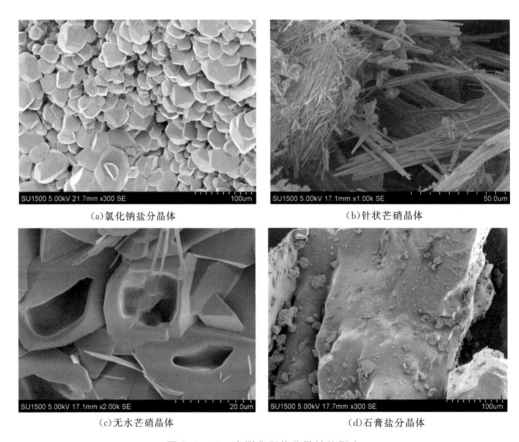

(a)氯化钠盐分晶体　　　　　　　　　　(b)针状芒硝晶体

(c)无水芒硝晶体　　　　　　　　　　(d)石膏盐分晶体

图 3.1－41　实测典型盐分微结构形态

3.1.3.3　探地雷达测试

探地雷达（Ground Penetrating Radar，GPR）又称地质雷达，是利用频率介于 $10^6 \sim 10^9$ Hz 的无线电波来确定地下介质分布的一种电磁波无损探测仪器。探地雷达可检测不同岩土层的深度、厚度及结构物内部不可见的目标体，还可以对地下或结构物内部的分界面进行定位或判别。

本次采用探地雷达测试盐渍土地区的地层组成与土层中盐分的分布情况，并与钻探、井探等方法相互印证，准确判定地层与盐分赋存规律，进一步推广探地雷达在盐渍土调查中的应用，减少钻探和井探，节约资金。

1. 测试原理

探地雷达测试的基本原理是通过发射天线向地下发送脉冲形式的高频、甚高频电磁波，通过接收天线接收反射回到地面的电磁波，从而分析地下介质的存在状态。电磁波在地下介质中传播过程中遇到电性差异的目标体（如空洞、分界面等）时便发生反射，根据接收到的电磁波波形、振幅强度、双程走时

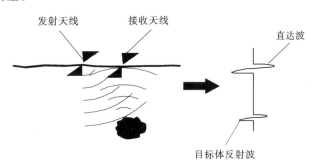

图 3.1-42 探地雷达测试原理图

等参数的变化特征，推断地下目标体的空间位置、结构、电性及几何形态，从而达到探测地下隐蔽目标物的目的（图 3.1-42）。探地雷达采用非接地性测量，可以快速连续检测，对检测对象无损，能比较直观地表现检测目标。

电磁波由空气进入地下土层，会出现强反射（对应地面，并且由于空气中电磁波传播速度较快，这时的地面对应的是负相位）；同样，如果地下结构异常或存在空隙，亦会导致雷达剖面相位和幅度发生变化，由此可确定地下结构情况。

探地雷达测量的是地下界面反射波的走时，为了获取界面的深度，必须要获得介质的电磁波传播速度 V，其值计算式为

$$V = \frac{\omega}{\alpha} = \sqrt{\frac{\mu}{\varepsilon}\left(\sqrt{1+\frac{\sigma}{\omega^2}}+1\right)} \qquad (3.1-1)$$

式中：ω 为电磁波的角频率；α 为相位系数；σ 为导电率（$1/\rho$）；ε 为介电系数；μ 为磁导率。

绝大多数岩土介质属于非磁性、非导电介质，常常满足 $\sigma/\omega\varepsilon \ll 1$，于是可得 $V = c/\sqrt{\varepsilon}$，表明对大多数非导电、非磁性介质来说，其电磁波传播速度 V 主要取决于介质的相对介电常数。

电磁波在传播过程中遇到不连续面（即介质的分界面）时，将发生反射与折射现象。入射到介质分界面上的电磁波（即入射波）将分成两部分：一部分能量被反射回原介质中成为反射波；另一部分能量则被折射（或透射）入另一介质中成为折射波或透射波（图 3.1-43）。同时，电磁波在介质中传播会由于介质的导电性和色散损耗而导致衰减。

利用电磁场的边界条件推导反射波、折射波与入射波电场强度之间在分界面上所满足的关系，进而可以得出反射系数 R_{re} 和传输系数 T_{tr} 之间的关系：

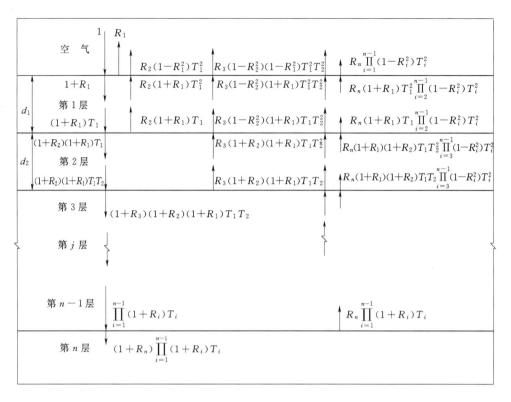

图 3.1-43　层状体系中探地雷达电磁波总反射模型

$$1 + R_{re} = T_{tr} \tag{3.1-2}$$

$$1 - R_{re} = \frac{\eta_1}{\eta_2} T_{tr} \tag{3.1-3}$$

联立以上二式，可得反射系数和传输系数分别为

$$R_{re} = \frac{\eta_2 - \eta_1}{\eta_2 + \eta_1} = \frac{\sqrt{\varepsilon_1} - \sqrt{\varepsilon_2}}{\sqrt{\varepsilon_1} + \sqrt{\varepsilon_2}} = \frac{\sqrt{\varepsilon_{r1}} - \sqrt{\varepsilon_{r2}}}{\sqrt{\varepsilon_{r1}} + \sqrt{\varepsilon_{r2}}} \tag{3.1-4}$$

$$T_{tr} = \frac{2\eta_2}{\eta_2 + \eta_1} = \frac{2\sqrt{\varepsilon_1}}{\sqrt{\varepsilon_1} + \sqrt{\varepsilon_2}} = \frac{2\sqrt{\varepsilon_{r1}}}{\sqrt{\varepsilon_{r1}} + \sqrt{\varepsilon_{r2}}} \tag{3.1-5}$$

式中：η 为介质的波阻抗或电磁阻抗，Ω，$\eta = \sqrt{\mu/\varepsilon}$。

图 3.1-43 中，R_1、R_2、R_3、R_i 和 R_n 分别为雷达电磁波在层状体系第 1 个界面（空气与第 1 层的交界面）、第 2 个界面（第 1 层与第 2 层的交界面）、第 3 个界面、第 i 个界面（第 $i-1$ 层与第 i 层的交界面）及第 n 个界面（第 $n-1$ 层与第 n 层的交界面）上的反射系数；T_1、T_2 和 T_i 分别表示电磁波在结构层第 1 层、第 2 层和第 i 层中传播时的传播因数。

从图 3.1-43 可以看出，当单位能量的单色频率入射子波向地表垂直入射时，一部分能量在层状体系的第 1 个界面上发生反射和折射，反射能量为 R_1，折射能量为 $1+R_1$。紧接着，折射的能量继续向下传播，考虑介质对电磁波的吸收作用，即介质的电导率或介电常数虚部的影响，到达第 2 个界面时的能量为折射能量与传输系数的乘积 $(1+R_1)T_1$，该能量在第 2 个反射界面上的反射部分能量为 $R_2(1+R_1)T_1$，折射部分能量为 $(1+R_2)(1+R_1)T_1$，该反射能量穿透第 1 层到达第 1 个界面的能量为 $R_2(1+R_1)T_1^2$，此能量又在第 1 个界面上发生反射和折射，折射能量为 $R_2(1-R_1^2)T_1^2$，该能量被接收天线接收。遵循同样的规律，第 2 个界面上的折射能量继续向下传播。同理，依次类推可得到第 n 个界面上的入射能量、折射能量和反射能量。

2. 测试方法

测试使用中国电波传播研究所研制的 LTD‑2000 型探地雷达，探测所用天线为 GC100M 屏蔽式地面耦合式一体化平板式天线。探测时发射和接收天线与地面保持约 10cm 的高度，沿测线匀速移动，由雷达主机高速发射雷达脉冲并快速连续采集反射信号。

测试时，探地雷达测试沿着开挖基坑旁边进行，距基坑边 6～8m，以便将基坑观察结果与雷达测试结果进行对比。在测区南、北两侧设置了较长的测试剖面，其中南端测试剖面长约 2.5km，北端测试剖面长约 2km，测试过程中详细记录了剖面信息（表 3.1‑8），表中 LTDfile5～LTDfile45 为南端连续剖面，LTDfile46～LTDfile61 为北端连续剖面。与此相对应，在南北两条探底雷达测试剖面中又分别辅以高密度电阻率法测试，与探地雷达测试结果相互印证解译，反演盐渍土土层及盐分的赋存和分布形态。

表 3.1‑8　　　　　探地雷达测试剖面信息记录

剖面	记录名称	测线长度/m	测量位置	备注
南端剖面	LTDfile5	50	5、6、7、9 处在 108 号基坑和 107 号基坑之间，从南向北依次分布，12 的 25～45m 在 107 号旁通过	
	LTDfile6	30		
	LTDfile7	50		
	LTDfile9	50		21m 处有土包
	LTDfile12	50		
	LTDfile15	50	15、16、17、19、20、21 处在 107 号和 106 号基坑之间，从南向北依次分布，24 的 25～50m 在 106 号旁通过	41～49m 有土梁
	LTDfile16	50		
	LTDfile17	50		28m 处有一 30cm 高土坎
	LTDfile19	50		整个测线处在河道之中
	LTDfile20	50		41～45m 穿过河道
	LTDfile21	50		
	LTDfile24	50		
	LTDfile25	50	25、26、27、28、29、30 处在 106 号和 105 号基坑之间，从南向北依次分布，31 在 105 号旁通过（具体位置不详）	
	LTDfile26	50		中间雷达受到扰动
	LTDfile27	50		
	LTDfile28	50		
	LTDfile29	50		

续表

剖　面	记录名称	测线长度/m	测　量　位　置	备　注
南端剖面	LTDfile30	30		
	LTDfile31	50		
	LTDfile32	50	32、33、35、36、37 处在 105 号和 104 号基坑之间，从南向北依次分布，38 的 50～70m 在 104 号旁通过	
	LTDfile33	50		
	LTDfile35	50		
	LTDfile36	50		20m 左右过河道
	LTDfile37	50		
	LTDfile38	70		
	LTDfile39	50	39、40、41、42、43、44 处在 104 号和 103 号基坑之间，从南向北依次分布，45 的 60～80m 在 103 号旁通过	
	LTDfile40	50		
	LTDfile41	50		
	LTDfile42	50		
	LTDfile43	50		
	LTDfile44	50		
	LTDfile45	80		
北端剖面	LTDfile46	80	46、47、48 处在 95 号和 94-2 号基坑之间，从南向北依次分布，49 的 70～90m 在 94-2 号旁通过	22m、65m 绕过骆驼刺
	LTDfile47	80		
	LTDfile48	80		
	LTDfile49	100		
	LTDfile50	100	50、51、52 处在 94-2 号和 94 号基坑之间，从南向北依次分布，53 的 50～80m 在 94 号旁通过	
	LTDfile51	80		
	LTDfile52	80		
	LTDfile53	80		
	LTDfile54	80	54、55、56、57 处在 94-2 号和 93 号坑之间，从南向北依次分布，58 的 20～50m 在 93 号旁通过	
	LTDfile55	80		
	LTDfile56	70		
	LTDfile57	80		
	LTDfile58	80		
	LTDfile59	80	59、60、61 处在 93 号和 92 号基坑之间，从南向北依次分布	
	LTDfile60	80		
	LTDfile61	110		

注　LTDfile5 简称 5，余同。

为了更准确、更直观地显示雷达测试结果，需对现场实测剖面进行一系列的室内计算处理。首先对实测图像进行预处理，然后再进行一系列的数字化信号处理。经过数字信号处理后，可以有效地压制干扰信号的能量，提高雷达信号的信噪比，使雷达图像更易于识别地质信息,清晰反映地质现象。采用专用的处理软件,探地雷达时间剖面还可进一步进行雷达成像处理,包括反射成像、散射成像及联合成像,成像处理后的剖面能更直观地反映地下地质体的形态。

3. 结果与分析

本书分别选择两条测线中部分代表性剖面加以说明。

图 3.1-44~图 3.1-47 为选取的南端测线代表性雷达反射成像剖面图。可以看出,含盐地层和干燥粗粒土层吸收电磁波强烈,理论上可以测量 10m 的天线只能反映深度约 1.5m 的地层情况。结合坑探调查情况,可以将探测深度范围内土层分为三层:0~0.3m 深度为第一层,对应地层为灰色角砾层;0.3~1.1m 深度为第二层,对应地层为含少量砂砾的土层;1.1~1.5m 为第三层。

结合附近地质断面资料,对该场地完成的雷达剖面进行了全面分析,所有测线剖面上大部分地段存在多组振幅较强、连续性较好的反射同相轴,说明调查区域范围内的地层分布较为均匀,地层稳定性较好;多组振幅较强、连续性较好的反射同相轴标志了地层中层状盐分的富集大体位置;局部异常较清晰,结合地质断面资料可以确定异常性质并排除多解性。如第二层和第三层层面电磁波衰减幅度很大,电磁波强度迅速由强变弱,可能是由于第三层顶层存在比较连续的盐层引起的。

图 3.1-48~图 3.1-51 为选取的北端测线代表性雷达反射成像剖面图。可以看出,与南端测线相同,同样受含盐地层和干燥粗粒土层影响,致使探地雷达探测深度较小。北端测线也大致可分为三层:0~0.3m 为第一层,对应地层为灰色角砾层;0.3~1.0m 为第二层,对应地层为含少量砂砾的土层;1.0~1.5m 为第三层。探地雷达反射成像图某些层位表现出断续变异,即剖面中的低频异常体,推测为盐分分布情况所致,据此可判断盐分赋存情况。由图中还可以看出剖面其他位置同相轴稳定,表明地层整体比较稳定。

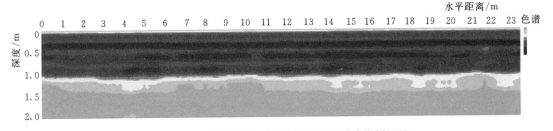

图 3.1-44 南端测线 LTDfile7 雷达反射成像剖面图

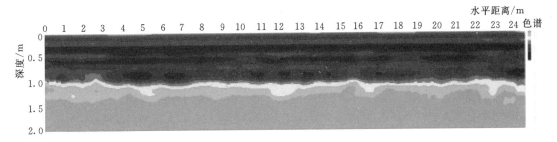

图 3.1-45 南端测线 LTDfile15 雷达反射成像剖面图

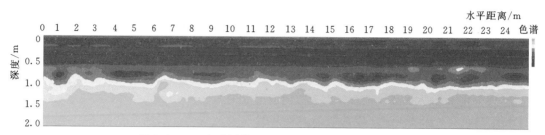

图 3.1-46　南端测线 LTDfile21 雷达反射成像剖面图

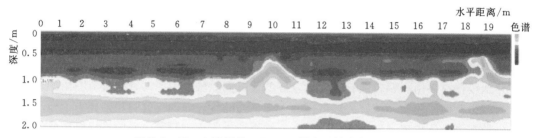

图 3.1-47　南端测线 LTDfile38 雷达反射成像剖面图

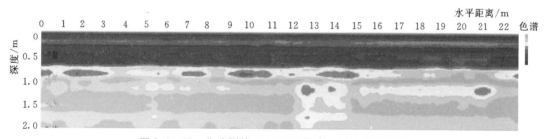

图 3.1-48　北端测线 LTDfile49 雷达反射成像剖面图

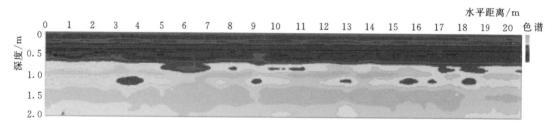

图 3.1-49　北端测线 LTDfile52 雷达反射成像剖面图

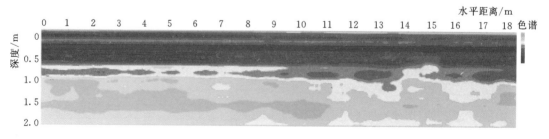

图 3.1-50　北端测线 LTDfile54 雷达反射成像剖面图

水平距离/m

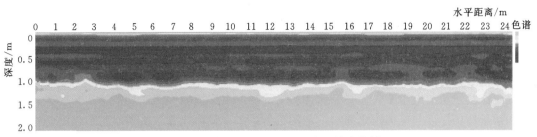

图 3.1-51　北端测线 LTDfile59 雷达反射成像剖面图

3.1.3.4　高密度电阻率法探测

高密度电阻率法是以岩土介质的电导差异为基础、通过观测和研究人工建立地下稳定电流场的分布规律来达到找矿或解决某些地质问题目的的一种方法。它通过电极的不同排列方式达到测量剖面和测量深度的不同要求，是目前电阻率法探测精度较高的方法之一。与传统电阻率方法相比，高密度电阻率法具有效率高、测点密集、反映地电断面的信息更丰富、资料解释误差小等特点。

高密度电阻率法测量方式常用的主要有温纳法、二极法、三极法、偶极装置和斯隆贝格法（Schlumberger）。

1. 测试方法与原理

现场测试采用高密度电阻率仪器进行勘测，测试仪器选用吉林大学生产的 GeoPen E60CN 型高密度电阻率法工作站，测试采用温纳装置形式，极距为 1m，最小隔离系数为 1，最大隔离系数为 21，总电极数为 64，单条剖面长 63m。观测系统的温纳装置排列形式见图 3.1-52。

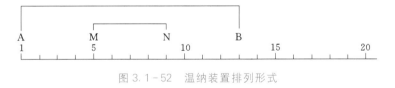

图 3.1-52　温纳装置排列形式

上述温纳装置排列形式的装置系数 $K=2\pi na$，其中 a 为电极间距，n 为隔离系数，$AM=MN=NB=na$。电阻率法的探测深度随着供电电极 AB 距离的增加而增大，当隔离系数 n 逐次增大时，AB 电极距也逐次增大，对地下深部介质的反映能力亦逐步增加。

本次研究高密度电阻率法测试均在地表进行，布置测线长度较长，可以在大范围内探测 0～10m 内土层电阻率的变化情况。测试极距为 1m，最小隔离系数为 1，最大隔离系数为 21，总电极数为 64，单条剖面长 63m，共测试 7 条剖面。图 3.1-53 所示为高密度电阻率法测试现场布置图。

高密度电阻率法需对现场实测剖面数据

图 3.1-53　高密度电阻率法测试现场布置图

进行计算机二维、三维反演。二维反演程序是基于圆滑约束最小二乘法的反演计算程序，使用了基于准牛顿最优化非线性最小二乘新算法，使得大数据量下的计算速度较常规最小二乘法快 10 倍以上。这种算法的一个优点是可以调节阻尼系数和平滑滤波器以适应不同类型的资料。反演程序使用的二维模型把地下空间分为许多模型子块（图 3.1-54），然后确定这些子块的电阻率，使得正演计算出的视电阻率拟断面与实测拟断面相吻合。对于每一层子块的厚度与电极距之间给一定的比例系数。最优化方法主要靠调节模型子块的电阻率来减小正演值与实测视电阻率值的差异。这种差异用均方误差（RMS）来衡量。然而，有时最低均方误差值的模型却显示出了模型电阻率值巨大的和不切实际的变化，从地质勘察角度而言，这并不总是最好的模型。通常，最谨慎的逼近是选取迭代后均方误差不再明显改变的模型，这通常在第三次和第五次迭代之中出现。

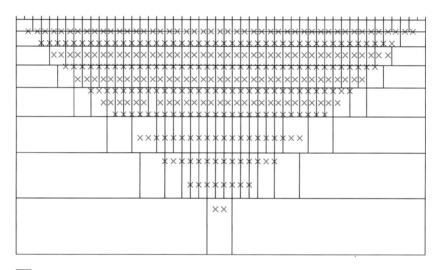

☐　模块

×　基准点

图 3.1-54　模型中的子块排列顺序对应视电阻率剖面中的数据点

2. 结果与分析

由实测电阻率剖面计算的视电阻率剖面见图 3.1-55。视电阻率剖面中不同部位的电

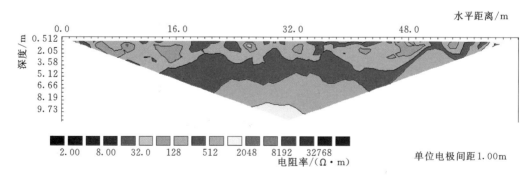

图 3.1-55　由实测电阻率剖面计算的视电阻率剖面图

阻率值是从地面测试的视电阻率值，非土体的真实电阻率。视电阻率剖面可定性分析不同部位电阻率的相对差别。

根据实测数据，采用 RES2DINV（Semi Demo）高密度电阻率 2D 反演软件进行电阻率模型反演计算，其反演的典型模型电阻率剖面见图 3.1 - 56。

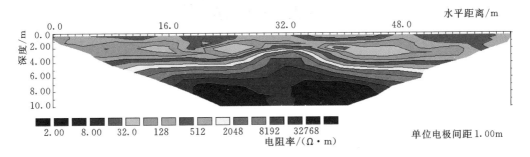

图 3.1 - 56 反演的典型模型电阻率剖面图

反演的模型电阻率剖面图中以不同的颜色给出了测试剖面的电阻率等值线剖面图。从图 3.1 - 56 中可以看出，剖面不同部位及不同深度的电阻率值变化非常大，表明地表以下土体电性很不均匀。电性的变化可反映土性的变化，盐渍土层的电阻率较正常土层要低得多。

本次高密度电阻率法测试共选择了 7 条剖面，反演模型电阻率剖面如图 3.1 - 57～图 3.1 - 63 所示。

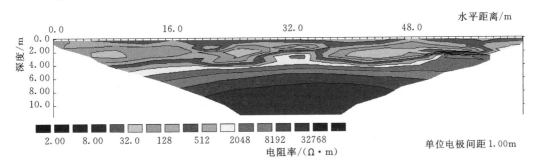

图 3.1 - 57 剖面 Ⅰ 反演模型电阻率剖面图

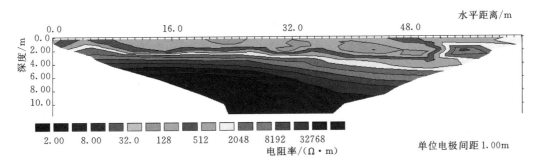

图 3.1 - 58 剖面 Ⅱ 反演模型电阻率剖面图

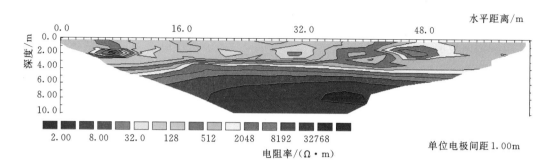

图 3.1-59 剖面Ⅲ反演模型电阻率剖面图

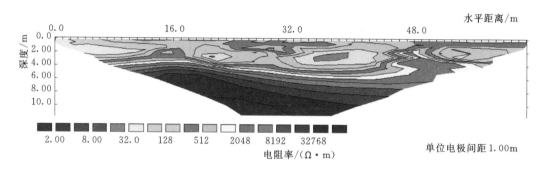

图 3.1-60 剖面Ⅳ反演模型电阻率剖面图

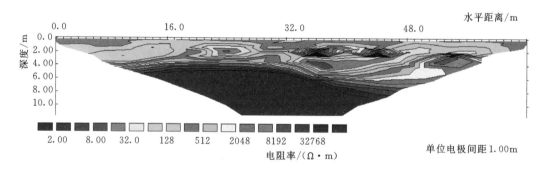

图 3.1-61 剖面Ⅴ反演模型电阻率剖面图

从图 3.1-57～图 3.1-63 所示的反演模型电阻剖面图中可以看出，电阻率分布可以划分三个层位：表层（0～0.8m）存在一个电阻率稍高的高阻区，该层为含砾石的粉细砂层（戈壁土），土层密实度和含水率都较低；中部（0.8～3.8m）电阻率略有降低，为不连续或透镜状的低电阻区，该层对应于含一定角砾的砂土层，层内分布有不连续或透镜体盐层；下部（3.8m 以下）电阻率很大，反映地层密实度较高，含水率不高，推测没有大量的盐分存在。

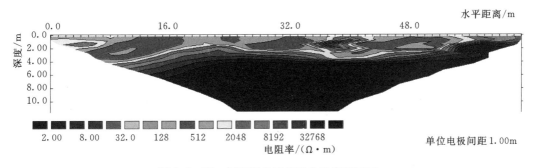

图 3.1-62　剖面Ⅵ反演模型电阻率剖面图

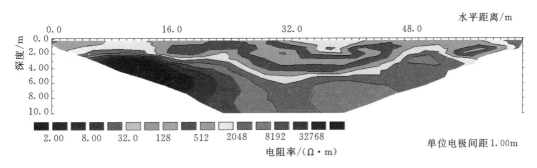

图 3.1-63　剖面Ⅶ反演模型电阻率剖面图

3.1.4　盐渍土赋存规律与成生模式

通过以上对盐渍土成生影响因素的讨论，借助现场钻探、坑探调查与探地雷达、高密度电阻率法探测，结合室内测试分析，对测区土层及盐分赋存规律有了清晰的认识。

调查区的地层主要为第四系上更新统洪积松散堆积物，含有大量粗颗粒土，土体分层性较为明显。地层表部主要为含少量砾石的全新统洪积粉细砂层，多呈灰青色，层内含有硫酸盐类结晶；中部为含少量黏性土的上更新统洪积角砾层，充填有中粗砂，层内有层状或透镜状盐渍土分布；下部为混杂较多粗中砂、少量圆砾和粉质黏土的第三系上新统洪积砾砂层，泥钙质弱胶结，干燥密实，层中个别部位夹有粉土、粉砂层透镜体。

调查区的地貌为山前倾斜第四系冲洪积平原的戈壁滩。冲洪积物质夹杂大量分选和磨圆度差的粗颗粒砂砾石，松散堆积于山前冲洪积扇区，形成了特有的地貌单元。

含盐物质随冲洪积物流动并沉积在冲洪积扇的砂砾石层土体中，在降水和洪水的渗透淋滤作用和强烈蒸发作用下，有的盐分以层状或蜂窝状聚集于细颗粒夹层的层面上，形成厚几厘米到十几厘米的结晶盐层或含盐砂砾透镜体，结晶盐分呈纤维状晶簇；也有的在蒸发作用下结晶于砾石颗粒底部。在这种特殊的自然环境条件下，形成了西北内陆盆地特有的冲洪积粗颗粒盐渍土体（图 3.1-64）。

由于冲洪积物的形成受降雨强度、山坡物质组分、地形等环境条件的密切影响，因此

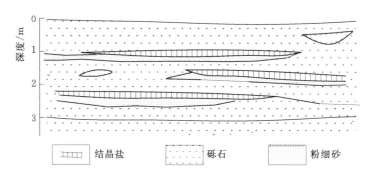

图 3.1-64　内陆寒旱区粗颗粒盐渍土分布形态

不同部位的地层存在一定的差异，颗粒大小、磨圆度、分选性也较差，通常是细颗粒中夹杂大小不等的卵砾石粗颗粒。受这种特殊的形成条件影响，冲洪积扇形成的戈壁滩地层单元在平面上具有不连续性和不均匀性，同时也具有垂向的差异性。

由易溶盐分析可知，调查区土层中阳离子以 Na^+ 为主，阴离子以 SO_4^{2-}、Cl^- 为主，易溶盐主要成分为硫酸钠，含有一定量的氯化钠，含盐土体大部分可划分为硫酸盐渍土或亚硫酸盐渍土，为中等或弱盐渍土，少数土层由于盐分含量极高划分为强盐渍土或超盐渍土。从深度分布特征来看，盐分主要分布在探坑的中部层位 0.50～2.6m 深度范围内，深度大于 2.6m 的土层中盐分含量逐渐减少。可见盐分在该环境下的垂向分布主要集中在地层浅部近表层区域。

西北地区位居大陆腹地，年降水量小，蒸发量大，地下径流和盐分缺乏出路，由于少量降水淋浴作用，强烈的蒸发不仅使地表水蒸发浓缩，也使矿化的地下水借助毛细作用不断上升，土中易溶盐容易积累，形成了盐渍土的广泛分布。干旱地区积盐是在蒸发主导、毛细孔隙水控制的集盐过程，一般情况下，气候愈干旱，蒸发愈强烈，通过土中毛细水作用带至土体表层的盐分也就愈多。

受地层成因类型和地形地貌的影响，西北地区盐渍土具有一些独特的性质。洪积物是由季节间歇性洪流所挟带的泥沙、砾石堆积而成的，多次冲洪积作用最终会形成粗细粒互层的土体分层特征。由于洪流流经含盐地层后母质中含有大量盐分，冲洪积形成的地层中含有丰富的盐分，最终形成了盐渍化程度不等的盐渍土。受盐分溶解度的影响，从山前至冲洪积扇缘，溶解度小的钙、镁碳酸盐和重碳酸盐类首先沉积，溶解度大的氯化物和硝酸盐类可以移动较远的距离，因而在山前冲洪积倾斜平原区形成以碳酸盐为主的盐渍土带，在平原区则从含少量的碳酸盐（碳酸钠和碳酸氢钠）过渡到以含硫酸盐（硫酸钙、硫酸钠）为主的硫酸盐、亚硫酸盐和氯盐型盐渍土。同时，在深度方向上溶解度不同也造成溶液饱和析出盐分呈现一定的规律性，表现为盐分的垂向分异现象：碳酸钙、硫酸钙、硫酸钠、硫酸镁和氯化钠的溶解度依次增大，因此在垂向分布上盐渍土一般由地表及地下依次为氯盐、硫酸盐、碳酸盐。

综合以上分析可知，西北内陆地区盐渍土的成生模式可归结为由地层成因和地形地貌控制、受气候条件影响的内陆盐渍土。这种内陆盐渍土是由以下四个因素联合作用而形成的：①在盐渍土形成地带上游或山前带有含盐地层的出露；②有短暂的山洪和暴雨的暴发，带来含盐的地表径流；③地下水位深，积盐过程与地下水位无直接联系；④所在区域的气候十分干旱，蒸发强烈，能够引起较强的毛细上升条件。这四个条件是相互联系的，每当暴雨山洪暴发，地表水流经含盐地层，将盐分运移至山前洪积扇，紧接着盐分会随风化产物的堆积和含盐矿化水下渗，然而盐分还未下渗到很深又很快遭到强烈的蒸发，并使上次（前期的）在土层中积聚的盐分溶解，并一起向表层蒸发，盐分逐渐积聚而形成内陆冲洪积盐渍土。

西北地区内陆盐渍土主要发生在冲洪积平原的上部，多沿含盐地层成带状分布或成片状分布，主要分布在我国的甘肃河西地区、新疆和青海等。这些内陆冲洪积盐渍土的发生基本与地下水无关，主要是含盐地表水带来的盐分，其地下水位一般都在 8m 以下。目前，盐渍化过程还在持续，属于现代积盐过程。

3.2　盐渍土盐胀

3.2.1　盐渍土盐胀性研究概况

大量的试验研究及工程实践表明，含有易溶盐（Na_2SO_4、$MgSO_4$、$NaCl$ 等）的土体，其物理、力学性质在温度、含水率等环境条件改变时可产生变化，导致土体变形膨胀[83-88]，使得盐渍土地区修筑的许多建筑物（如铁路、公路、水利设施、房屋建筑等）产生严重破坏[89-94]。因此，盐渍土产生的盐胀病害已成为土建工程中的严重病害。

盐渍土在我国西北地区分布最为广泛。建筑、铁路等部门科研人员于 20 世纪 50 年代围绕病害治理相继开展了盐渍土病害特征、机理和规律的试验研究工作，并取得了不少有重要借鉴价值的成果。

3.2.2　盐胀试验材料与方法

3.2.2.1　试验材料

本次盐渍土盐胀性试验研究所用土样取自甘肃酒泉瓜州县干河口风电场，并将土样分为 3 种不同颗粒组分的土样，即粗粒土（土样过 5mm 颗分筛，保留小于 5mm 的所有组分，简称 5mm 土样）、中粒土（土样过 2mm 颗分筛，保留小于 2mm 的所有组分，简称 2mm 土样）和细粒土（土样过 0.5mm 颗分筛，保留小于 0.5mm 的所有组分，简称 0.5mm 土样），分别考虑了粗、中、细 3 种土样的对盐渍土盐胀性的影响。

除考虑颗粒组成与干密度的影响，盐胀性试验研究中同时考虑了含盐量与含水率对盐渍土盐胀发展过程的影响，分别设置了不同含盐量梯度和不同含水率梯度的样品，旨在求得不同温度条件下盐渍土发生盐胀的临界含盐量和临界含水率。考虑到涉及影响因素较多，除探究颗粒组成的影响中使用 5mm 和 0.5mm 土样外，其余盐胀试验均选取 2mm 土样作为试验土样，制取试验样品的具体参数详见表 3.2－1 和表 3.2－2。

表 3.2－1 盐胀特性试验样品制取参数

控制影响因素	控制因素梯度设置					其他控制条件			
						颗粒组成	干密度/(g/cm³)	含盐量/%	含水率/%
颗粒组成	<5mm		<2mm		<0.5mm	—	击实最大干密度	加盐1.5%	最优含水率
干密度/(g/cm³)	1.70	1.80	1.90	2.00	2.10	<2mm	—	加盐1.5%	11
含盐量/%	洗盐土样	天然土样	加盐1.0%	加盐2.5%	加盐3.5%	<2mm	2.00	—	11
含水率/%	7	9	11	13	15	<2mm	2.00	加盐1.5%	—

注 本表中的最大干密度、最优含水率等参数见表 3.2－2；所加盐分为无水硫酸钠晶体，添加比例为盐分与干土的质量比。

表 3.2－2 不同颗粒组成试样基本参数

土　样	击实最大干密度/(g/cm³)	最优含水率/%
5mm 土样	2.04	9.07
2mm 土样	2.00	10.80
0.5mm 土样	1.93	13.20

注 本次所取土样主要为硫酸盐，土样中含大量硫酸钠，考虑到产生盐胀的主要原因为硫酸钠的作用，因而此处所列的天然含盐量为土中硫酸钠的含量，所加盐分亦为无水硫酸钠。

3.2.2.2 试验方法

根据现场调查及取样分析可知，本次试验所用土样所含盐分主要为硫酸盐，含少量的氯盐，土样处理后易溶盐离子含量见表 3.2－3。

表 3.2－3 不同土样易溶盐离子含量

土样	离子含量/(mg/L)						
	Na^+	K^+	Mg^{2+}	Ca^{2+}	Cl^-	NO_3^-	SO_4^{2-}
5mm 土样	870.4	18.6	3.3	574.1	854.8	111.6	1890.6
2mm 土样	1067.4	22.6	3.8	594.3	957.7	245.7	2067.9
0.5mm 土样	1018.8	28.2	3.8	518.3	919.3	126.6	1987.6

注 土样易溶盐含量测定按照《土工试验方法标准》(GB/T 50123—2019) 方法制取浸出液，土水比为 1：5，随后采用 ICS－2500 型离子色谱仪进行测定。

硫酸盐渍土的主要病害为盐胀，这与它自身的溶解特性有着密切的关系。图 3.2－1 为不同温度下硫酸钠在纯水中的溶解度曲线。从图中可以看出，当温度从 32.4℃降低到 －15℃的过程中，100g 水中溶解硫酸钠的质量从 49g 降低到 1g 左右，100g 水中将会析出 48g 左右的硫酸钠。同时，硫酸钠溶解度变化剧烈的 －15～32.4℃所在的温度区间是西北干旱半干旱地区气温完全可以覆盖的区间，因而有利于形成盐胀发生的外部温度条件，降温过程中极易产生盐胀病害。

与其他盐渍土不同，硫酸盐渍土盐胀病害之所以很严重，是因为 Na_2SO_4 从水中析出时会吸收 10 个水分子生成 $Na_2SO_4 \cdot 10H_2O$（芒硝），体积为无水芒硝（Na_2SO_4 晶体）

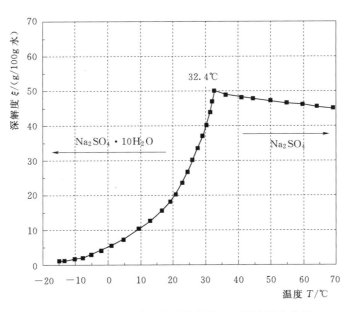

图 3.2-1　不同温度下硫酸钠在纯水中的溶解度曲线

的 4.18 倍，从而产生严重的膨胀破坏。因此，在土体材料、含盐率和含水率等条件一定时，温度变化引起的溶解度变化是导致硫酸盐渍土发生盐胀的根本原因。本次试验采用控制温度的方法，探究不同盐渍土试样在降温过程中所表现出来的盐胀性。

考虑到温度对硫酸盐渍土盐胀变形的重要影响，本次试验在样品制取时选择 32±2℃ 作为试样的成型温度，有效避免了试验开始前低温制样过程中造成的提前盐胀变形。按照试验设计的含水率、含盐量条件，采用干质量掺配法，加水（或盐溶液）搅拌使土样均匀充分湿化，配制后装入密封的塑料袋中放在温度控制室中在 32.4℃ 的条件下静置 48h，以备制取试验样品。制样时将室内温度调节在 32℃，保证室内温度处于（32±2）℃ 的条件中，迅速从温度控制室中取出土样称重、压制、测量试样尺寸，随后又快速放入温度控制室中，待开始试验时再取出。

图 3.2-2　盐胀变形测试
采用的膨胀仪

本次盐渍土试样的室内盐胀试验研究采用膨胀仪进行测试（图 3.2-2）。试样形状为圆柱状，底面直径为 69.78mm，高 20mm，试验中采用百分表观测试样的膨胀变形，可估读至 0.001mm 的精确度，试验前检查并校正百分表读数，保证试验的顺利与试验结果的准确性。

按照试验设计，试验中按一定的时间间隔读取百分表的读数，最后按照式（3.2-1）计算试样的盐胀率：

$$\eta = \Delta h / H \tag{3.2-1}$$

式中：η 为盐胀率，%；Δh 为各级温度的盐胀量，mm；H 为试件高度，mm。

盐胀试验的温湿度控制采用澳大利亚 TPG-1260-5×400-TH 温湿度控制室（图 3.2-3）和低温冷藏箱。植物生长箱控制室可根据试验要求同步控制湿度、温度、光照及 CO_2 浓度的参数，本次试验中主要用于控制盐胀过程中的环境温度和湿度，可模拟真实环境的温湿度条件，控制室温度调节范围为 5~45℃，湿度调节范围为 2%~98%，设备的温湿度主要部件包括冷凝器、干燥器、加热真空管、加湿器、循环风扇和空气加热单元等，控制室内装配有温度、湿度传感器，可通过控制面板读取和调节控制室内的实际温湿度变化。低温冷藏箱可调节控制温度为 -25~0℃。

试验开始前首先将植物生长室的温度和湿度分别调节为 32.4℃ 和 75%（根据前期土样在不同盐溶液的稳定情况，该湿度条件下土样不会从环境中吸收太多水分，亦不会散失大量水分，有利于保持试样含水率的恒定），待温湿度都稳定后将装有试样的膨胀仪放入控制室中，如图 3.2-4 所示。试验开始后，按照 32.4℃、27.4℃、22℃、20.4℃、17.4℃、12.4℃、2.4℃ 的温度梯度逐级降低温度，每级温度试样稳定时间为 48h（可根据试样膨胀变形情况作适当调整），待 2.4℃ 温度条件下试样变形稳定后将膨胀仪移至低温冷藏箱中，分别在 0℃ 和 -20℃ 条件下观测试样变形情况，直至变形稳定。

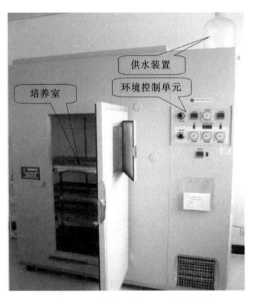

图 3.2-3 盐胀试验温湿度控制室

图 3.2-4 放入温湿度控制室的盐渍土试样

3.2.3 硫酸钠的溶解特性与结晶量理论计算

3.2.3.1 硫酸盐渍土中硫酸钠的溶解特性

如前所述，硫酸钠结晶膨胀是硫酸盐渍土发生盐胀病害的根本原因，而硫酸钠结晶状况与它的溶解特性密切相关，因而了解硫酸钠的溶解特性至关重要。根据盐类溶解度的定义，100g 纯水中溶解的盐类质量即为该盐类在某一温度下的溶解度（ξ），计算表达式为

$$\xi = \frac{\text{盐类质量}}{\text{纯水质量}} \times 100 \qquad (3.2-2)$$

鉴于盐类溶解度采用100g纯水作为基数，为方便起见，下文中在溶解度及相关计算中取纯水质量为100g，则盐类质量即为该盐的溶解度。

1. 硫酸钠的临界结晶温度

定义硫酸钠溶液浓度为100g水中所含的硫酸钠质量，则溶于溶液中硫酸钠的浓度为：

$$S = \frac{m_{Na_2SO_4}}{m_{水}} \times 100 \qquad (3.2-3)$$

式中：S 为溶液中硫酸钠的浓度，g/100g 水；$m_{Na_2SO_4}$ 为硫酸钠的质量，g；$m_{水}$ 为水的质量，g。

若定义硫酸盐渍土中硫酸钠含量（$C_{Na_2SO_4}$）为硫酸钠质量（$m_{Na_2SO_4}$）与土颗粒质量（$m_{土}$）的比值，即

$$C_{Na_2SO_4} = \frac{m_{Na_2SO_4}}{m_{土}} \times 100\% \qquad (3.2-4)$$

假设土中的水全部以自由水的形式存在，能够全部用于溶解土中的盐分，同时假设土中硫酸钠全部以液态形式存在，则硫酸钠浓度（S）可表示为

$$S = \frac{m_{Na_2SO_4}}{m_{水}} \times 100 = \frac{\frac{m_{Na_2SO_4}}{m_{土}}}{\frac{m_{水}}{m_{土}}} \times 100 = \frac{C_{Na_2SO_4}}{w} \times 100 \qquad (3.2-5)$$

式中：$C_{Na_2SO_4}$ 为土中硫酸钠含量，%；w 为土的含水率，%。

依据溶液浓度与溶解度的关系，可知：①当 $S > \xi_{Na_2SO_4}/100$ 时，土中溶液中的硫酸钠吸水结晶，部分硫酸钠由液相转变为固相，此时硫酸钠在土中存在液相和固相两种相态。②当 $S < \xi_{Na_2SO_4}/100$ 时，土中溶液中的硫酸钠只以液相形式存在。③当 $S = \xi_{Na_2SO_4}/100$ 时，土中溶液中的硫酸钠处于由液相转变成固相的临界状态。

从以上分析中可以看出，当土中硫酸钠（Na_2SO_4）的浓度大于该温度下硫酸钠的溶解度时，将有部分硫酸钠吸水结晶变为芒硝（$Na_2SO_4 \cdot 10H_2O$），产生体积膨胀，所以土体含水率和硫酸钠含量是产生硫酸盐渍土盐胀的内在因素，温度是产生土体盐胀的外在因素。当土中硫酸钠的浓度等于该温度下它的溶解度时，硫酸钠处于由液相转变成固相的临界状态，此时的温度即为硫酸钠的临界结晶温度。

结合式（3.2-5）可以看出，若土中盐分只有硫酸钠时，土体发生盐胀的临界结晶温度与土中硫酸钠含量、含水率及硫酸钠的溶解度有关。由于纯水中硫酸钠在不同温度下的溶解度是特定的，因而土中硫酸钠含量和土体含水率决定了土体发生盐胀的临界结晶温度。

2. 硫酸钠在不同浓度氯化钠溶液中的溶解特性

上节中分析了硫酸钠在纯水中的溶解特性，但实际工程遇到的硫酸盐渍土中除含硫酸盐外还含有大量的氯盐，其中以氯化钠为主，本次试验所取土样易容盐分析结果也证实了这一点。在自然界及化学工程中，硫酸钠的存在通常都伴随着氯化钠的存在，关于氯化钠与硫酸钠在水中互溶度的研究在较早时候已经开展[95-97]，吉林大学王俊臣在研究新疆地

区硫酸盐渍土时探讨了硫酸钠与氯化钠的互溶情况[98]。参考《氯碱工业理化常数手册（修订版）》数据[96]，结合任保增[97]、王俊臣[98]等的研究结果，给出不同氯化钠浓度条件下硫酸钠的溶解度（图 3.2-5 和图 3.2-6）。

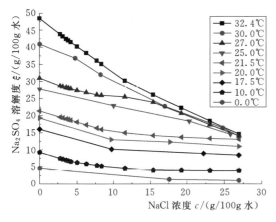

图 3.2-5　硫酸钠溶解度随氯化钠浓度的变化关系

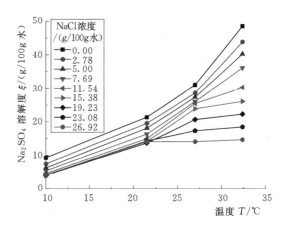

图 3.2-6　不同浓度氯化钠溶液中硫酸钠的溶解特性

由图 3.2-5 可以看出，硫酸钠在纯水中和氯化钠溶液中表现出不同的溶解特性。纯水中硫酸钠的溶解度随温度升高而不断增大，至 32.4℃时溶解度达到最大，当溶液中含有氯化钠时，不同氯化钠浓度及温度条件下硫酸钠的溶解度就有所不同。同一温度条件下硫酸钠在纯水中的溶解度最大，随着氯化钠浓度的不断增大，硫酸钠溶解度逐渐降低，且温度越高时这种降低趋势越明显。例如 32.4℃时当氯化钠浓度为 27% 时，可将硫酸钠溶解度从纯水中的 48.4g 降低至 14.7g，说明氯化钠对降低硫酸钠溶解度的作用十分明显。

由图 3.2-6 可以看出，不同温度条件下纯水中硫酸钠的溶解度最大，随着氯化钠浓度不断增大，硫酸钠溶解度逐渐减小，且温度越高时降低幅度越大。从图中也可以看出，尽管氯化钠的加入降低了硫酸钠的溶解度，但温度小于 32.4℃时硫酸钠的溶解度仍随着温度的升高而增大，只是随着氯化钠浓度增大幅度的递增，温度升高对硫酸钠溶解的贡献逐渐减小，温度大幅度升高也不能使硫酸钠的溶解度大幅提高。

硫酸钠产生盐胀的原因在于温度降低过程中硫酸钠溶解度大幅降低，从而导致温降过程中结晶盐析出产生体积膨胀。图 3.2-5 和图 3.2-6 都表明加入氯化钠后可以降低硫酸钠的溶解度，使温度降低过程中硫酸钠溶解度的降低幅度大大减小，从而减小了温度降低过程中结晶盐的析出量，可以有效抑制过大的盐胀效应。因而，硫酸盐渍土中存在的氯化钠对降低土体的盐胀有着重要的贡献，可以利用这种抑制作用向硫酸盐渍土中加入氯化钠来降低土体的盐胀性。

根据图 3.2-5 和图 3.2-6 中的试验数据建立硫酸钠溶解度与氯化钠浓度的关系，经回归分析可以发现，二者之间存在良好的二次函数关系（适用于温度低于 32.4℃，氯化钠浓度小于 27g/100g 水），分别在不同温度下拟合硫酸钠溶解度与氯化钠浓度的关系，结果见表 3.2-4。

表 3.2 - 4 不同温度条件下硫酸钠溶解度与氯化钠浓度的拟合关系

温度/℃	拟 合 关 系 式	相关系数	公式编号
32.4	$\xi = 0.01810c^2 - 1.72893c + 48.4$	0.999	(3.2 - 6)
30	$\xi = 0.01269c^2 - 1.31758c + 40.9$	0.991	(3.2 - 7)
25	$\xi = 0.01643c^2 - 0.88093c + 27.8$	0.926	(3.2 - 8)
21.5	$\xi = 0.01553c^2 - 0.71505c + 21.3$	0.992	(3.2 - 9)
20	$\xi = 0.01326c^2 - 0.66165c + 19.3$	0.961	(3.2 - 10)
17.5	$\xi = 0.01147c^2 - 0.58842c + 16.0$	0.960	(3.2 - 11)
10	$\xi = 0.00854c^2 - 0.44174c + 9.2$	0.894	(3.2 - 12)
0	$\xi = 0.00764c^2 - 0.33155c + 4.5$	0.988	(3.2 - 13)

注 ξ 为硫酸钠溶解度，g/100g 水；c 为氯化钠浓度，g/100g 水。

可以看出，拟合方程与试验数据的相关性很高，可以很好地描述硫酸钠溶解度与氯化钠浓度的关系。当 $c = 0$ 时，氯化钠浓度为 0，此时 ξ 值对应于硫酸钠在纯水中的溶解度，与实际测试值十分吻合。因此，硫酸钠溶解度（ξ）与氯化钠浓度（c）的关系可表示如下：

$$\xi = Ac^2 + Bc + C \tag{3.2 - 14}$$

观察各温度条件下的拟合方程式，可以看出：随着温度升高，二次项系数 A 逐渐增大，一次项系数 B 逐渐减小，常数项 C 逐渐增大。据此，可以判断硫酸钠溶解度随温度变化与二次函数系数存在密切关系，回归分析可知，系数 A、B、C 与温度 T 存在以下关系：

$$T = \ln(1.00668 + 3.45121^{-4}A) \tag{3.2 - 15}$$

$$T = \frac{1}{0.07524B - 3.01617} \tag{3.2 - 16}$$

$$T = 4.15739e^{C/13.21877} + 0.35218 \tag{3.2 - 17}$$

将二次函数的系数 A、B、C 分别用温度 t 表示，代入式（3.2 - 14）中，即可得到基于试验数据的一般经验公式，用来表示不同温度和不同氯化钠浓度条件下硫酸钠的溶解度：

$$\xi = \ln(1.00668 + 3.45121^{-4}T)c^2 + \frac{c}{0.07524T - 3.01617} + 4.15739e^{T/13.21877} + 0.35218$$

$$\tag{3.2 - 18}$$

为了检验该经验公式的准确性，分别控制温度和氯化钠浓度计算硫酸钠的溶解度，与试验数据作对比，结果如图 3.2 - 7 和图 3.2 - 8 所示。

由图 3.2 - 7 和图 3.2 - 8 可以看出，不同氯化钠浓度条件和不同温度条件下利用经验公式（3.2 - 18）计算得到的硫酸钠溶解度与试验测试值十分接近，说明该经验公式能够很好地描述硫酸钠溶解度与氯化钠浓度及温度的关系。硫酸钠溶解度经验公式的建立为不同条件下盐渍土盐胀率的计算提供了理论基础，只需知道土体所含氯化钠浓度及所处的温度，即可计算得到该条件下硫酸钠的溶解度，进而计算得到盐渍土的体积膨胀量。

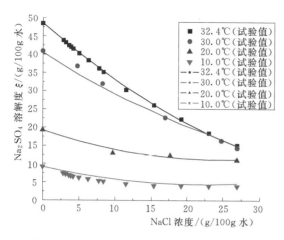

图 3.2-7　不同氯化钠浓度中硫酸钠溶解度
计算值与试验值的比较

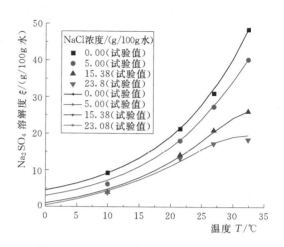

图 3.2-8　不同温度硫酸钠溶解度计算值
与试验值的比较

图 3.2-7 和图 3.2-8 中试验值与计算值表明硫酸钠溶解度的经验公式能够准确描述不同条件状态下硫酸钠的溶解度特征，可以用该经验公式进行盐类溶解度及盐渍土盐胀性的计算。基于式（3.2-18）建立了硫酸钠溶解度与氯化钠浓度、温度的相关关系，为了更形象地表示氯化钠和温度共同作用下硫酸钠溶解度的变化特征，利用经验公式计算得到不同条件下硫酸钠的溶解度并绘于图 3.2-9 中。

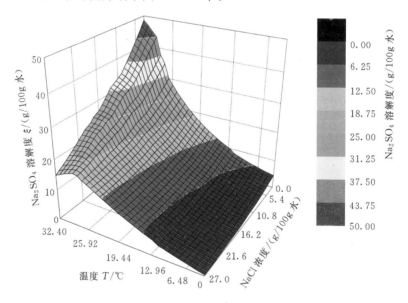

图 3.2-9　不同温度与氯化钠浓度条件下硫酸钠的溶解度

从图 3.2-9 可以清晰地看出硫酸钠溶解度随氯化钠浓度、温度的变化关系：

（1）随着温度降低，不同氯化钠浓度条件下硫酸钠的溶解度逐渐降低，降低幅度随着氯化钠浓度的增大而减小。

（2）随着氯化钠浓度不断增大，不同温度条件下硫酸钠的溶解度都有所降低，且降低幅度也随着氯化钠浓度增大有所减小。这与实际条件下硫酸钠的溶解度特性完全一致，再次证明了该经验公式描述硫酸钠溶解度特性的正确性与准确性。

3.2.3.2 硫酸盐渍土中硫酸钠的结晶特性

1. 硫酸盐渍土中硫酸钠临界结晶温度的计算

如前所述，若盐渍土中只含有硫酸钠时，土体中硫酸钠含量和土体含水率决定了土体发生盐胀的临界结晶温度。当土体内含有氯化钠时，则盐渍土发生盐胀的临界结晶温度决定于硫酸钠含量、含水率和氯化钠浓度 3 个条件，这 3 个条件以不同组合出现时土体盐胀的临界结晶温度有所不同。

由前述硫酸钠溶液与溶解度的关系，可知当 $S = \xi_{Na_2SO_4}$ 时，土中硫酸钠的浓度等于该温度下它的溶解度，此时的温度即为硫酸钠的临界结晶温度。基于硫酸钠溶液浓度关系式（3.2-5）和硫酸钠溶解度的经验公式（3.2-18），可知当满足式（3.2-19）的关系时，计算得到的温度即为硫酸钠的临界结晶温度。

$$\ln(1.007+3.451^{-4}T)c^2 + \frac{c}{0.075T-3.016} + 4.157e^{T/13.219} + 0.352 = \frac{C_{Na_2SO_4}}{w} \times 100$$

$$(3.2-19)$$

式（3.2-19）中含有硫酸钠含量（$C_{Na_2SO_4}$）、含水率（w）、氯化钠浓度（c）3 个变量，即在硫酸钠含量、土体含水率和氯化钠浓度一定的条件即可求得硫酸的临界结晶温度，3 个因素以不同组合出现时硫酸钠的临界结晶温度有所不同。

为了简化计算，首先讨论氯化钠浓度 $c=0$ 的情况，可知此时计算式（3.2-19）可以简化为式（3.2-20）的形式，较为简单，易于求得硫酸钠的临界结晶温度。

$$4.157e^{T/13.21877} + 0.352 = \frac{C_{Na_2SO_4}}{w} \times 100 \qquad (3.2-20)$$

由式（3.2-20）即可求算不同含水率和硫酸钠含量条件下土体中硫酸钠的临界结晶温度。分别设置含水率为 3%、5%、8%、11%、14%、17%，硫酸钠含量为 0~8%，计算土体中硫酸钠的临界结晶温度，如图 3.2-10 所示。从图中可以看出，当土体中硫酸钠含量与含水率以不同组合出现时，硫酸钠的临界结晶温度有所不同：

（1）相同含水率条件下，硫酸临界结晶温度随着含盐量增大而增大，这是因为含盐量较大时土体已接近或处于饱和状态，温度较高时已开始析出芒硝晶体，故而随着含盐量增大，硫酸钠的临界结晶温度升高。

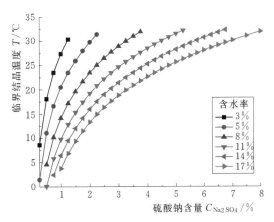

图 3.2-10 临界结晶温度与硫酸钠含量及含水率的关系

（2）同一含盐量条件下，随着含水率的增大，硫酸钠的临界结晶温度降低，这是因为含盐量相同但含水率不断增大时，溶液中硫酸钠的浓度不断降低，在较高温度时不会析出芒硝晶体，故而随着含水率增大硫酸钠的临界结晶温度不断降低。

同理，也可以利用式（3.2-18）计算得到不同氯化钠浓度条件下硫酸钠的临界结晶温度，并可得出临界结晶温度随氯化钠浓度的变化关系。鉴于篇幅及计算过程的复杂性，在此不做讨论。

2. 硫酸钠结晶量随温度的变化规律

当硫酸盐渍土中硫酸钠溶液达到饱和状态时，若温度继续降低则溶于水中的硫酸钠将有部分吸水析出芒硝晶体（$Na_2SO_4 \cdot 10H_2O$），土体中的液态含水率和溶于水中的硫酸钠都将减少。析出芒硝晶体时，可以认为从溶液中析出无水硫酸钠和结晶水两部分，析出硫酸钠含量和结晶含水率可分别表示为

$$C_{Na_2SO_4}^s = \frac{结晶硫酸钠重}{土颗粒重} \times 100\% \tag{3.2-21}$$

$$w_s = \frac{结晶水重}{土颗粒重} \times 100\% \tag{3.2-22}$$

式中：$C_{Na_2SO_4}^s$ 为析出的结晶硫酸钠含量，%；w_s 为析出的结晶含水率，%。

由于温度降低过程中晶体以芒硝的形式析出（$Na_2SO_4 \cdot 10H_2O$），析出的结晶硫酸钠与结晶水成比例，即析出 1 个硫酸钠分子时对应析出 10 个结晶水。无水硫酸钠的分子量为 142，10 个水分子的分子量为 180，因而结晶含水率可用无水硫酸钠含量来表示：

$$w_s = \frac{结晶水重}{土颗粒重} \times 100\% = \frac{1.267 \times 结晶硫酸钠重}{土颗粒重} \times 100\% = 1.267 C_{Na_2SO_4}^s \tag{3.2-23}$$

土中硫酸钠含量由两部分构成，即溶解于水中的液态硫酸钠含量和结晶的固态硫酸钠含量，可表示为

$$C_{Na_2SO_4} = C_{Na_2SO_4}^w + C_{Na_2SO_4}^s \tag{3.2-24}$$

式中：$C_{Na_2SO_4}$ 为土中硫酸钠含量，%；$C_{Na_2SO_4}^w$ 为液态硫酸钠含量，%。

联立式（3.2-23）和式（3.2-24），可得

$$w_s = 1.267(C_{Na_2SO_4} - C_{Na_2SO_4}^w) \tag{3.2-25}$$

同样，当土体内开始析出芒硝晶体时，土中的含水率也由液相含水率和固相含水率两部分构成，即

$$w = w_L + w_s \tag{3.2-26}$$

式中：w 为土体含水率，%；w_L 为土中液相含水率，%。

联立式（3.2-25）和式（3.2-26），即可求得液相含水率：

$$w_L = w - 1.267 \cdot (C_{Na_2SO_4} - C_{Na_2SO_4}^w) \tag{3.2-27}$$

由于 $C_{Na_2SO_4}^w = \dfrac{\xi_{Na_2SO_4} \cdot w_L}{100}$，可得

$$w_L = w - 1.267\left(C_{Na_2SO_4} - \frac{\xi_{Na_2SO_4} \cdot w_L}{100}\right) \tag{3.2-28}$$

则

$$w_L = \frac{w - 1.267 \cdot C_{Na_2SO_4}}{1 - \dfrac{1.267 \cdot \xi_{Na_2SO_4}}{100}} \tag{3.2-29}$$

随着温度的不断降低，某一温度条件下析出的硫酸钠含量为

$$C_{\mathrm{Na_2SO_4}}^{\mathrm{s}} = C_{\mathrm{Na_2SO_4}} - C_{\mathrm{Na_2SO_4}}^{\mathrm{w}} = C_{\mathrm{Na_2SO_4}} - \frac{\xi_{\mathrm{Na_2SO_4}} \cdot w_{\mathrm{L}}}{100} \quad (C_{\mathrm{Na_2SO_4}}^{\mathrm{s}} < 0 \text{ 时，取 } C_{\mathrm{Na_2SO_4}}^{\mathrm{s}} = 0)$$

$$(3.2-30)$$

某一温度区间析出的硫酸钠含量为

$$\Delta C_{\mathrm{Na_2SO_4}}^{\mathrm{s}} = C_{\mathrm{Na_2SO_4}}^{\mathrm{s}T1} - C_{\mathrm{Na_2SO_4}}^{\mathrm{s}T2} = \frac{(\xi_{\mathrm{Na_2SO_4}}^{T1} - \xi_{\mathrm{Na_2SO_4}}^{T2}) w_{\mathrm{L}}}{100} \qquad (3.2-31)$$

由式（3.2-29）和式（3.2-30）可知，只要知道土体中硫酸钠含量、含水率及某一温度下硫酸钠的溶解度，即可计算得到该温度下析出的硫酸钠含量，进而可以得到析出芒硝的质量及体积。同理，由式（3.2-31）可知，只需知道土体中硫酸钠含量、含水率及某两个温度条件下硫酸钠的溶解度，即可计算得到该温度区间降温过程中析出的硫酸钠含量。

此处首先讨论理想情况下硫酸钠的结晶量与各因素的对应关系，假设土中的水全部为自由水，能够全部用于溶解盐分，土样初始情况下处于 32.4℃ 环境中，探讨温度逐渐降低时硫酸钠的结晶量。结合一般土体的基本性质，计算分析过程中分别将硫酸钠含量（$C_{\mathrm{Na_2SO_4}}$）、含水率（w）、氯化钠浓度（c）、温度（T）设置为表 3.2-5 中的变化梯度。盐渍土定义土中含盐量大于 0.3%，因此本次硫酸钠含量从 0.25% 开始讨论，范围为 0.25%～8%，含水率为 3%～17%，氯化钠浓度为 0～25g/100g 水，基本可以涵盖一般土体中各掺量的变化范围。

表 3.2-5   硫酸钠结晶量计算分析中参数设置情况

参数	梯 度 变 化 及 范 围																
$C_{\mathrm{Na_2SO_4}}$/%	0.25	0.5	1.0	1.5	2.0	2.5	3.0	3.5	4.0	4.5	5.0	5.5	6.0	6.5	7.0	7.5	8.0
w/%	3		5		8		11			14			17				
c/(g/100g 水)	0		5		10		15			20			25				
T/℃	32.4	30.0	27.5	25.0	22.5	20.0	17.5	15.0	12.5	10.0	7.5	5.0	2.5	0			

由于分析过程中没有设置土体的质量，因而不能直接计算析出芒硝的质量，为便于讨论，此处采用析出的硫酸钠含量（$C_{\mathrm{Na_2SO_4}}^{\mathrm{s}}$）作为硫酸钠结晶量的衡量指标，随后再计算得出芒硝质量及体积，最后得到盐渍土的盐胀量。

硫酸钠在土体内部的初始存在状态可以分为 3 种情况：①初始条件下（32.4℃）硫酸钠浓度（由硫酸钠含量换算得到）小于该温度下的溶解度时，硫酸钠全部溶于土体水中，此时土中硫酸钠全部以液态形式存在，随着温度降低，当溶液浓度大于硫酸钠的溶解度时析出芒硝晶体（$\mathrm{Na_2SO_4 \cdot 10H_2O}$）；②初始条件下（32.4℃）硫酸钠浓度大于该温度下的溶解度但过饱和程度较低时，部分硫酸钠结合 10 个水分子以芒硝的形式存在，此时土中硫酸钠以固态芒硝和液态硫酸钠溶液两部分形式存在，温度降低时会继续析出芒硝晶体；③初始条件下（32.4℃）硫酸钠浓度大于该温度下的溶解度且过饱和程度很高时，硫酸钠与水的质量比已经超过芒硝晶体中硫酸钠与结合水的比值 0.789［式（3.2-32）］，硫酸钠全部以固态 $\mathrm{Na_2SO_4 \cdot 10H_2O}$ 和固态 $\mathrm{Na_2SO_4}$ 的形式存在，温度降低时也不会析出芒硝

晶体，因而不会产生体积膨胀。鉴于第三种情况不会析出芒硝晶体产生盐胀，本次分析只讨论前两种情况。土体初始条件下处于何种状态，采用如下方式进行判断［式（3.2-33)～式（3.2-34）中温度 T 的数值取32.4］:

$$\frac{m_{\mathrm{Na_2SO_4}}}{m_{10\mathrm{H_2O}}}=\frac{23\times2+96}{10\times18}=0.789 \qquad (3.2-32)$$

第一种情况：
$$\frac{C_{\mathrm{Na_2SO_4}}}{w}\times100\leqslant4.157\mathrm{e}^{T/13.219}+0.352 \qquad (3.2-33)$$

第二种情况：
$$\frac{C_{\mathrm{Na_2SO_4}}}{w}\times100>4.157\mathrm{e}^{T/13.219}+0.352 \qquad (3.2-34)$$

第三种情况：
$$\frac{C_{\mathrm{Na_2SO_4}}}{w}>0.789 \qquad (3.2-35)$$

当土中硫酸钠处于第一种情况时，硫酸钠全部以液态形式存在，土体内的水可以全部被用于硫酸钠结合形成芒硝晶体，符合前节中的理想分析状态，此时采用式（3.2-30）即可计算某一温度下析出的硫酸钠含量。式中的 $\xi_{\mathrm{Na_2SO_4}}$ 取对应温度下硫酸钠的溶解度，w_L 取土体初始含水率 w。

当土中硫酸钠处于第二种情况时，硫酸钠全部以液态和固态两种形式存在，计算析出硫酸钠含量时需首先计算此时土体内溶解硫酸钠的液态含水率和液态硫酸钠含量，随后再采用式（3.2-30）进行计算。初始条件 32.4℃ 时硫酸钠溶解度为 48.4g/100g 水，此时的溶液处于饱和状态，土中含盐量和含水率都由固、液两部分构成，依据前面分析可知，初始条件下满足如下关系：

$$C_{\mathrm{Na_2SO_4}}=C_{\mathrm{Na_2SO_4}}^{\mathrm{w}}+C_{\mathrm{Na_2SO_4}}^{\mathrm{s初}} \qquad (3.2-36)$$

$$w=w_\mathrm{L}+w_\mathrm{s}=\frac{100C_{\mathrm{Na_2SO_4}}^{\mathrm{w}}}{48.4}+1.267C_{\mathrm{Na_2SO_4}}^{\mathrm{s}} \qquad (3.2-37)$$

式中：$C_{\mathrm{Na_2SO_4}}^{\mathrm{s初}}$ 为初始条件下土体内固态含盐量，%。

联立式（3.2-36）和式（3.2-37），即可得到液态含水率和含盐量：

$$C_{\mathrm{Na_2SO_4}}^{\mathrm{w}}=\frac{w-1.267C_{\mathrm{Na_2SO_4}}}{100/48.4-1.267} \qquad (3.2-38)$$

$$w_\mathrm{L}=w-1.267\left(C_{\mathrm{Na_2SO_4}}-\frac{w-1.267C_{\mathrm{Na_2SO_4}}}{100/48.4-1.267}\right) \qquad (3.2-39)$$

将式（3.2-38）和式（3.2-39）代入析出芒硝晶体计算式［式（3.2-30）］中，即可得到初始状态含固、液两相硫酸钠时析出芒硝晶体的计算式：

$$C_{\mathrm{Na_2SO_4}}^{\mathrm{s}}=\frac{w-1.267C_{\mathrm{Na_2SO_4}}}{0.799}-\frac{\xi_{\mathrm{Na_2SO_4}}\left[w-1.267\left(C_{\mathrm{Na_2SO_4}}-\dfrac{w-1.267C_{\mathrm{Na_2SO_4}}}{0.799}\right)\right]}{100}$$

$$(3.2-40)$$

利用式（3.2-30）和式（3.2-40）即可计算两种情况下不同温度析出芒硝晶体的含量，进而得出土体的理论盐胀量。

图 3.2-11～图 3.2-16 给出了不同含水率条件下土体中硫酸钠的理论结晶量。从图中可以看出，同一含水率条件下，随着含盐量的增大，土体初始状态从第一种情况开始向

第二种情况转变，最终到达第三种情况。

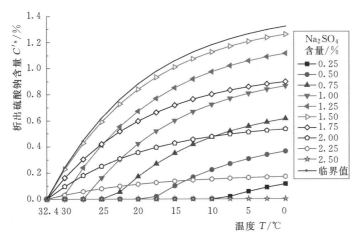

图 3.2-11　含水率 3% 时土体中析出硫酸钠含量

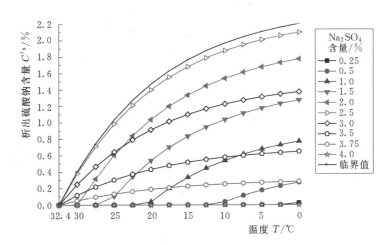

图 3.2-12　含水率 5% 时土体中析出硫酸钠含量

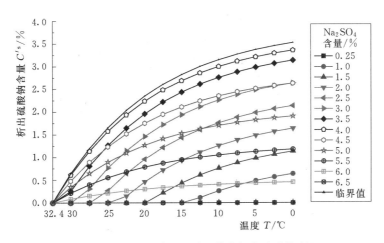

图 3.2-13　含水率 8% 时土体中析出硫酸钠含量

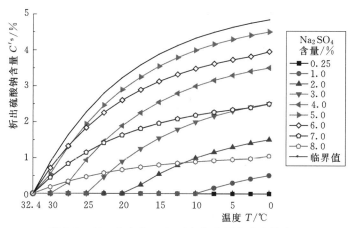

图 3.2 - 14　含水率 11% 时土体中析出硫酸钠含量

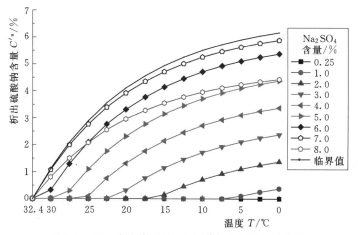

图 3.2 - 15　含水率 14% 时土体中析出硫酸钠含量

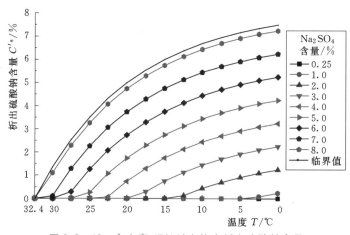

图 3.2 - 16　含水率 17% 时土体中析出硫酸钠含量

　　土体初始状态处于第一种情况时，随着温度降低逐渐开始析出芒硝晶体，且含盐量越大开始析出芒硝对应的温度越高。以图 3.2 - 11 为例，可以看出含盐量为 0.25% 时，温度高于10℃的条件下土体内均不会有芒硝析出；当含盐量增大至1.0%时，27.5℃即开始从土体内析出芒硝；随着含盐量继续增大，至第一种情况向第二种情况转变的临界含盐量时，32.4℃即处于结晶的临界状态，当温度低于32.4℃时就有芒硝析出；含盐量继续增大超过临界含盐量后，土体初始状态即处于第二种情况，此时（32.4℃）土体内已有部分析出的芒硝晶体，温度降低即会进一步析出芒硝晶体。图3.2-12~图3.2-16中不同含水率的土体均表现出相同的规律。

当土体内的含盐量小于临界含盐量时，土体初始状态处于第一种情况（图3.2-11~图3.2-16中的实心图例），随着含盐量增大，土体内析出芒硝晶体的含量逐渐增大，至临界含盐量时析出芒硝含量最多。当土体内的含盐量大于临界含盐量时，土体初始状态处于第二种情况（图3.2-11~图3.2-16中的空心图例），因土中已有部分芒硝析出占据了土体的液态含水率，故而析出的芒硝晶体有所减少，且随着含量不断增大，土体初始状态下固态芒硝晶体含量增多，后期结晶析出的芒硝晶体逐渐减少，直至含盐量增大至初始状态占据土体全部含水率后，硫酸钠在土体内只能以固态形式存在，随温度降低不会有芒硝晶体析出。

以某一含水率下土体初始状态转变对应的临界含盐量为界限，土体内的结晶规律同样分为两种情况。从图3.2-11~图3.2-16中可以看出，土体初始状态处于第一种情况时盐分的结晶速率大于第二种情况，这是因为第一种情况时初始条件下土体的含水率全部为液态含水率，可以全部被用于结合硫酸钠而形成芒硝晶体，能够充分结晶，且随着含盐量增大结晶量也逐渐增大；第二种情况时初始条件下土体的含水率部分已被固化，能够用于后期芒硝结晶的液态含水率较少，因而结晶速率较低，且随着含盐量增大液态含水率逐渐减小，结晶量也逐渐减小。

对比图3.2-11~图3.2-16中不同含水率情况下土体内硫酸钠的结晶量，可以看出：同一含盐量条件下随着含水率增大，土体内硫酸钠浓度逐渐增大，土体初始状态从第二种情况逐渐转变为第一种情况，硫酸钠结晶量经历了由小变大、随后又由大变小两个过程。以含盐量2.0%为例，可以看出含水率3%时土体初始状态处于第二种情况，此时温度降低至0℃时析出硫酸钠含量为0.53%；当含水率为5%时土体初始状态转而处于第一种情况，温度降低至0℃时析出硫酸钠含量为1.77%；含水率为8%、11%、14%、17%时土体初始状态处于第一种情况，温度降低至0℃时析出硫酸钠含量分别减少为1.64%、1.50%、1.37%、1.23%。不难推断出含水率增大至某一特定值时将不再析出芒硝晶体。

从图3.2-16也可以看出，当含水率增大到某一特定值时，不同含盐量的土体初始状态均处于第一种情况，此时随着含盐量增大硫酸钠的析出量也逐渐增大。综合以上分析可以看出：当土体初始状态处于第一种情况时，土体内硫酸钠的析出量随含盐量增大逐渐增大；当土体初始状态处于第二种情况时，土体内硫酸钠的析出量随含盐量增大逐渐减小；临界含盐量条件下土体内硫酸钠的析出量最大，其他情况下硫酸钠的析出量均处于该临界值的下方。

3. 硫酸钠结晶量随土体内氯化钠浓度的变化规律

为了简化计算，上述情况中未考虑盐渍土中含有氯化钠的情况，通常情况下硫酸盐渍土中都含有大量的氯化钠，同时某些工程中也采用加入氯化钠的方法降低硫酸盐渍土的盐胀率，因此探讨不同氯化钠浓度下土体内硫酸钠的析出规律十分重要。如前所述，含盐量、含水率和氯化钠浓度以不同组合形式出现时，硫酸钠的析出速率和析出量有所不同，本次讨论取含盐量 2%，含水率分别为 5%、8%、11% 的特定情况，探究不同氯化钠浓度条件下土体内析出硫酸钠的一般规律。加入氯化钠后，土体中盐分结晶量仍以析出的硫酸钠含量作为衡量指标，计算式中根据式（3.2-18）将纯水中硫酸钠的溶解度换为不同氯化钠浓度条件下硫酸钠的溶解度即可，在此不再一一列出。

通过分析硫酸钠在不同浓度氯化钠溶液中的溶解特性，可知加入氯化钠后可以大大降低硫酸钠的溶解度，从而抑制盐胀的发生。图 3.2-17～图 3.2-19 为含盐量 2%，含水率分别为 5%、8%、11% 时土体中硫酸钠结晶量与氯化钠浓度的关系。

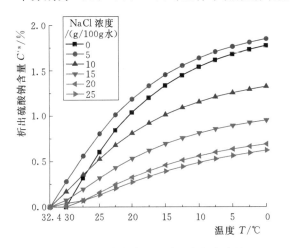

图 3.2-17　含水率 5% 时土体中硫酸钠
结晶量与氯化钠浓度的关系

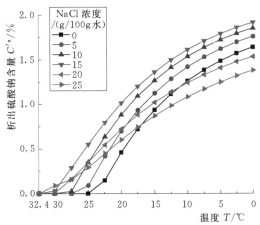

图 3.2-18　含水率 8% 时土体中硫酸钠
结晶量与氯化钠浓度的关系

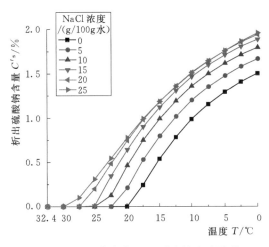

图 3.2-19　含水率 11% 时土体中硫酸钠
结晶量与氯化钠浓度的关系

从图 3.2-17 中可以看出，含盐量 2%、含水率 5% 时在氯化钠浓度为 0 的情况下土体初始状态处于第一种情况，温度从 32.4℃ 开始降低时土体内不会立即析出芒硝晶体，而是当温度降低到某一特定值时才开始析出芒硝晶体，加入氯化钠后降低了硫酸钠的溶解度，土体的初始状态从第一种情况开始向第二种情况靠近并过渡为第二种情况，当过渡到两种情况的临界值以后，从 32.4℃ 开始随温度降低土体便开始析出芒硝晶体。

图 3.2-17 中含水率 5%、氯化钠浓度为 0 时土体在 30℃ 后开始析出晶体；加入 5g/100g 水浓度的氯化钠后土体初始状态过渡为第二种情况，但初始条件下析出的晶体十分少，随着温度降低会立即析出大量芒

硝晶体，且析出量大于纯水中硫酸钠的析出量；当氯化钠浓度增大为 10g/100g 水、15g/100g 水、20g/100g 水、25g/100g 水后，由于硫酸钠溶解度进一步被降低，土体初始状态一直处于第二种情况，且随氯化钠浓度增高，初始条件下析出的芒硝晶体增多，土体内可用于后期产生芒硝结晶的液态含水率逐渐减少，因此尽管温度降低即会析出芒硝晶体，但芒硝的析出量却逐渐减小，低于氯化钠浓度为 0 时芒硝的析出量。

对比图 3.2-17~图 3.2-19，可以看出：尽管土体中硫酸钠的含量一直为 2%，但随着含水率从 5% 增大至 8%、11%，土体内硫酸钠的浓度逐渐降低，因此氯化钠浓度为 0 时土体析出芒硝晶体的临界温度逐渐降低，芒硝结晶量也逐渐减少。同时可以看出，随着含水率增大土体初始状态向第一种情况偏移：含水率 5% 时只有氯化钠浓度为 0 时土体初始状态处于第一种情况，氯化钠浓度不为 0 的土体初始状态均处于第二种情况，且氯化钠浓度为 10g/100g 水、15g/100g 水、20g/100g 水、25g/100g 水时土体初始条件下析出较多芒硝晶体，后期随温度降低析出晶体量较少；含水率 8%，氯化钠浓度为 0g/100g 水、5g/100g 水、10g/100g 水、15g/100g 水时土体初始状态均处于第一种情况，析出芒硝晶体的临界温度随氯化钠浓度增大而逐渐升高，硫酸钠结晶量也逐渐增大，只有氯化钠浓度为 20g/100g 水、25g/100g 水的土体初始状态处于第二种情况，初始条件下析出部分芒硝晶体，温度降低时即会析出晶体，但析出速率和析出量较低浓度（氯化钠浓度）土体要小一些，温度较低时芒硝析出量低于氯化钠浓度为 0 的析出量；含水率 11%，氯化钠浓度为 0g/100g 水、5g/100g 水、10g/100g 水、15g/100g 水、20g/100g 水、25g/100g 水条件下所有土体的初始状态均处于第一种情况，析出芒硝晶体的临界温度随氯化钠浓度增大逐渐升高，硫酸钠结晶量也依次增大，氯化钠浓度为 0 时芒硝析出量最少，氯化钠浓度为 25g/100g 水时芒硝析出量最大。

众所周知，加入氯化钠后会降低硫酸钠的溶解度，因而普遍认为土体中加入氯化钠后会抑制硫酸盐渍土盐胀的发生或降低土体的盐胀率，部分地区在硫酸盐渍土病害治理中已采用此种方法。然而，从上面的分析可以看出，并非所有硫酸盐渍土加入氯化钠后都会抑制盐渍土的盐胀，只有特定含盐量、含水率及特定温度变化范围内的硫酸盐渍土加入氯化钠才能抑制盐胀，而在不利的环境中（图 5-19）则有可能加速和加大盐胀的发生。因此，在硫酸盐渍土病害的治理过程中，应首先查明土体内含盐量、含水率及温度变化等因素，然后分析是否可以采用加入氯化钠的方法抑制土体盐胀，最后再采用合理的方式治理盐渍土病害。

4. 硫酸钠结晶量随土体初始温度的变化规律

本章第 3 节讨论了理想条件下硫酸盐渍土在不同含盐量和不同含水率情况下析出芒硝晶体的规律，讨论中假设土体初始状态处于 32.4℃ 的环境中。然而，实际工程或试验研究中土体的初始条件温度往往低于 32.4℃，因而土体初始条件下可能已析出部分芒硝晶体，后期盐胀发生的温度通常都低于 32.4℃，盐胀量也可能远小于从 32.4℃ 起得到的盐胀量。

为了能够与硫酸盐渍土的实际盐胀过程相符合，本小节讨论土体（试样）初始温度条件不同时硫酸钠的结晶规律。同理想情况下（32.4℃）硫酸钠结晶规律相同，此处亦采用析出的硫酸钠含量作为硫酸钠结晶量的衡量指标，土体初始状态仍分为三种情况（第三种情况不做讨论），判断依据参照式（3.2-33）和式（3.2-34），式中温度取初始条件下土体的实际温度。判定土体初始状态后，析出硫酸钠含量的计算方法与理想情况下计算方法相同，只是将原来 32.4℃ 条件下硫酸钠的溶解度 48.4g/100g 水换为土体实际温度下硫酸钠的溶解度。具体见式（3.2 - 41）和式（3.2 - 42）（式中 T 取土体实际初始状态的温度）：

第一种情况：
$$C^s_{Na_2SO_4} = C_{Na_2SO_4} - \frac{(4.157e^{T/13.21877} + 0.352)w}{100} \qquad (3.2-41)$$

第二种情况：
$$C^s_{Na_2SO_4} = \frac{w - 1.267C_{Na_2SO_4}}{100/(4.157e^{T/13.219} + 0.352) - 1.267}$$
$$- \frac{\xi_{Na_2SO_4}\left[w - 1.267\left(C_{Na_2SO_4} - \dfrac{w - 1.267C_{Na_2SO_4}}{100/(4.157e^{T/13.219} + 0.352) - 1.267}\right)\right]}{100}$$
$$(3.2-42)$$

本次不同初始温度土体结晶规律讨论设置含水率为 8%，含盐量分别为 1%、3%、5% 三种工况，土体初始温度分别设置为 32.4℃、25℃、20℃、15℃，探究不同初始温度条件下土体中硫酸钠的结晶规律。图 3.2 - 20～图 3.2 - 22 所示为含水率 8%，含盐量分别为 1%、3%、5% 条件下不同初始温度时土体中硫酸钠的结晶规律。

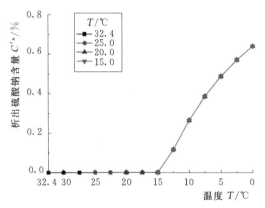

图 3.2 - 20　含盐量 1% 不同初始温度
土体中硫酸钠的结晶量

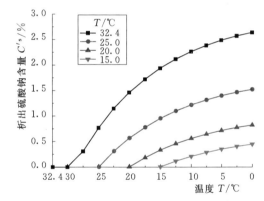

图 3.2 - 21　含盐量 3% 不同初始温度
土体中硫酸钠的结晶量

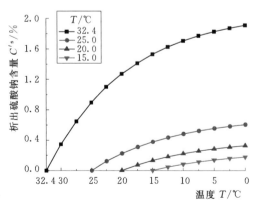

图 3.2 - 22　含盐量 5% 不同初始
温度土体中硫酸钠的结晶量

从图 3.2 - 20 可以看出，含盐量较小时，由于土体内硫酸钠的浓度较低，在较高温度条件下土体内不会析出芒硝晶体。这种情况下土体初始温度虽然有所不同，但土体析出芒硝晶体的温度均小于土体初始温度，因而土体结晶规律完全相同，4 条不同初始温度条件下曲线完全重合。

随着含盐量增大，土体内硫酸钠浓度升高，土体析出芒硝晶体对应的温度有所提高（图 3.2 - 21）。对于初始温度较高（32.4℃）的土体来说处于初始状态第一种情况，在低于初始温度后的某一特定温度土体中硫酸钠会充分结晶产生芒硝晶体，因而硫酸钠的结晶量很大。对于初始温度较低（25℃、20℃、15℃）的土体来说处于初始状态第二种情况，温度降低则土体内会立即析出芒硝晶体，但由于初始条件下已有部分芒硝晶体析出，后期芒硝晶体的析出量有所减少。这种情况下随着土体初始温度降低硫酸钠的结晶量逐渐减小。

当含盐量增大到一定值后（图 3.2-22），土体内硫酸钠的浓度急剧升高，土体初始状态均处于第二种情况，温度降低时土体内即会析出芒硝晶体。但由于含盐量过大，土体初始状态下已析出大量芒硝晶体，因此后期降温过程析出芒硝的晶体有所减少，少于同温度下图 3.2-21 中含盐量为 3% 时硫酸钠的结晶量。这种情况随着土体初始温度降低硫酸钠的结晶量也是逐渐减小的。

由以上计算分析可知，初始温度对土体中芒硝晶体析出量的影响很大，3% 含盐量时初始温度 32.4℃ 土体内析出芒硝晶体质量为初始温度 20℃ 土体的 5 倍之多，5% 含盐量时初始温度 32.4℃ 土体内析出芒硝晶体质量为初始温度 20℃ 土体的 9 倍之多。因此，可以通过提前降温使土体内硫酸钠早期结晶，以减少后期土体的盐胀，减小硫酸盐渍土盐胀的危害。同时，从以上分析中也可以看出，当土体内硫酸钠含量超过某一特定值时，随着含盐量增大土体内硫酸钠的结晶量也逐渐减少，亦可用此法抑制盐胀的发生。

5. 土体内硫酸钠结晶的临界含水率与临界含盐量

同临界结晶温度一样，土体处于不同初始状态时其内部的硫酸钠结晶也存在临界含水率与临界含盐量。临界含水率与临界含盐量对分析硫酸钠结晶规律及盐渍土的盐胀率有着重要影响，同时可以根据该临界值从理论上判断盐渍土是否存在盐胀的可能性，因此探讨土体内硫酸钠结晶的临界含水率和临界含盐量有着较为重大的意义。

（1）土体内硫酸钠结晶的临界含水率。土体处于某种状态时，其内部盐溶液恰好处于饱和状态，若降低土体含水率，硫酸钠就会结合水分子析出芒硝晶体，此时的含水率即为该状态下硫酸钠结晶的临界含水率。根据临界含水率的定义，结合前面硫酸钠的结晶规律分析，可知不同状态下土体的临界含水率：

$$w_0 = \frac{100 C_{\text{Na}_2\text{SO}_4}}{\ln(1.007 + 3.451^{-4} T) c^2 + c/(0.075T - 3.016) + 4.157 e^{T/13.21877} + 0.352}$$

$$(3.2-43)$$

式中：w_0 为硫酸钠结晶的临界含水率。

利用式（3.2-43）进行计算，即可得到不同硫酸钠含量、不同氯化钠浓度和不同温度条件下土体发生盐分结晶对应的临界含水率，进而可以得出临界含水率随各因素的变化规律。

图 3.2-23 和图 3.2-24 所示分别是氯化钠浓度为 0g/100g 水、10g/100g 水时土体临界含水率随含盐量（硫酸钠含量）的变化关系。可以看出，不同氯化钠浓度土体中硫酸钠结晶对应的临界含水率随含盐量和温度变化表现出相同的规律：含盐量增大时土体结晶的临界含水率不断增大，温度降低时土体结晶的临界含水率逐渐增大，且增大幅度逐渐加大。

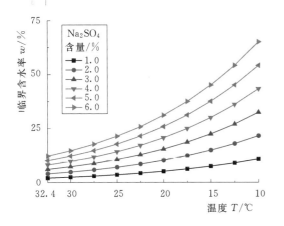

图 3.2-23　氯化钠浓度为 0g/100g 水时
土体中硫酸钠结晶的临界含水率

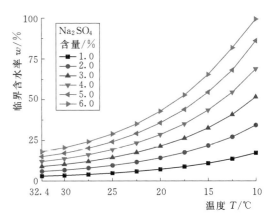

图 3.2-24　氯化钠浓度为 10g/100g 水时
土体中硫酸钠结晶的临界含水率

对比不同含盐量土体结晶的临界含水率，可以看出临界含水率随含盐量增大成正比例增大，这一点从临界含水率的计算式中也可以得出。由于温度降低过程中临界含水率的增大幅度逐渐加大，初始条件下不同含盐量土体的临界含水率相差较小，温度较低时已相差较大，例如氯化钠浓度为 10g/100g 水条件下，32.4℃时含盐量 1.0% 与 6.0% 土体临界含水率相差仅约 15%，而 10℃时两种土体的临界含水率相差可达 85%，这进一步表明温度较低时硫酸钠结晶量较小，含盐量不同时临界含水率相差很大。

图 3.2-25 和图 3.2-26 所示分别是含盐量为 1%、3% 时土体临界含水率随氯化钠浓度的变化关系。可以看出，不同含盐量土体中硫酸钠结晶对应的临界含水率随氯化钠浓度和温度变化也表现出相同的规律：氯化钠浓度增大时土体结晶的临界含水率不断增大，温度降低时土体结晶的临界含水率逐渐增大，且增大幅度逐渐加大。对比不同氯化钠浓度土体的临界结晶含水率，可以看出随氯化钠浓度增大，土体的临界含水率增大幅度逐渐减小，当氯化钠浓度增大到一定程度后，继续增大其浓度时土体临界含水率将不再变化，图 3.2-25 和图 3.2-26 中氯化钠浓度为 20g/100g 水的土体与浓度为 25g/100g 水的土体在

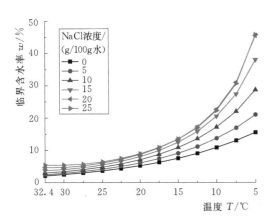

图 3.2-25　含盐量 1% 土体中硫酸钠
结晶的临界含水率

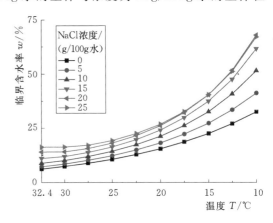

图 3.2-26　含盐量 3% 土体中硫酸钠
结晶的临界含水率

温度低于 25℃后临界含水率几乎相同。

（2）土体内硫酸钠结晶的临界含盐量。土体处于某种状态时，其内部盐溶液恰好处于饱和状态，若增大土体含盐量（硫酸钠含量）就会析出芒硝晶体，此时的含盐量称为硫酸钠结晶的临界含盐量。根据临界含盐量的定义，结合前面硫酸钠的结晶规律分析，可知不同状态下土体的临界含盐量可采用式（3.2－44）计算得到：

$$C_{Na_2SO_4}^0 = \frac{w\left[\ln(1.007+3.451^{-4}T)c^2+c/(0.075T-3.016)+4.157e^{T/13.21877}+0.352\right]}{100}$$

$$(3.2-44)$$

式中：$C_{Na_2SO_4}^0$ 为硫酸钠结晶的临界含水率。

同样，利用式（3.2－44）即可得到不同含水率、不同氯化钠浓度和不同温度条件下土体内硫酸钠结晶时对应的临界含盐量，进而可以得出临界含盐量随各因素的变化规律。

图 3.2－27 和图 3.2－28 所示分别是氯化钠浓度为 0g/100g 水、10g/100g 水时土体临界含盐量（硫酸钠含量）随含水率的变化关系。可以看出，不同氯化钠浓度土体中硫酸钠结晶对应的临界含盐量随含水率和温度变化表现出相同的规律：含水率增大时土体结晶的临界含盐量不断增大，温度降低时土体结晶的临界含盐量逐渐减小。对比不同含水率土体的临界结晶含盐量，同样可以看出临界含盐量随含水率增大成正比例增大，这一点从临界含盐量的计算式〔式（3.2－44）〕中也可以得出。由于温度降低和氯化钠浓度的增大都降低了硫酸钠的溶解度，因而温度较低和氯化钠浓度较大的情况下土体只需要较小的含盐量就可以析出芒硝晶体，即土体结晶的临界含盐量随温度降低和氯化钠浓度增大而降低。同土体结晶的临界含水率相反，初始条件下不同含水率土体的临界含盐量相差较大，随着温度降低，不同含水率土体的临界结晶含盐量逐渐趋近。

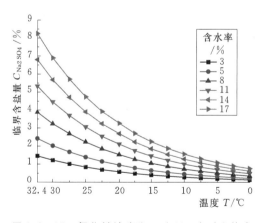

图 3.2－27　氯化钠浓度为 0g/100g 水时土体中
硫酸钠结晶的临界含盐量

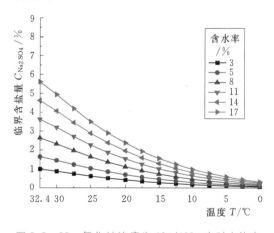

图 3.2－28　氯化钠浓度为 10g/100g 水时土体中
硫酸钠结晶的临界含盐量

图 3.2－29 和图 3.2－30 所示分别是含水率为 5％、8％时土体临界含盐量随氯化钠浓度的变化关系。可以看出，不同含水率土体中硫酸钠结晶对应的临界含盐量随氯化钠浓度和温度变化也表现出相同的规律：氯化钠浓度增大时土体结晶的临界含盐量不断减小，温度降低时土体结晶的临界含盐量也逐渐降低，且降低幅度逐渐减小。这是因为，增大氯化

钠浓度和降低温度都能减小硫酸钠的溶解度，只需较小的含盐量便可以使溶液处于饱和状态或析出芒硝晶体，因而减小了土体结晶的临界含盐量。

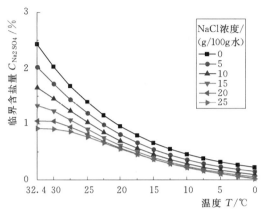

图 3.2-29　含水率 5% 土体中硫酸钠结晶的临界含盐量

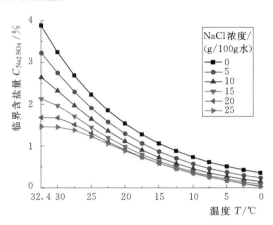

图 3.2-30　含水率 8% 土体中硫酸钠结晶的临界含盐量

对比不同氯化钠浓度土体的临界结晶含水率，同样可以看出随氯化钠浓度增大土体的临界含盐量降低幅度逐渐减小，当氯化钠浓度增大到一定程度后，继续增大其浓度时土体临界含盐量将不再变化，图 3.2-29 和图 3.2-30 中氯化钠浓度为 20g/100g 水的土体与浓度为 25g/100g 水的土体在温度低于 25℃ 后临界含盐量几乎相同。

6. **盐水比与硫酸钠的结晶规律**

由以上的计算分析可知，无论氯化钠浓度的大小，土体中硫酸钠的结晶规律和结晶膨胀量都与含水率、含盐量两个因素密切相关，二者以不同组合形式出现时土体内硫酸钠表现出不同的结晶规律，同时二者也各自影响着盐分结晶的临界含量。为了能够更好地描述土体中硫酸钠随含盐量与含水率的变化规律，引入盐水比的概念，定义土体的含盐量与含水率之比为盐水比（χ，无量纲），可知盐水比的定义式为

$$\chi = \frac{C_{Na_2SO_4}}{w} \tag{3.2-45}$$

$$\chi = \frac{C_{Na_2SO_4}}{w} = \frac{m_{Na_2SO_4}/m_s}{m_{水}/m_s} = \frac{m_{Na_2SO_4}}{m_{水}} \tag{3.2-46}$$

式中：χ 为盐水比；$m_{Na_2SO_4}$ 为土中硫酸钠的质量，g；$m_{水}$ 为土中水的质量，g；m_s 为土颗粒质量，g。

将盐水比的定义式进一步分解为式（3.2-46）的形式，可以看出，盐水比表示了土体中每单位质量水中所含硫酸钠的质量。由溶解度的定义知 100g 水中所含硫酸钠的质量即为其溶解度，因而可知当土体溶液处于饱和状态时，硫酸钠的溶解度在数值上等于盐水比的 100 倍。因此，可以利用盐水比来判断土体溶液初始条件下的饱和状态，进一步判定土体的初始状态，见式（3.2-47）～式（3.2-49）（同前面讨论的情况）。

第一种情况：

$$\chi \leqslant \left[\ln(1.007 + 3.451^{-4}T)c^2 + \frac{c}{0.075T - 3.016} + 4.157e^{T/13.21877} + 0.352\right]/100$$

$$(3.2 - 47)$$

第二种情况：

$$\chi > \left[\ln(1.007 + 3.451^{-4}T)c^2 + \frac{c}{0.075T - 3.016} + 4.157e^{T/13.219} + 0.352\right]/100$$

$$(3.2 - 48)$$

第三种情况：

$$\chi > 0.789 \qquad\qquad (3.2 - 49)$$

从式（3.2-47）～式（3.2-49）可以看出，在温度、氯化钠浓度一定的情况下，利用盐水比的概念就可以直接判定硫酸盐渍土的初始状态，为土体的理论盐胀规律提供依据。

判定土体初始状态后，根据前述分析方法，利用盐水比的概念将式（3.2-45）分别代入式（3.2-30）和式（3.2-40），即可得到不同初始状态硫酸盐渍土土体中硫酸钠的结晶规律。

第一种情况：

$$C_{Na_2SO_4}^s = C_{Na_2SO_4}\left(1 - \frac{\xi_{Na_2SO_4}}{100 \cdot \chi}\right)(C_{Na_2SO_4}^s < 0 \text{ 时，取 } C_{Na_2SO_4}^s = 0) \qquad (3.2 - 50)$$

第二种情况：

$$C_{Na_2SO_4}^s = C_{Na_2SO_4}\left\{\frac{(1/\chi - 1.267)}{0.799} - \frac{\xi_{Na_2SO_4} \cdot \left[1/\chi - 1.267\left(1 - \frac{1/\chi - 1.267}{0.799}\right)\right]}{100}\right\}$$

$$(3.2 - 51)$$

式（3.2-50）和式（3.2-51）中，取不同氯化钠浓度及不同初始温度条件的硫酸钠溶解度（$\xi_{Na_2SO_4}$），即可得到相应状态下土体中析出的硫酸钠含量，进一步计算得到土体的盐胀率。氯化钠浓度与土体初始温度以不同组合形式出现时，土体中硫酸钠的结晶规律不尽相同，为便于讨论，此处只探讨理想状态（$c = 0$，$T = 32.4℃$）下硫酸钠结晶规律与盐水比的关系。若土体处于非理想状态，可结合式（3.2-30）计算得到相应状态下硫酸钠溶解度，替代理想情况下硫酸钠的溶解度，即可得到非理想状态下硫酸钠结晶规律与盐水比的关系。

图3.2-31、图3.2-32、图3.2-33所示分别为含盐量1%、3%、5%条件下土体中硫酸钠结晶量与盐水比的关系。图例中 χ_{1-2} 为土体初始状态从第一种情况（土体内硫酸钠全部溶于水中以液态形

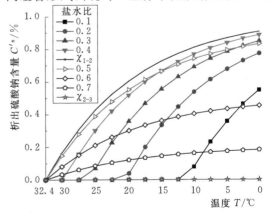

图3.2-31 含盐量1%土体中析出硫酸钠含量与盐水比的关系

式存在）向第二种情况（土体中硫酸钠以固态和液态两种形式存在）过渡的临界盐水比，称为第一临界盐水比；χ_{2-3} 为第二种情况向第三种情况（土体中硫酸钠全部以固态形式存在）过渡的临界盐水比，称为第二临界盐水比。图中实心图例为土体初始状态处于第一种情况时硫酸钠的析出规律，空心图例为土体初始状态处于第二种情况时硫酸钠的析出规律。

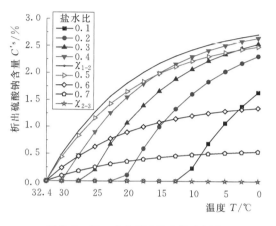

图 3.2-32　含盐量 3% 土体中析出
硫酸钠含量与盐水比的关系

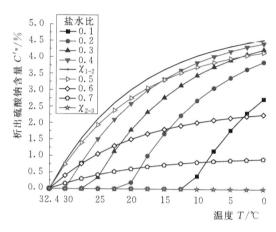

图 3.2-33　含盐量 5% 土体中析出
硫酸钠含量与盐水比的关系

从图 3.2-31～图 3.2-33 可以看出，当土体的盐水比较小时，初始状态下硫酸钠能够全部溶于水中，土体初始状态处于第一种情况，直到温度很低时才逐渐析出少量晶体，随着盐水比的增大，土体中盐分浓度也逐渐增大，硫酸钠结晶的温度逐渐升高，同时土体内析出的硫酸钠含量也随着盐水比的增大而增多。随着盐水比不断增大，土体初始状态开始从第一种情况逐渐向第二种情况过渡，至第一临界盐水比时土体中析出的硫酸钠含量最多。土体初始状态进入第二种情况后，由于初始状态下已有部分硫酸钠结晶析出，能够用于进一步结晶的水分有所减少，因而析出芒硝的含量有所减少，且盐水比的增大加剧了这种变化，因而处于第二种情况时随着盐水比增大土体析出的芒硝逐渐减少。进一步增大盐水比时土体开始从第二种情况向第三种情况过渡，至第二临界盐水比时初始状态下土体内的硫酸钠全部以固态形式存在，因而硫酸钠结晶量为 0，土体不会进一步析出芒硝晶体。

对比不同含盐量条件下硫酸钠析出量与盐水比的关系图，可以看出含盐量 1%、3%、5% 三种条件下的曲线形态完全相同，只是含盐量不同时析出的硫酸钠含量有所不同，进一步对比可知析出硫酸钠含量与土体的含盐量成正比。结合硫酸钠析出量与盐水比的关系［式（3.2-50）和式（3.2-51）］，可知不论土体初始状态处于何种情况，土体析出的硫酸钠含量均与含盐量成正比关系。这进一步说明了土体中硫酸钠的结晶规律只与土体的盐水比有关，含盐量只决定硫酸钠结晶量的多少。

通过以上分析，可知引入盐水比（χ）的概念后简化了硫酸钠结晶规律分析中的多因素影响，使得土体中硫酸钠的结晶规律只受单一因素盐水比的影响，概念更清晰，也更易于硫酸钠结晶规律的计算和分析。因此，盐水比概念的引入对分析硫酸盐渍土土体盐胀规律及盐胀率有着重要意义。

3.2.4　盐胀试验结果分析

按照表3.2-3所示的试验设计方案制取不同试验样品，分别进行降温条件下的土体盐胀试验，探究颗粒组成、干密度、含盐量、含水率等因素对土体盐胀性的影响，可以分析硫酸盐渍土随各因素变化的盐胀规律，为盐渍土盐胀预测提供基础资料依据。同时，依据上述硫酸钠的结晶规律计算得到不同土体的盐胀变形量，并与实际测试结果分析对比，可以修正硫酸盐渍土的盐胀量理论计算公式，探寻硫酸盐渍土盐胀变形的理论计算方法[85-86]。

3.2.4.1　硫酸盐渍土盐胀量随时间的变化关系

为了探究不同降温条件下硫酸盐渍土的膨胀变形稳定过程，在不同温度下观察土体随时间的变化规律（图3.2-34和图3.2-35），分别为2mm土样低密度试样和中密度试样在不同温度条件下盐胀量随恒温持续时间的变化规律。

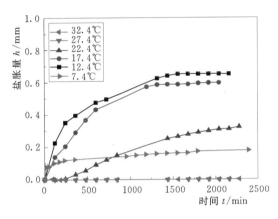

图3.2-34　2mm土样低密度试样盐胀量随时间变化关系

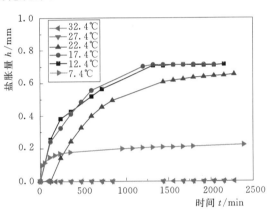

图3.2-35　2mm土样中密度试样盐胀量随时间变化关系

对比两种密度土样的膨胀变形情况，可知不同温度条件下两种土样的盐胀量随时间变化表现出十分相似的规律。初始条件下，环境（植物生长室）温度保持不变，由于试样一直处于32.4℃的恒温环境中，故试样不发生膨胀变形。环境温度降低为27.4℃时，试样基本也不发生变形，盐胀量几乎为零，主要由以下两种情况引起：

（1）当环境温度降低到27.4℃时，若土体内部孔隙液为饱和溶液则会慢慢析出芒硝晶体，但由于此结晶才刚开始，结晶量较小，且晶体主要沿孔隙生长，大部分结晶被孔隙吸收，结晶量较小则无法引起土体体积膨胀，土体盐胀变形对硫酸钠结晶会发生滞后现象。

（2）若孔隙液为非饱和溶液，温度降低虽然会引起溶解度降低，但不足以引起结晶或结晶量非常小，也不能引起土体的膨胀变形。当环境温度降低至22.4℃时，土体开始出现盐胀变形，且随着时间增大变形量逐渐增大，直至稳定。环境温度进一步降低为17.4℃和12.4℃时，硫酸钠溶解度进一步降低，土体出现了体量较大的膨胀变形，这是由于前期降温过程中土体孔隙已被结晶盐逐渐充填，后期降温过程的盐分结晶可直接引起土体骨架的大幅度膨胀，因而产生明显的盐胀变形。环境温度降低至7.4℃时，此时温度降低只能引起硫酸钠溶解度的小幅降低，不能再析出大量盐分晶体，故而此时土体的盐胀量变小，且膨胀稳定时间较短。

分析不同温度下试样膨胀变形的变化规律，可以看出，试样的膨胀变形主要集中在降温后的前 12 个小时内，后期随时间变化试样几乎处于稳定状态，膨胀量变化很小，试样结晶膨胀过程完成，进入稳定状态，直至进入下一个环境温度后再次发生变化。由于膨胀变形是一个逐步累积发生的过程，因而在某一温度下试样的变形量越大则膨胀稳定需要的时间就越长，否则就越短。

3.2.4.2　不同颗粒组成土样的盐胀变形

颗粒组成是土体最重要的性质指标之一，它决定了土体中不同粒度组分的含量及各粒组的矿物组成，对土体的比重、孔隙结构、胶结状态等都有着重要影响，进一步影响着土

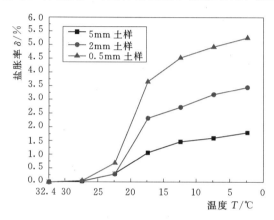

图 3.2-36　低密度状态下不同颗粒组成土样的盐胀变形

体的力学特性。因此，探究颗粒组成对盐渍土盐胀变形的影响有着重要意义，据此可预测不同颗粒组成盐渍土盐胀变形规律与盐胀破坏程度。

依据不同地层勘察结果，可知调查区土层为含大量砾、砂的粗粒盐渍土，鉴于此种原因本次试验将土样进行颗粒划分，分别过 5mm、2mm 和 0.5mm 筛，分别得到小于 5mm、小于 2mm 和小于 0.5mm 的粗、中、细三种不同颗粒组成的土样（即 5mm 土样、2mm 土样、0.5mm 土样）。按照不同颗粒组成土样的标准击实成果，以标准击实最大干密度为中间密度，分别制取各土样的低密度、中密度和高密度试样，最后进行盐胀变形试验研究。图 3.2-36、图 3.2-37 和图 3.2-38 所示分别为低密度、中密度和高密度状态下 5mm 土样、2mm 土样和 0.5mm 土样在降温条件下的土体盐胀变形关系。

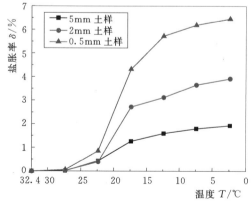

图 3.2-37　中密度状态下不同颗粒组成土样的盐胀变形

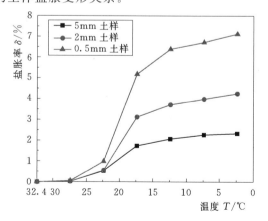

图 3.2-38　高密度状态下不同颗粒组成土样的盐胀变形

从图 3.2-36～图 3.2-38 可以看出，低密度、中密度和高密度状态下各土样的盐胀变形都表现出相同的规律，即 5mm 土样盐胀变形量最小，2mm 土样次之，0.5mm 土样盐胀变形量最大。5mm 土样中含有大量粗颗粒，粗颗粒自身盐分含量较少，且在压实过程中容易形成大孔隙，为盐分结晶提供了空间，而在初始条件下不引起盐胀变形，故而盐胀变形量较小。0.5mm 土样含有大量细颗粒物质，细颗粒自身盐分含量较高，压实土样的大孔隙较少，主要以中小孔隙为主，盐分结晶主要发生在土体颗粒接触点上，可直接引起土体发生盐胀变形，因而盐胀变形量较大。2mm 土样既含有一定量粗颗粒，又含有一定量的细颗粒，压实后形成大小不同的孔隙，盐分结晶后一部分充填于颗粒孔隙之间，一部分则引起土体颗粒骨架的膨胀变形，因而其盐胀变形量介于 5mm 土样和 0.5mm 土样盐胀变形量之间。

盐胀试验结果表明，土体中粗颗粒含量越大则土体越不容易发生盐胀变形，土体的盐胀破坏程度就越小，因而工程建设中可以在盐渍化严重的地区加入粗颗粒以改善土体性质，抑制盐胀病害，同时也可以提高土体的密实度，进一步改善土体的物理力学性质。

3.2.4.3 不同干密度土样的盐胀变形

密度是土体的基本性质指标之一，它直接影响着土体的孔隙状态，对土体的工程特性有着较大影响，不同密度土体的盐胀变形特性也有所不同。图 3.2-39、图 3.2-40 和图 3.2-41 所示分别为三种土样不同干密度试样的盐胀变形曲线。

从图 3.2-39～图 3.2-41 可以看出，5mm 土样、2mm 土样和 0.5mm 土样的盐胀变形也表现出相同的规律：低密度土样的盐胀变形量最小，高密度土样的盐胀变形量最大，中间密度土样盐胀变形量介于中间。分析可知，低密度土样的压密程度较低，土体孔隙比较大，土体中存在更多的大孔隙，土体颗粒间相对距离也较大，盐分结晶体可部分分布在大孔隙中，颗粒接触点的盐分结晶达到一定程度后才能引起土体的盐胀变形；相反，高密度土样的压密程度很大，土体孔隙比很小，大孔隙很少，且土体颗粒间的相对距离也很小，盐分结晶后可直接引起土体颗粒骨架膨胀导致盐胀发生，因此盐胀变形量较大。

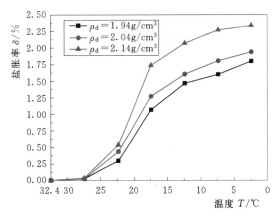

图 3.2-39　5mm 土样不同干密度试样的盐胀变形

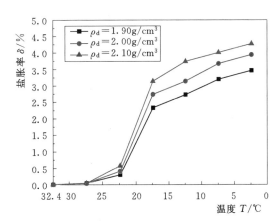

图 3.2-40　2mm 土样不同干密度试样的盐胀变形

土体密度是影响土体力学特性的重要因素之一，对于一般土体而言，密度越大对工程建设越有利，这是因为密度越大则土体的压密程度越好，孔隙性减小，胶结程度增强，力学性能也就越好。然而，对于具有盐胀性的盐渍土而言，在含盐量相同的条件下增大土体密度会在一定程度上增大土体的盐胀变形量，对工程建设产生不利影响。因此，盐渍土地区工程建设应考虑地基密实度的合理取值，以达到力学特性和盐胀变形两者统一的目的。

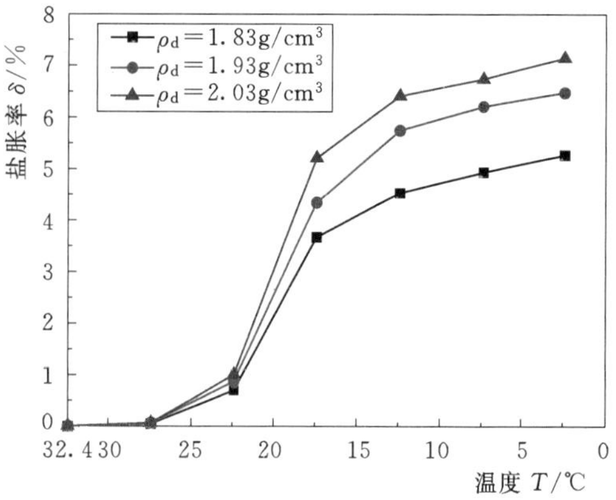

图 3.2-41   0.5mm 土样不同干密度试样的盐胀变形

3.2.4.4   不同含盐量土样的盐胀变形

盐分是引起盐渍土发生盐胀的根本原因，盐分类别和含量则决定了盐胀变形及其变化规律，控制着盐胀发生、发展直至稳定的整个过程，对土体的盐胀起着决定性作用。探究不同含盐量条件下土体的盐胀变形规律对盐渍土地区盐胀分析和预测有着重要意义，同时也是盐渍土地基勘察中不可或缺的内容。

由 3.2.4.4 节中硫酸钠的结晶特性分析可知，尽管含盐量越多可提供越多的盐分结晶来源，但实际情况的盐胀量下往往受到含水率的限制，含水率太小或太大都不能形成盐分结晶。在一定含水率范围内，硫酸钠结晶量随含盐量增大而增大，而在含水率较小的情况下，因含盐量过大后溶液处于过饱和状态，此时析出的盐分晶体反而减少。因此，在其他条件相同的情况下，硫酸盐渍土盐胀变形受到含盐量和含水率组合型式的控制。

图 3.2-42、图 3.2-43 和图 3.2-44 所示分别为 5mm 土样、2mm 土样和 0.5mm 土样在不同含盐量条件下的盐胀变形特性。对于同一种土样来说，含水率和干密度均相同，只是含盐量有所差别，可以看出：5mm 土样和 2mm 土样的盐胀率都随含盐量增大而增大，土体含盐量的增大为盐胀的发生提供了丰富的物质基础，随着含盐量增大土体盐胀率不断增大；0.5mm 土样则表现出随含盐量增大盐胀率先增大后减小的规律，加盐 1.0% 时土样的盐胀变形最大，此时盐胀率已到达 10.5%，盐分含量再度增加后土样的盐胀变形反而变小，这是因为细粒土自身含盐量较大，随着盐分增大其含盐量较高，结合土中水分形成了大量的结晶盐，发生了较大的盐胀变形，对于含水率一定的土体来说，含盐量进一步增大后没有更多的水分用于盐分吸水结晶，因而盐胀变形逐渐减小。

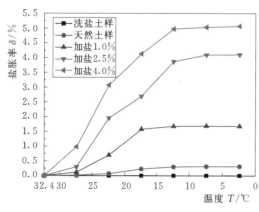

图 3.2-42   5mm 土样不同含盐量试样的盐胀变形

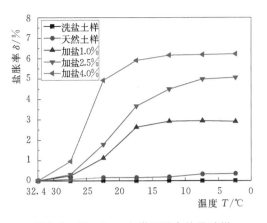

图 3.2-43 2mm 土样不同含盐量试样
的盐胀变形

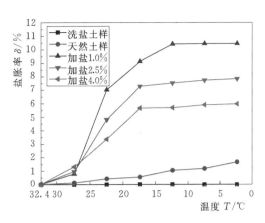

图 3.2-44 0.5mm 土样不同含盐量试样
的盐胀变形

对比三种土样盐胀率随含盐量的变化关系，可以看出，在同一含盐量条件下，土样颗粒越细则土体盐胀变形越大，进一步反映出细粒土具有较高的盐胀变形。一般认为，土体内含盐量越大对工程建设造成的危害就越大，通过前文中硫酸钠的结晶特性分析和本次试验验证可知，在含水率一定的条件下土体盐胀变形存在极大值，即在某一含盐量条件下土体会出现最大盐胀率，盐分进一步增多则土体的盐胀变形减小。由此，可以寻求到一条在干旱半干旱盐渍土化严重地区的盐胀病害防治途径，即保持采取放水措施保持地基干燥，可以有效防治盐胀。

3.2.4.5 不同含水率土样的盐胀规律

如前所述，在土体材料一定的条件下，土体盐胀量受含水率和含盐量组合型式的决定性控制，含水率为盐分的结晶或溶解提供了重要物质来源，因而严重影响着土体的盐胀变形。为此，选择向天然土样中加入 1.5% 的硫酸钠，在含盐量一定的情况下探究不同含水率试样的盐胀变形情况。

图 3.2-45、图 3.2-46 和图 3.2-47 所示分别为 5mm 土样、2mm 土样和 0.5mm 土样在不同含水率条件下试样的盐胀变形曲线。可以看出，在添加相同盐分的条件下，不同土样的盐胀变形随含水率增大表现出不同的现象：

（1）粗粒土（5mm 土样）的盐胀率随着土体含水率增大而减小，含水率 7% 时土样盐胀率约为 1.6%，当含水率增大至 15% 时，土体盐胀率降低至 0.3% 左右，这是因为随着含水率不断增大，土体的孔隙溶液饱和度越低，析出盐分晶体的能力越来越差，故而盐胀变形逐渐减小。

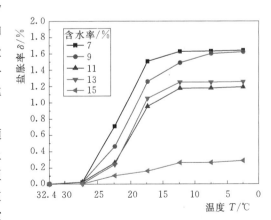

图 3.2-45 5mm 土样不同含水率试样
的盐胀变形

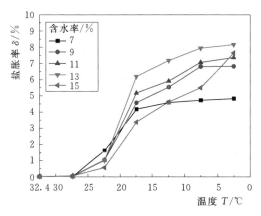 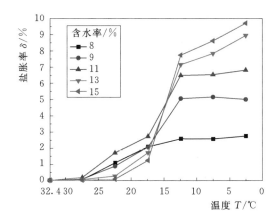

图 3.2 - 46　2mm 土样不同含水率试样的盐胀变形　图 3.2 - 47　0.5mm 土样不同含水率试样的盐胀变形

（2）细粒土（0.5mm 土样）在 27.4～17.4℃范围内降温时土体盐胀率随含水率增大呈现先增大后减小的规律，在 17.4～0.0℃范围内降温时土体盐胀率随含水率增大呈现逐渐增大的规律。出现这种现象是因为在 27.4～17.4℃范围内降温时土体中含有一定的盐分，对于含水率很低的土样来说，土体溶液过饱和程度太高，因而析出盐分晶体较少，随着含水率增大土体溶液过饱和程度降低，析出盐分晶体逐渐增多，土体盐胀率有所提高，随着含水率进一步增大，土体溶液逐渐变为不饱和，且不饱和程度增大，因而析出盐分晶体逐渐减少。在 17.4～0.0℃范围内降温时土体中盐分溶解度已经很低，土体溶液都变为过饱和溶液，测试过饱和程度越低，则越容易析出盐分晶体，同时含水率高的土样可以提供足够的水分结合盐分析出晶体，因而含水率较大的土样盐胀变形较大。

（3）中粒土（2mm 土样）介于粗粒土和细粒土之间，其盐胀变形规律则表现为从粗粒土到细粒土的过渡形态。

综合前文中不同含盐量条件下土样的盐胀变形特性和本节不同含水率条件下土样的盐胀变形特性，可知硫酸盐渍土的盐胀性受含盐量和含水率组合型式的共同影响，不同含水率条件下盐胀变形随含盐量变化形式有所不同，不同含盐量条件下盐胀变形随含水率的变化形式也有所不同，因此用单一的含水率或含盐量都难以描述硫酸盐渍土的盐胀变形特性。为此，需要寻求能够统一含水率和含盐量这两个因素的变量，以描述盐渍土盐胀变形随二者的变化关系。分析可知，上文中提出的盐水比可以将含盐量和含水率进行统一，能够很好地描述硫酸盐渍土随含盐量和含水率共同变化的规律，具有一定的先进性，可用于盐渍土盐胀变形的预测和盐胀危害程度的评价。

3.2.4.6　盐渍土盐胀变形规律试验验证

按照本次盐胀试验设计，进行了不同颗粒组成、干密度、含盐量和含水率等控制条件下的试样盐胀变形测试研究，揭示了土体盐胀变形随各因素的变化规律，可以为盐渍土盐胀病害预测和防治提供一定的依据。为了验证上述各因素对盐胀变形规律影响的正确性，采用 2mm 土样在同一批试验中分别测试不同干密度、不同含盐量和不同含水率条件下盐渍土的盐胀变形特性，以验证盐胀性测试结果的可靠性。

图 3.2-48 所示为 2mm 土样在不同干密度条件下降温过程中试样的盐胀变形曲线。可以看出，干密度小的土样盐胀率较小，起胀时间也有所滞后；相反，密度大的土样盐胀率大。降温开始后就逐渐发生盐胀变形，盐胀变形主要发生在 27.4～12.4℃ 的降温范围内。由前述分析可知，土样密度越小则土体孔隙比越大，压密程度越小，盐分结晶一部分用来填充孔隙，同时低密度土样颗粒之间接触点较松且胶结，少量盐分结晶不易引起土体的盐胀变形，故而密度小的土样盐胀率较小，这与前期不同土样干密度试样的测试结果相同，进一步验证了测试结果的正确性，也说明了干密度对土体盐胀变形影响的一般规律。

图 3.2-49 所示为 2mm 土样在不同含盐量条件下试样的盐胀变形曲线。可以看出，在含水率相同的条件下，硫酸盐渍土的盐胀变形量随着含盐量增大呈现先增大后减小的规律。同时，由于土体含盐量增大后会析出大量盐分晶体，随着盐分含量的增加，土体的盐胀变形在降温后立即发生，滞后性较小。这与前期不同含盐量土体的测试结果也相同，证明了试验结果的可靠性与正确性。

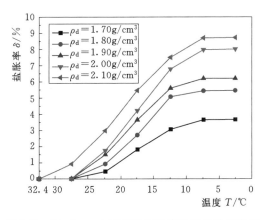

图 3.2-48　2mm 土样不同干密度试样的盐胀变形

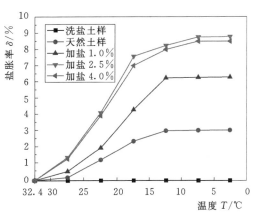

图 3.2-49　2mm 土样不同含盐量试样的盐胀变形

图 3.2-50 所示为 2mm 土样添加 1.5％ 硫酸钠盐分后在不同含水率条件下试样的盐胀变形曲线。可以看出，与前期测试结果相同，在某一含盐量条件下，随着含水率的增大土体盐胀变形也呈现先增大后减小的规律，盐胀变形量的土样起始盐胀时间也较短，同样也验证了前期不同含水率测试结果的准确性。当然，土体盐胀呈现先增大后减小的规律是由于土体的含盐量处于一个中间水平，若含盐量很小，则土体盐胀变形随含水率增大会不断减小；若土体含盐量很大，含水率增大后恰好能够提供盐分结晶所需水分，此时土体盐胀变形则会随着含水率增大而不断增大。

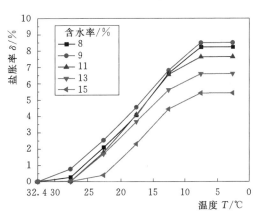

图 3.2-50　2mm 土样不同含水率试样的盐胀变形

3.2.5 小结

通过阐述盐渍土的盐胀机理与不同土体的盐胀变化规律及其应用研究，本书综述了盐渍土盐胀的研究进展与成果。在此基础上，从理论上分析了含氯化钠溶液中的硫酸钠结晶规律，计算得到不同条件下硫酸钠的临界结晶温度、临界含盐量和临界含水率，分析了硫酸钠结晶量随土体初始温度、氯化钠浓度等的变化规律，得到降温条件下各温度值对应的硫酸钠结晶量，从理论上得到了硫酸盐渍土不同组合条件下发生盐胀的临界含盐量、临界含水率和起胀温度，为土体盐胀的预测和防治提供了重要的理论依据。由于盐渍土的盐胀变形受含盐量和含水率两个因素的组合控制，本次提出了盐水比的概念，统一了含盐量和含水率两个变量，使得盐胀影响因素更为直观和便于理解。最后，通过模拟试验室内测试了不同颗粒组成、不同干密度、不同含盐量和不同含水率试样在降温过程中的盐胀变形特性，探讨了各因素对盐渍土盐胀变形的影响和各因素控制下盐渍土的盐胀变形规律。通过以上分析和试验测试，得到以下结论：

（1）硫酸钠在土体内部的初始存在状态及结晶规律可以分为三种情况：①初始条件下硫酸钠浓度低于其溶解度时，土中硫酸钠全部以液态形式存在，随着温度降低，当溶液浓度大于硫酸钠的溶解度时析出芒硝晶体，能够产生盐胀；②初始条件下硫酸钠浓度大于该温度下的溶解度但过饱和程度较低时，部分硫酸钠结合 10 个水分子以芒硝的形式存在，土中硫酸钠以固态芒硝和液态硫酸钠溶液两部分形式存在，温度降低时会继续析出芒硝晶体，能够产生较小的盐胀；③初始条件下硫酸钠浓度大于该温度下的溶解度且过饱和程度很高时，硫酸钠与水的质量比已经超过芒硝晶体中硫酸钠与结合水的比值 0.789，硫酸钠全部以固态形式存在，温度降低时也不会析出芒硝晶体，不会产生盐胀。

（2）只有特定含盐量、含水率及特定温度变化范围内的硫酸盐渍土加入氯化钠才能抑制盐胀，而在不利的环境中则有可能加速和加大盐胀的发生。因此，在硫酸盐渍土病害的治理过程中，应首先查明土体内含盐量、含水率及温度变化等因素，然后分析是否可以采用加入氯化钠的方法抑制土体盐胀，最后再采用合理的方式治理盐渍土病害。

（3）土体初始温度对芒硝晶体析出量有很大影响，初始温度越高越有利于硫酸盐渍土盐胀的发生，因此可通过提前降温使土体内硫酸钠早期结晶，以减少后期土体的盐胀，减小硫酸盐渍土盐胀的危害。

（4）含盐量越大，硫酸钠结晶的临界含水率越大，含水率越大，硫酸钠结晶的临界含盐量越大，硫酸钠结晶状态受含盐量和含水率组合型式的控制，盐水比概念的提出统一含盐量和含水率对硫酸钠结晶的影响，利用这一概念可以直接判断硫酸盐渍土的初始状态，并能有效分析和预测硫酸钠的结晶情况。

（5）相同密实状态下，粗颗粒盐渍土的盐胀变形量较小，细颗粒盐渍土的盐胀变形量较大。

（6）压密程度很大时盐分结晶会引起明显的土体膨胀变形，高密度土样的盐胀率明显大于低密度土样。

（7）含水率相同状态下，土体盐胀变形随含盐量增大存在一个极大值，在某一含盐量条件下土体会出现最大盐胀率，含盐量进一步增大则会引起土体盐胀变形的减小。

（8）当土体具备一定的含盐量时，其盐胀变形随含水率增大表现为先增大后减小的规律，即土体盐胀率随含水率增大存在一个极大值。

3.3 盐渍溶陷性

大量的试验研究及工程实践表明，含有易溶盐（Na_2SO_4、$MgSO_4$、$NaCl$ 等）的土体，其物理、力学性质在温度、含水率等环境条件改变时可产生变化。盐渍土的溶陷即是在受水浸时土中结晶盐被渗流溶解带走、在自重压力或附加压力作用下伴随土体结构破坏、物质成分流失而造成土体变形下沉，使得盐渍土地区修筑的许多建筑物产生严重破坏。因此，盐渍土产生的溶陷病害已成为土建工程中的严重病害之一。

3.3.1 盐渍土溶陷性研究概况

3.3.1.1 盐渍土溶陷机理研究

盐渍土的溶陷是指盐渍土受水浸时土中结晶盐被渗流溶解带走、在自重压力或附加压力作用下伴随土体结构破坏、物质成分流失而造成土体变形下沉的现象，图 3.3-1 为盐渍土溶陷过程示意图。

根据盐渍土浸水时间的长短及土体物质成分流失状况，可将盐渍土溶陷分为两种：①当水浸时间不长，水量不多时，水使土中的部分或全部盐晶体溶解，在荷载作用下（包括自重压力）导致土体结构破坏，强度降低，土颗粒重新排列，土内孔隙减小，产生溶陷，即静水中的溶陷变形，溶陷量的大小取决于浸水量、土中盐分的性质和含量以及土的原始结构状态等[99]；②当浸水时间长，浸水量很大并形成渗流时，土体部分固体颗粒被渗流液带走，产生潜蚀，潜蚀导致

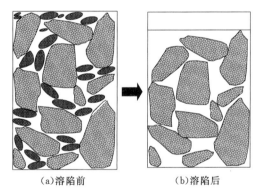

(a)溶陷前　　　　　　(b)溶陷后

图 3.3-1　盐渍土溶陷过程示意图

盐渍土土体孔隙率增大，在荷载作用下产生附加溶陷变形，称为潜蚀变形，此为渗流溶陷。其溶陷量除与浸水量、浸水时间、土中盐分类别和原始结构状态等有关外，还与水的渗流速度有关。

盐渍土的溶陷机理与黄土的湿陷机理有类似之处，即浸水导致土体连接强度降低，土体结构坍塌。两者的区别之处在于盐渍土的结构强度的降低完全是由于土颗粒连接处的盐结晶被水溶解。当浸水时间长、地下水力梯度大且水源充足的情况下，盐渍土的部分颗粒将被带走，产生潜蚀。由于水的渗流而造成的潜蚀溶陷，是盐渍土与非盐渍土地基沉陷的本质区别，而且也是盐渍土溶陷的主要部分，对砂石类盐渍土尤其如此，这是因为土体中的易溶盐和中溶盐在无离子水的不断作用下，溶解并迁出土体，使得它们所胶结的团粒分散开来，形成粒径较小的颗粒，并填充于孔隙之中，同时在土体自重压力下，试样发生一

定的塌陷[100-108]。

　　盐渍土的溶陷主要由潜蚀引起，而潜蚀过程包含了土中相的转换，即固相（盐结晶）转变为液相（盐溶液），以及盐溶液随渗流的迁移和流失，可归纳为多孔介质（盐土体）中多成分液体（盐溶液）的渗流问题，盐渍土的潜蚀分为化学潜蚀和物理潜蚀[99]。化学潜蚀是盐渍土内结晶盐被渗流水溶解后带走的潜蚀。随着水源的不断补给，渗流持续进行，土中的固体结晶盐不断被溶解和排出，盐渍土体中潜蚀区逐步扩大；化学潜蚀涉及多孔介质中不同性质、不同浓度溶液的对流及扩散作用，整个渗流过程是一种较为复杂的物理化学水动力学过程。耿鹤良等[102]将化学潜蚀溶陷过程划分为三状态两阶段：土体内结晶盐被渗流溶解及流失阶段和土体内部结构及体积变化过程阶段（图 3.3-2）。物理潜蚀是指土体中的土颗粒（包括细粒土和盐胶结的土集粒）被渗流的盐溶液带走的现象，即管涌。地下水在渗流过程中受到土颗粒的阻力，同时水对土骨架产生压力，单位体积土体内骨架所受压力的总和，叫作动力水头 G_w，其值等于水力梯度 i 与水的重度 γ_w 的乘积。当 G_w 大于等于土颗粒在水中的浮重度 γ' 时，土颗粒处于悬浮状态，它将随渗流水一起流失。盐渍土管涌与一般管涌不同，在盐渍土中渗流的不是纯水而是盐溶液，所流失的土颗粒，既有土中原来的细颗粒，也有土中原来由盐结晶的集粒，经化学潜蚀后，分散成细粒而被溶液带走。

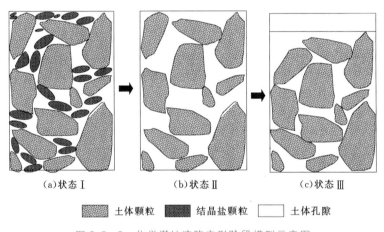

　　　（a）状态Ⅰ　　　　　　　　（b）状态Ⅱ　　　　　　　　（c）状态Ⅲ

🔲 土体颗粒　　　🔲 结晶盐颗粒　　　▢ 土体孔隙

图 3.3-2　化学潜蚀溶陷变形阶段模型示意图

　　综上，土粒连接点处结晶盐的溶解是产生溶陷的根本原因，水的渗流导致的潜蚀溶陷是盐渍土溶陷的主要部分，也是盐渍土地基与其他非盐渍土地基（包括黄土）沉陷的本质差别。

3.3.1.2　国内外研究概况

　　国外对盐渍土溶陷的研究开始较早。苏联学者穆斯塔法耶夫[3]对盐渍土的潜蚀溶陷有较深入的研究，研究了盐渍土的脱盐过程和矿化水对盐渍土的影响，提出了模拟溶盐和洗盐的数学方法及盐渍土脱盐过程中各种参数的测定方法，并首次提出用离心模拟来计算盐渍土潜蚀溶陷变形的新途径。原苏联水利设计院和地基与地下结构研究院都研制过多种盐渍土溶陷变形测定的仪器，1983 年，提出了"室内测潜蚀压缩变形的方法"。在水作用下土中盐分变迁的试验研究方面也有不少成果。Al - Amoudi 和 Abduljauwad[108-109] 对阿拉伯地区的干旱盐沼土进行了常规压缩试验与渗流-压缩试验,认为渗流-压缩试验可以促进盐沼土中盐分的溶解、离子的溶滤作用及土颗粒的重新排列,能够较好地评价盐渍土的溶陷性。此外,众多学者在盐渍土地基改良方面及地基处理方面有较多研究[110-111]。

我国盐渍土溶陷研究起始于 20 世纪 60 年代,且大多数为基于工程应用的定性研究[112-115]。徐攸在[116-117]对青海、新疆地区的盐渍土进行了深入研究,提出了我国西北内陆盐渍土地区溶陷灾害的治理对策,并提出一种根据盐渍土含盐量及洗盐后土的干重度判别盐渍土是否具有溶陷性的简易方法,以避免进行室内外的溶陷性试验,但并未在工程中得到广泛应用。黄晓波、何淑军等[114-115]探讨了浸水预溶加强夯法处理西北某盐渍土机场的黏性盐渍土溶陷性地基的可行性。

在室内研究方面,国外侧重于对室内压缩试验进行改进的渗流-压缩试验法,而国内主要采用传统压缩试验。李永红[112]、宋通海[100]、邓长忠[118]、冯忠居等[107]分别采用不同的室内试验方法对含盐量与含水率对氯盐渍土溶陷性的影响作了定性分析。即氯盐渍土随着初始含水率的增大,溶陷系数下降,同时,峰值溶陷压力和峰值溶陷系数减小;压力增加到一定值时,溶陷系数随着含盐量的增加而增大,随着含水率的增大而减小;在试验开始与结束阶段氯盐渍土溶陷表现为敏感性弱,中间阶段表现较强。张洪萍等[104]对比单、双线法试验,初步分析了氯盐渍土与硫酸盐渍土的溶陷变形随含水率和压力变化的规律及特点;认为对于不同类型的盐渍土,不论采用何种试验方法,都会得到溶陷系数、峰值溶陷压力随含水率增大而减小,氯盐渍土峰值溶陷压力在 400~500kPa 附近,而硫酸盐渍土峰值溶陷压力在 200kPa 附近;同时还得出不同类型的盐渍土对水的敏感程度相同。杨晓华等[105]对氯盐渍土采用室内模拟潜蚀溶陷变形的离心模型试验方法,认为氯盐渍土的最大溶陷系数随 Cl^- 增加先增大后减小,温度对氯盐引起的盐渍土溶陷性影响甚微。张琦等[99]讨论了硫酸盐渍土在静态水(一定含水率)条件下室内压缩试验的溶陷系数与含盐量的关系。杨晓松[106]认为在氯盐渍土中添加一定配合比的粉煤灰能够较大程度的减弱其溶陷性。

纵观盐渍土研究的相关文献,对盐渍土的研究多集中在盐胀性方面,对溶陷性的研究较少,近几年才略有增加。不同地区的盐渍土,因土的物质成分、原始结构、所含盐分的不同,溶陷性有较大差异,目前文献对溶陷特性的研究多集中在对滨海盐渍土及黄土状盐渍土方面。另外,关于盐渍土溶陷性的研究大多是通过向非盐渍土中掺入不同比例的盐分,人工制备成散状盐渍土样,偏离了工程实际,且未能提出合理的易溶盐含量界定和溶陷性评价经验公式,且对溶陷研究局限于工程应用的粗略定性分析,理论研究不足。对西北内陆地区盐渍土的溶陷性研究较少,亟待补充。

3.3.2　试验材料及方法

3.3.2.1　试验材料

与前面两章相同,盐渍土溶陷性试验研究所用土样也取自甘肃酒泉瓜州县干河口风电场,并将土样分别过 5mm、2mm、0.5mm 筛得到粗、中、细三种不同颗粒组分的土样,考虑了粒度组分、干密度对盐渍土溶陷性的影响。土样基本物理性质及样品制取参数见前文，试验样品采用静力压实法制得。

除考虑颗粒组成与干密度的影响，溶陷特性试验研究中同时考虑了含盐量对盐渍土溶陷过程的影响，分别对 5mm 土样、2mm 土样设置了不同含盐量梯度的样品，制取试验样品的具体参数详见表 3.3 - 1~表 3.3 - 4。

表 3.3 - 1　　　　　　　　　　溶陷性试验样品制取参数

控制影响因素	控制因素梯度设置		
颗粒组成	<5mm	<2mm	<0.5mm
干密度/(g/cm³)	$\rho_{dmax}-0.1$	ρ_{dmax}	$\rho_{dmax}+0.1$
含盐量	洗盐 1 号土样	天然 2 号土样	加盐 3 号 2.5%	加盐 4 号 4%

注　本表中的击实最大干密度、最优含水率等参数见表 3.3 - 2；本次所取土样主要盐分为硫酸盐，见表 3.3 - 3，因此所加盐分为无水硫酸钠晶体，添加比率为盐分与干土的质量比。

表 3.3 - 2　　　　　　　不同颗粒组成、不同干密度试样基本参数

土　样	击实最大干密度/(g/cm³)	最优含水率/%
5mm 土样	2.04	9.07
2mm 土样	2.00	10.80
0.5mm 土样	1.93	13.20

表 3.3 - 3　　　　　　　　　不同土样易溶盐离子含量

土样	离子含量/(mg/L)							含盐量/%
	Na^+	K^+	Mg^{2+}	Ca^{2+}	Cl^-	NO_3^-	SO_4^{2-}	
5mm 土样	870.43	18.58	3.26	574.06	854.85	111.61	1890.60	2.2
2mm 土样	1067.36	22.55	3.84	594.27	957.72	245.74	2067.94	2.5
0.5mm 土样	1018.81	28.15	3.76	518.28	919.27	126.58	1987.60	2.3

注　土样易溶盐含量测定按照《土工试验方法标准》(GB/T 50123—2019)方法制取浸出液，土水比为 1：5，随后采用 ICS - 2500 型离子色谱仪进行测定。

表 3.3 - 4　　　　　　　　　不同含盐量试样基本参数

土样	含　盐　量/%			
	洗盐（1 号）	原盐（2 号）	加盐 2.5%（3 号）	加盐 4%（4 号）
5mm 土样	0	2.2	4.5	5.9
2mm 土样	0	2.5	4.9	6.2

3.3.2.2　试验方法

盐渍土溶陷系数的测定与黄土的湿陷系数一样，都可以在室内固结仪中进行，用去离子水自上向下浸湿试样，试样期间不断换水，以便盐分充分溶解。在一定压力 P 下，由式（3.3 - 1）确定盐渍土的溶陷系数 δ：

$$\delta = \frac{\Delta h_P}{h_0} = \frac{h_P - h_P'}{h_0} \tag{3.3 - 1}$$

式中：h_0 为盐渍土土样的原始高度，mm；h_P 为加压至 P 时，变形稳定后的高度，mm；h_P' 为加压至 P 时，土样经浸水溶陷稳定后的高度，mm。

具体试验方法有两种：单线法与双线法。单线法 [图 3.3-3（a）] 是按照常规压缩试验步骤，逐级加压至 P，测得变形稳定后的土样高度 h_P，然后用去离子水对土样溶虑至溶陷变形稳定，测得浸水溶虑后土样高度 h_P'。单线法是针对某一级荷载下的单试样而且是对于黄土的湿陷机理而言的，需五个试样，对于受外界条件影响较大的盐渍土来说，取多个土质均匀的环刀试样较难满足，因此仅在对盐渍土地基溶陷量进行估算时采用。双线法 [图 3.3-3（b）] 则是对两个相同的土样分别在原始状态下与浸水溶虑条件下逐级加压，得到原始状态下与浸水溶虑条件下两条压缩曲线，溶陷量为相同压力下两土样的高度差 Δh_P。与单线法相比，双线法只需要两个试样，对密度差值的控制较为容易，而且试验历时较长，能使盐分充分溶解，试验结果比较有规律性。因此，从试样的取样和操作以及盐渍土的溶陷机理分析，双线法具有方法简便、工作量小、对比性强的优点，所以一般以双线法为主，单线法只是定性地与双线法的试验结果做对比分析[4]。

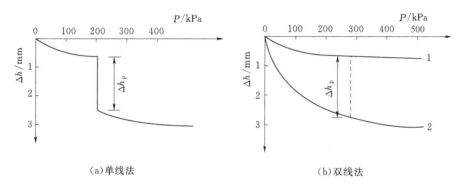

（a）单线法　　　　　　　　　　　　（b）双线法

图 3.3-3　室内溶陷试验

本次溶陷试验采用双线法单轴压缩试验。使用仪器为杠杆式固结仪，最大垂直压力为 1600kPa，分 7 级加荷，加荷压力分别为 50kPa、100kPa、200kPa、400kPa、800kPa、1400kPa、1600kPa；载荷比为 12：1；试件面积为 50cm²；固结容器由环刀、护环、透水板、水槽、加压上盖组成，环刀内径 79.8mm，高 20mm。

试样准备阶段：对磅秤加压设备和杠杆加压设备进行调整；对压缩仪，主要是透水石的变形量进行校正。

预压荷载：规范规定施加 1kPa 作为预压荷载，而实际上 1kPa 的预压荷载根本不能保证试样与仪器上下各部件之间接触良好，所以本试验采用吊盘（约为 7.5kPa）作为预压荷载。

压缩稳定标准：试验稳定标准定为每小时不大于 0.01mm。

步骤：取两个试样放入环刀，环刀外壁涂一薄层凡士林，依次在固结仪内放置透水石、护环、环刀（刀口向下）、加压上盖、钢珠，使各部紧密接触，保持平衡，装好百分表，并调零。一个试样在天然湿度下按下述办法分级加压，直至湿陷变形稳定为止。装上试样后再次将百分表调零，并施加第一级荷载 50kPa，在加上砝码的同时开始计时，按 10min、20min、30min、60min 读数一次，直至沉降稳定为止。然后分别按 100kPa、

150kPa、200kPa、400kPa 等加荷载，每一级均达到沉降稳定。另一试样在浸水条件下分级加压，记录百分表读数，直至试样在各级压力下浸水变形稳定为止。

3.3.3　试验结果与分析

溶陷量的大小取决于浸水量、土中盐的性质和含量、土体液相的含量与浓度以及土的原始结构。一般盐渍土的原始结构认为是紧密型和松散型两大类，这两类盐渍土的原始结构造成的溶陷量有着很大差别，对于紧密型而言，其结构较难破坏，溶陷量一般要小于松散型。盐渍土结构破坏造成溶陷的溶陷机理与黄土的湿陷机理有类似之处，由于浸水导致土体连接强度降低，土体结构坍塌。不同的是盐渍土结构强度的降低，完全是由于土颗粒连接处的盐结晶被水溶解所致，若没有盐结晶的溶解，也就没有土体结构的破坏和土体的溶陷变形。程东幸等[101]通过典型粗粒盐渍土场地的现场浸水载荷试验，认为骨架颗粒含量通过影响盐渍土的判定，对粗粒盐渍土的溶陷性起控制作用，粗粒的骨架作用能够减小易溶盐对溶陷的影响。

本次双线法溶陷试验开始时，将两平行样设定为一个在天然状态下、一个在浸水状态下直接进行压缩试验，而并未在第一级压力稳定之后，给压缩量较大的试样浸水，因此减小了双线法溶陷系数较大的误差。试样安装时均对上下透水石浸水，以保证未浸水试样在整个加压过程中保持含水率不变。不同粒度组成土样分别在不同干密度、不同含盐量下的溶陷试验结果见下文。

3.3.3.1　不同干密度土样的溶陷规律

盐渍土浸水溶陷过程中，土颗粒的调整影响土体内的渗流，使土体结构更加密实、透水性差，土体孔隙在荷载作用下逐渐降低，土体内渗流速度逐渐减缓。

1. 不同干密度下溶陷系数与压力的关系

密度是土体的基本性质指标之一，它直接影响着土体的孔隙状态，对土体的工程特性有着较大影响，不同密度土体的溶陷变形特性也有所不同。图 3.3-4、图 3.3-5 和图 3.3-6 所示分别为 5mm 土样、2mm 土样、0.5mm 土样不同干密度试样的溶陷量与施加压力的关系。

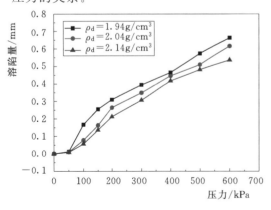

图 3.3-4　5mm 土样不同干密度试样溶陷量与施加压力的关系

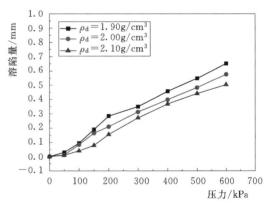

图 3.3-5　2mm 土样不同干密度试样溶陷量与施加压力的关系

从图 3.3－4～图 3.3－6 可以看出，
5mm 土样、2mm 土样和 0.5mm 土样的
溶陷变形表现出相同的规律：同一垂直压
力下，低密度土样的溶陷量最大，高密度
土样的溶陷量最小，中间密度土样溶陷量
介于中间。分析可知，低密度土样的压密
程度较低，土体孔隙比较大，土体中存在
更多的大孔隙，土体颗粒间相对距离也较
大，盐分结晶体部分分布在大孔隙中，同
一垂直压力下被压密的程度相对较高，孔
隙比变化大，因此溶陷变形量较大；相
反，高密度土样的压密程度很大，土体孔
隙比很小，大孔隙很少，且土体颗粒间的
相对距离也很小，因此相同垂直压力下溶陷变形量较小。

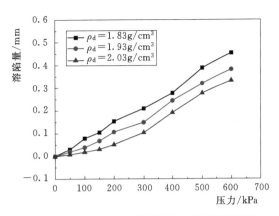

图 3.3－6　0.5mm 土样不同干密度试样溶陷量
与施加压力的关系

2. 溶陷量与初始干密度的关系

溶陷量与初始干密度的关系在不同的浸水压力作用下的表现是不同的。随着荷载的增
加，加大了土体结构破坏的速度，而浸水时间的延长，又使得盐分越来越充分地溶解，在
两者共同作用下，使得溶陷系数随着荷载的增大而增大（图 3.3－7～图 3.3－9）。

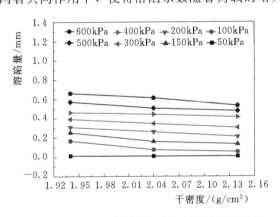

图 3.3－7　5mm 土样溶陷量与初始干密度的关系

从图 3.3－7～图 3.3－9 中发现，在
不同的溶陷压力下，三种粒度组成土样的
溶陷量与干密度的变化趋势虽然不太明
显，但还是存在着一定的差异。在垂直压
力为 50kPa 下，三种粒度组成土样都近似
呈现自上而下的直线，垂直压力大于
100kPa 以后，溶陷量与干密度的曲线呈
向下的斜线，溶陷量随干密度增加而减
小。这是由于在小压力下，浸水时间较
短，盐晶体还不能充分溶解，又因为小压
力下还不能极大地破坏土的结构，所以小
压力下的溶陷量与干密度的关系曲线近乎

是直线，随着时间的延长以及压力的增大，盐晶体逐渐溶解，大压力的作用也加大了破坏
土体结构的速度，所以这时溶陷量与干密度的关系曲线呈下斜线型。盐渍土在溶陷量随干
密度变化的过程当中，总趋势是在一定压力作用下，溶陷系数随着干密度的增大而减小，
同时在盐分刚开始溶解阶段，溶陷的敏感程度弱，而在中间阶段随着浸水时间的延长，溶
解的速度加快，对水的敏感程度增强。

土体密度是影响土体力学特性的重要因素之一，对于一般土体而言，密度越大则土体
的压密程度越好，孔隙性减小，胶结程度增强，力学性能也就越好，对工程建设越有利。
对于盐渍土而言，初始含盐量相同的条件下，土体密度越大，溶陷变形越小，因此，盐渍

土地区工程建设可以采用相对增加地基密实度来改善盐渍土地基。

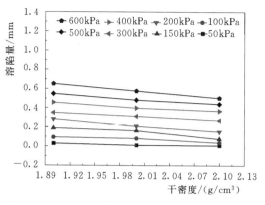

图 3.3 - 8　2mm 土样溶陷量与初始干密度的关系

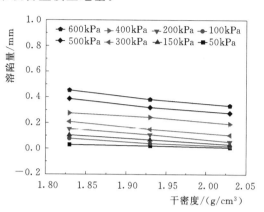

图 3.3 - 9　0.5mm 土样溶陷量与初始干密度的关系

3.3.3.2　不同粒度组成土样的溶陷规律

　　土的物理状态（诸如密度、应力状态和土的结构等）和物理性质（颗粒尺寸分布、细颗粒含量颗粒形状和矿物等）对土的变形和强度起控制性影响作用。颗粒组成是土体最重要的性质指标之一，它决定了土体中不同粒度组分的含量及各粒组的矿物组成，对土体的比重、孔隙结构、胶结状态等都有着重要影响，进一步影响着土体的力学特性。因此，探究颗粒组成对盐渍土盐胀变形的影响有着重要意义，据此可预测不同颗粒组成盐渍土溶陷变形规律与溶陷程度。

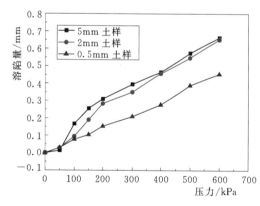

图 3.3 - 10　低密度状态下不同颗粒组成土样溶陷量与施加压力的关系

　　依据不同地层勘察结果，调查区土层为含大量砾、砂的粗粒盐渍土，鉴于此种原因，本次试验将土样进行颗粒划分，分别过 5mm、2mm 和 0.5mm 筛，分别得到小于 5mm、小于 2mm 和小于 0.5mm 的粗、中、细三种不同颗粒组成的土样（即 5mm 土样、2mm 土样、0.5mm 土样）。按照不同颗粒组成土样的标准击实成果，以标准击实最大干密度为中间密度，分别制取各土样的低密度、中密度和高密度试样，最后进行盐胀变形试验研究。图 3.3 - 10～图 3.3 - 12 分别为低密度、中密度和高密度状态下 5mm 土样、2mm 土样和 0.5mm 土样溶陷量与施加压力的关系。

　　从图 3.3 - 10～图 3.3 - 12 可以看出，低密度、中密度和高密度状态下各土样的溶陷变形表现出相同的规律，即 5mm 土样溶陷变形量最大；2mm 土样次之，且溶陷变形量与 5mm 土样相差较小；0.5mm 土样溶陷变形量最小。5mm 土样中含有大量粗颗粒，在压实过程中容易形成大孔隙，土样孔隙比较大，颗粒间咬合作用相对较小，在外力作用下胶结连接易遭到破坏，颗粒相对滑动厉害，新结构的孔隙较小，故溶陷量较大。0.5mm

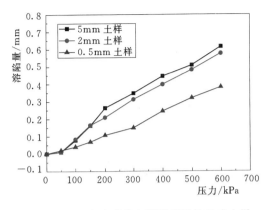

图 3.3 - 11　中密度状态下不同颗粒组成土样
溶陷量与施加压力的关系

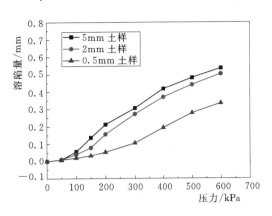

图 3.3 - 12　高密度状态下不同颗粒组成
土样溶陷量与施加压力的关系

土样含有大量细颗粒物质，盐分含量不高，压实土样的大孔隙较少，主要以中小孔隙为主，在给定的压力条件下，细颗粒的增加相应降低了每个接触点上的应力，使颗粒间的相对运动较小，新结构孔隙变化不大，故溶陷量较小。2mm 土样既含有一定量粗颗粒，又含有一定量的细颗粒，压实后形成大小不同的孔隙，盐分结晶后充填于颗粒孔隙之间，因而其溶陷变形量介于 5mm 土样和 0.5mm 土样盐胀变形量之间。

3.3.3.3　不同含盐量土样的溶陷规律

盐渍土的潜蚀与土中含盐性质有关，不同盐分溶解度不同，对水的敏感程度也不同。易溶盐为主的土中，潜蚀溶陷发展较快；中溶盐为主的土中，潜蚀发展过程较慢。如含石膏的黏性土地基，常遇到渗流一两个月仍没有明显的溶陷变形。含难溶盐的盐渍土，因难溶盐一般不溶于水，通常不会产生溶陷变形。另外，盐分晶体微观结构不同，在土体孔隙中的结构不同，影响土体原始结构，进而影响土体渗透性。溶陷系数首先随着盐分含量的增大而增大，当含盐量增大到一定程度，土体中的含水率不足以完全溶解多余的盐分时，溶陷系数随着含盐量的增加而减小。

粒径小于 5mm 天然盐渍土中易溶盐的含量为 2.2%，对天然盐渍土中分别洗盐、加入 4.5%、5.9% 的 Na_2SO_4，经计算，洗盐及添加 Na_2SO_4 后土中总的含盐量分别为 0%、2.5%、4%；粒径小于 2mm 天然盐渍土中易溶盐的含量为 2.5%，对天然盐渍土中分别洗盐、加入 2.5%、4% 的 Na_2SO_4 后，土中总的含盐量分别为 0%、4.9%、6.2%（表 3.3 - 4）。按最佳含水率配置土样，在室温下进行溶陷试验，得出不同含盐量下盐渍土的溶陷量与垂直压力的关系（图 3.3 - 13 和图 3.3 - 14）以及不同压力下溶陷量与初始含盐量的关系（图 3.3 - 15 和图 3.3 - 16）。

1. 不同含盐量下溶陷系数与垂直压力的关系

图 3.3 - 13、图 3.3 - 14 给出了 5mm 土样、2mm 土样不同含盐量条件下溶陷量与垂直压力的关系。由图可以看出：5mm 盐渍土洗盐后的最大溶陷量为 0.15mm，向典型天然盐渍土中添加 Na_2SO_4 的含量（质量分数）由 2.5% 增加到 4% 时，其对应的最大溶陷量分别为 0.18mm、0.26mm，分别增加了 20%、73%；2mm 土样洗盐后的最大溶陷量

为 0.12mm，向典型天然盐渍土中添加 Na_2SO_4 的含量（质量分数）由 2.5% 增加到 4% 时，其对应的最大溶陷量分别为 0.19mm、0.28mm，分别增加 58%、133%。表明盐渍土溶陷量随着含盐量的增加而逐渐增大，盐渍土溶陷性随着含盐量的增大而增强。由图 3.3-13 和图 3.3-14 可知，两种粒度组成的硫酸盐渍土样溶陷规律基本相同，压力较小时（0～600kPa），盐渍土溶陷量随压力增加而增加，含盐量大的土样增幅较大，如含盐量为 5.9% 的 5mm 土样与含盐量 6.2% 的 2mm 土样表现最为明显；压力增加至一定值时，溶陷量随压力增加而增加，含盐量越大，增加的速率也越快；随着压力增加（大于 600kPa），土样溶虑时间延长，不同含盐量土样的溶陷系数均达到最大值，即峰值溶陷系数，对应的压力为峰值溶陷压力；土样达到峰值溶陷系数后，随着压力增加，浸水时间的延长使得盐分全部溶解，溶陷量趋于稳定，这时溶陷也将结束，曲线又接近直线。硫酸盐渍土在溶陷系数随含盐量变化的过程当中，总的趋势是在一定压力作用下，溶陷系数随着含盐量的增大而增大，同时在盐分刚开始溶解或溶解结束阶段，溶陷的敏感程度弱，而在中间阶段随着浸水时间的延长，溶解的速度加快，对水的敏感程度增强。

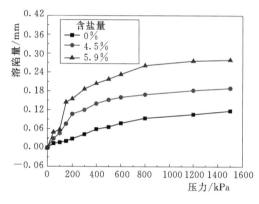

图 3.3-13 5mm 土样不同含盐量试样溶陷量与压力的关系

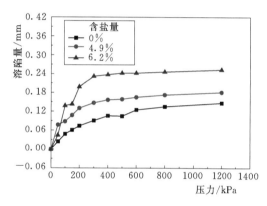

图 3.3-14 2mm 土样不同含盐量土样溶陷量与压力的关系

盐渍土的溶陷主要来源于在水、压力作用下盐分晶体的溶解，各种连接的破坏，使土粒发生滑动，引起土体下沉，原因有：①水浸入土体，土体靠着自身的吸附能力，使得土粒的水化膜厚度增加，导致土体的水膜接触连接强度降低；②虽然易溶盐含量对盐渍土的压缩特性有着不同趋势的影响，但是其胶结连接的数量在一定初始含水率下，随着含盐量的增加而增多，土体形成的胶结结构较多，含盐量越高，胶结作用得到明显加强，随着土体浸水程度的加大，土体内部的胶结连接破坏严重，强度降低较多，因此，土体溶陷量越大；③水浸入土体后，盐在水中溶解，结晶盐数量减少，使得土体内部孔隙体积相对增加，为土粒的移动提供了空间，随着含盐量的增大，盐的溶解量越大，提供可移动空间越大，因此，在相同初始含水率下，含盐量越大，溶陷量越大；④试样在低含盐量、低荷载作用时，土体结构没有完全破坏，浸水时间短，盐分没有完全溶解，土颗粒间隙刚好被盐分所填充，随着荷载增大，浸水时间增长，导致盐分溶解，使土体结构破坏，溶陷量逐渐增大。

2. 不同压力下溶陷量与初始含盐量的关系

从图 3.3-15～图 3.3-16 中发现，在不同的溶陷压力下，两种粒度组成土样的溶陷量与含盐量的变化趋势较为一致，溶陷量均随施加荷载的增大而增大，含盐量越高，产生的溶陷越明显，只在压力较低时存在一定差异。垂直压力小于100kPa时，小于5mm、小于2mm土样溶陷量随含盐量增加变化较小，小于5mm土样含盐量增加至5.9％时溶陷量反而呈降低现象，这是由于在低压力下，浸水时间较短，盐晶体还不能充分溶解，土样甚至有盐胀发生，低压力下土的结构还不能遭到极大的破坏。随着时间的延长以及压力的增大，盐晶体逐渐溶解，大压力的作用也加大了破坏土体结构的速度，所以这时候溶陷量随含盐量的增加而增大。同时证明不同溶陷阶段溶陷性对盐分的敏感程度不同，盐分开始溶解或溶陷结束阶段，溶陷敏感程度弱；而在中间阶段随着浸水时间的延长，盐分溶解速度加快，溶陷敏感性加强，含盐量越高，盐渍土溶陷敏感性越强。与溶陷量与初始干密度的关系相同，在初始含水率下，溶陷量均随施加荷载的增大而增大，含盐量越高，产生的溶陷越明显，而且试样产生的溶陷量值均小于0.3mm，即溶陷性不明显，可在工程中不予考虑。产生溶陷的关键就是土中的盐分，无论是静水溶陷还是潜蚀变形都存在盐分，盐分含量越高，产生的溶陷量就越大。而溶陷值偏小是试验只模拟了静水条件下的溶陷变形，并无渗流条件。

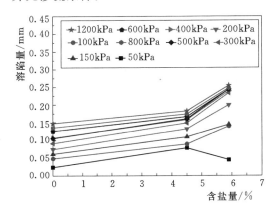

图 3.3-15　5mm 土样溶陷量与
初始含盐量的关系

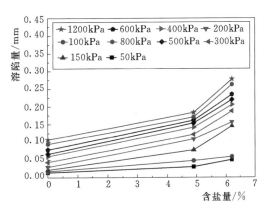

图 3.3-16　2mm 土样溶陷量与
初始含盐量的关系

3.3.4　小结

本节通过阐述盐渍土的溶陷变形机理与不同土体的溶陷变化规律及其应用研究，综述了盐渍土溶陷变形的研究进展与成果。在此基础上，通过双线法室内模拟试验测试了不同颗粒组成、不同干密度、不同含盐量试样的溶陷变形特性，探讨了各因素对盐渍土溶陷变形的影响和各因素控制下盐渍土的溶陷变形规律。通过以上分析和试验测试，得到以下结论：

（1）相同初始含盐量下，密实度越大，盐渍土溶陷量越小；溶陷阶段，溶陷量随着干密度的增大而减小，随着荷载的增加，溶陷量基本呈线性增大趋势。

（2）在相同荷载作用下，溶陷量随着含盐量的增加而增大，盐渍土的溶陷性增强。水浸入土体时，盐在水中溶解，结晶盐数量减少，使得土体内部孔隙体积相对增加，为土粒的移动提供了空间，随着含盐量的增大，盐的溶解量越大，提供可移动空间越大。因此，相同土体，盐分富集地带，溶陷变形量越大。

（3）不同溶陷阶段溶陷性对盐分的敏感程度不同，盐分开始溶解或溶陷结束阶段，溶陷敏感程度弱，而在中间阶段随着浸水时间的延长，盐分溶解速度加快，溶陷敏感性加强，含盐量越高，盐渍土溶陷敏感性越强。

（4）在相同含盐量和相同初始含水率下，施加荷载越大，浸水时间越长，盐渍土溶陷量越大。溶陷量随着垂直压力的增大而增大，含盐量是影响硫酸盐渍土溶陷变形的重要因素，垂直压力是溶陷产生的外因。在外力作用下，强度降低了的连接发生破坏，并促使土颗粒产生相对滑动，重新排列，直至土体内的新连接强度足以平衡外力，土体形成新的结构。因此，垂直压力越大，颗粒相对滑动越厉害，新结构的孔隙越小，溶陷量越大。

（5）工程区砂碎石盐渍土中盐分以中溶盐（石膏）为主，故地基浸水发生溶陷变形是一个长期的过程，但随着地基环境的变化，其溶解度也将发生变化。有研究资料表明当地下水矿化度上升到一定程度，并引起氯化物（$NaCl$、$MgCl_2$）含量增加（事实上工程区地基中存在一定量的钠盐和镁盐），会促使中溶盐（石膏）的溶解。因此，如何确切地确定含石膏地层的溶陷性以及盐分之间相互作用、促溶关系有待进一步深入研究。

3.4　盐渍土地层温湿度变化对盐渍土的影响

天然状态下，西北内陆寒旱区的盐渍土呈微-弱胶结，含水率较低，土质坚硬，具有较高的承载力，可作为一般工业与民用建筑物的良好地基。然而，当外界环境发生改变，在温度变化和有水浸入盐渍土的条件下，土中的易溶盐结晶就会被溶解，气体孔隙被填充，盐渍土由固、液、气三相体转变为固、液两相体，在此转变过程中，通常伴随着土体结构的破坏和变形，即为溶陷；相反，当环境条件发生变化时，此过程是可逆的，盐渍土可以由二相体转变成三相体，体积发生膨胀，即为盐胀。同时，有利的温湿度条件也可以加速含盐离子对建筑物混凝土的化学腐蚀。

由于含盐类别和盐分含量的不同，盐渍土的物理化学性质较为特殊，严重危害着工程建筑的安全。不同类型的盐渍土，在不同的温度和湿度环境条件下对工程建筑物具有不同程度的破坏作用[117-124]。如硫酸盐渍土、碳酸盐渍土由于温度和水分的变化将产生盐胀和冻胀，使道路、渠道和机场跑道等构筑物发生不均匀隆起、松胀、开裂，从而降低这些工程建筑物的稳定性[125-131]。我国西北地区分布着大量的硫酸盐渍土，土中硫酸钠结晶引起土体盐胀和冻胀造成的工程破坏问题尤为突出。徐学祖在《土体冻胀和盐胀机理》[132]一书中对土体冻胀和盐胀机理进行了深入研究，指出盐渍土的冻胀与盐胀作用是由盐、水、土、温度等因素综合作用的结果。从硫酸钠盐渍土的工程特性可以看出，其对温度和水分的变化非常敏感，从而引起土体的膨胀、收缩、溶陷等[133-134]。因此，开展盐渍土地区温湿度观测研究，探讨环境条件变化对盐渍土病害的影响，对盐渍土地区工程建设的前期勘查和后期运行维护有着重大的现实意义[135-136]。

3.4.1　温湿度变化对盐渍土的影响

当水分在材料孔隙中迁移时，溶解在水中的盐分也随之迁移，并且在外界环境温湿度等条件的影响下，一些盐分会发生结晶，产生结晶压力，反复的结晶—溶解是造成材料劣化和地基失效的关键所在[121]。温湿度对土体内部盐分的直接影响表现为对其溶解度的影响，不同温湿度条件下各种盐分溶解数量不同，而温湿度的变化导致盐分发生反复的结晶—溶解过程，最终产生各种盐渍土病害。

对于硫酸盐渍土来说，盐害发生的主要原因是硫酸钠在不同温湿度条件下表现为 $Na_2SO_4 \cdot 10H_2O$ 晶体（芒硝）、Na_2SO_4 晶体（无水芒硝）、Na_2SO_4 溶液三种不同的状态，并随着温湿度变化发生相态转化，从而对建筑物或地基造成破坏[86]，如图 3.4－1 所示。

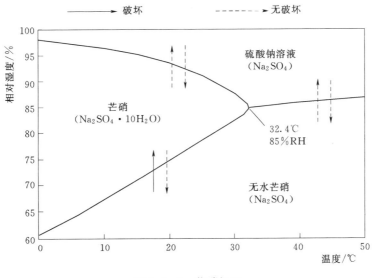

图 3.4－1　芒硝相图

由于蒸发浓缩作用，土孔隙溶液中的 Na_2SO_4 逐渐达到饱和状态，在大于 32.4℃ 的条件下直接以无水芒硝（Na_2SO_4）的形式从溶液中结晶析出，在小于 32.4℃ 的条件下会吸收 10 个水分子，以芒硝（$Na_2SO_4 \cdot 10H_2O$）的形式从溶液中结晶析出，固相体积增大为原来的 4.18 倍。随着蒸发作用的加强，芒硝脱水后形成无水芒硝（Na_2SO_4）。无水芒硝吸水潮解之后又会形成芒硝，温度越低，越有利于芒硝晶体的生成[122]。NaCl 结晶并不发生明显的结晶膨胀作用，但是，复合盐溶液中 NaCl 的存在会降低 Na_2SO_4 的溶解度，加剧 Na_2SO_4 潮解导致的劣化进程。

图 3.4－2 所示为不同温度下硫酸钠在水中的溶解度曲线。可以看出，硫酸钠的最大溶解度为 32.4℃，在低于 32.4℃ 时硫酸钠溶解度随温度降低而降低，在低于 0℃

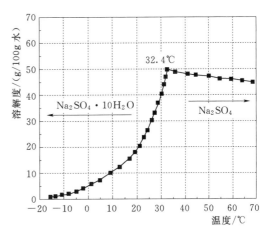

图 3.4－2　不同温度下硫酸钠在水中的溶解度

时溶解度随温度变化十分缓慢，在高于 32.4℃时硫酸钠溶解度随温度升高而降低。

对于硫酸盐渍土来说，盐胀的原理主要是土体中的固相硫酸钠吸收 10 个水分子生成芒硝晶体，固相体积增大为 4.18 倍[123-125]。其化学反应式如下：

$$Na_2SO_4（固）+10H_2O（液）=Na_2SO_4 \cdot 10H_2O（固）$$

分子量：　　　142.06　　　　　　　　　322.22

比重：　　　　2.68　　　　　　　　　　1.48　　　　　　　　　　（3.4-1）

变化前后固相体积之比为

$$\frac{V_{Na_2SO_4 \cdot 10H_2O}}{V_{Na_2SO_4}} = \frac{\dfrac{322.22}{1.48}}{\dfrac{142.06}{2.68}} = 4.18 \qquad (3.4-2)$$

式（3.4-2）说明析出芒硝晶体的体积是参与反应无水硫酸钠的 4.18 倍，这正是硫酸盐渍土区别于氯盐渍土、碳酸盐渍土，在工程中引起较大盐胀破坏作用的原因。因此，针对工程中的大量硫酸盐渍土的盐胀病害，国内外开展了大量的盐胀性及病害防治研究。

当环境温度高于水的结晶温度时，土体中只产生盐胀，不发生冻胀。随着温度的不断降低，在低于水的结冰温度以后，土中水分开始冻结生成冻晶体。毛细理论首先提出冻透镜体的形成条件：克服土颗粒之间的有效连接应力，并依靠吸附在矿物颗粒表面的移动水膜在冻结锋面处生长[137]。冻胀时土中部分水分结成冻晶体，体积变为原来的 1.09 倍。

环境温度在水的冰点以下时，土体中仍有部分未冻水，此时土体中既有盐胀，也有冻胀。随着冻胀的发生，土体中液相水不断变成固相，溶于液相中的硫酸钠浓度逐渐增大直至饱和溶解度，析出产生盐胀。由于盐胀的结晶温度是随着溶液中硫酸钠含量的增加而增大的，冻胀作用发生越多，土体溶液中的硫酸钠浓度越高，盐胀的结晶作用就越容易发生。随着盐胀的进行，溶液中的硫酸钠浓度增大，促进硫酸盐渍土的起胀温度增高，就会更有利于冻胀的发生。因此，水的冰点以下盐胀和冻胀是相互促进的。一般在−20℃冻结 8h 后，土体的盐-冻胀作用基本稳定，此时土体中还有一定量的未冻水分和未析出硫酸钠盐分，但即使温度再降低、冻结时间再延长，盐-冻胀作用也增加很少。

3.4.2　地层温湿度现场监测

由前述土样的易溶盐分析可知，调查区土样为硫酸-亚硫酸盐渍土，土体受温湿度变化影响较大。为了更好地了解调查区地层的温湿度变化规律，评价盐渍土的工程特性变化，本次在调查区进行了现场温湿度监测，研究地层的温度和湿度变化规律。

3.4.2.1　温湿度监测原理

1. 温度监测

温度监测是通过测温物质的各种物理性质变化，如固体的尺寸、密度、硬度、黏度、强度、弹性系数、电导率、热导率、热辐射的变化来判断被测物体温度的。温度监测按测量体与被测量对象的接触状况来分，可以分为接触式与非接触式两类。

接触式温度传感器的测温原件和被测温对象要有良好的热接触，通过热传导及对流原理达到热平衡，这时的示值即为被测对象的温度。这种测量方法精度比较高，可测量物体内部的温度分布，但对于运动中的、热容量比较小的及对感温元件有腐蚀作用的对象，有很大误差。

非接触式温度传感器的测温元件与被测对象互不接触，可测量运动的小目标及热容量较小的或变化迅速的对象，也可测温度场的温度分布，但是受物体发射率、测量对象与仪表距离、烟尘与水汽等介质的影响，一般误差比较大。

本次温度监测属于接触式测温法，采用硅半导体温度测量方式，仪器为郑州德奈普精密仪器有限公司的 DNP - A1 数字温度计。本次调查区的年温度变化在 $-27\sim40℃$[126]，硅半导体测温方式的测温范围在 $-50\sim150℃$，精度为 $0.1℃$，完全可以满足范围和测量精度要求。

根据半导体理论，在通过 P/N 结的正向电流为恒流（$I_D=$ 常数）时，P/N 结的正向电压降 V_d 与温度 T 存在强烈的对应关系，其关系表达式为[128]

$$V_D = \frac{kT}{q}\ln I_D + V_{g0} - \frac{kT}{q}\ln A - \frac{kTB}{q}\ln T \quad (3.4-3)$$

式中：V_D 为通过 P/N 结正向电流；q 为电子电量，用 e 表示；k 为波尔兹曼常数，数值为 $8.63\times10^{-5}\,eV/K$；T 为绝对温度；V_{g0} 为能带间隙电压；A、B 为由 P/N 结内部结构决定的两个常数。

2. 湿度监测

在岩土工程中，土体含水率是一个很重要的物理参数，随着工程设计和施工技术的进步，含水率的现场测试和实时监测也越来越重要。目前工程上常用的含水率现场测试方法有：中子散射法（ASTM - D4643 2000）、现场烘干法（ASTM - N4959 2000）和电阻率法等[139-140]。烘干法是比较精确的含水率测试方法，但该方法所需时间长，且无法现场实时监测，采样过程中对试样的扰动及水分损失也是难以避免的问题。中子散射法能测试介质中任何形态的水分含量，但测试结果受介质密度影响，试验具有放射性且无法自动监测。电阻率法不受介质密度影响且能自动监测，但测试结果受电导率及温度影响，准确性稍差。

电磁波时域反射法（TDR）技术的出现极大地促进土体含水率测试技术的发展，在观测土体水分过程中可以不破坏土体原状结构，操作简便，能长期连续工作，具有非常明显的优点，在土体大范围实时监测上得到广泛的应用[131]。TDR 是通过测定电磁波在土中传播速度来确定土体含水率的一种方法。由于电磁波的传播速度与传播媒体的介电常数密切相关，而土壤颗粒、水和空气本身的介电常数差异很大，故一定容积土壤中水的比例不同时其介电常数便有明显的变化，由其电磁波的传播速度便可判断其含水率[132]。

本次湿度测试采用时域反射技术采集含水率数据，使用仪器为德国 IMKO 公司生产的 TRIME 系列时域反射仪，测试采用 TRIME - T3 探头。时域反射法测量土壤含水率依赖于 TDR 对土壤介电常数（ε）的测量，计算式为

$$\varepsilon = \left[\frac{ct}{2l}\right]^2 \quad (3.4-4)$$

式中：ε 为土壤的介电常数；c 为电磁波在真空中的传播速度，$3\times10^8\,ms^{-1}$；t 为传播时间，s；l 为探头的长度，m。

式（3.4-4）可以写为

$$t = \frac{2l\varepsilon^{0.5}}{c} \tag{3.4-5}$$

假定土壤介质是由土壤颗粒、空气、水三者组成的结合体。水、土壤颗粒、空气的介电常数分别是 80、4、1。由于水的介电常数和另两者有很大差别，使得在一定的探头长度下，当土壤中的空气被水分取代时，传输时间将随之发生很大的变化，从而使得介电常数的测定结果与土壤类型、土壤颗粒的介电常数关系较小。

TDR 是根据探测器发出的电磁波在不同介电常数物质中的传输时间的不同，而根据式（3.4-6）计算出被测物含水率的：

$$\theta = (-530 + 292K - 5.5K^2 + 0.043K^3)/10^4 \tag{3.4-6}$$

式中：K 为介电常数；θ 为土的体积含水率。

所得的含水率为体积含水率，即本书中的湿度。简而言之，时域反射测试就是采用电缆中的雷达测试技术，在电缆中发射脉冲信号，同时进行反射信号的监测[133]。

陈赟等[134]经过研究发现，用时域反射仪测定土体体积含水率几乎不受土体类型、密度、温度以及土体孔隙水传导率的影响，实际应用时一般不对这些因子进行标定，因此省去了大量的附加工作，并可保证测定结果的可靠性。

3. 温湿度监测方法

结合 2009 年 6 月在甘肃酒泉瓜州地区开展的盐渍土工程地质性质调查研究，在调查区开展了地层温湿度现场监测。综合现场勘察成果与实际条件，在调查区选择适宜地点开挖深度为 4.0m 的圆形探井，按照监测设计剖面沿竖向深度方向植入温度监测探头，通过导线与外部连接进行温度测试。与此同时，在探井中埋设 TDR 测管，采用时域反射法监测地层湿度。图 3.4-3 和图 3.4-4 所示分别为现场工作过程中的热敏温度探头编号布设与 TDR 测管埋设。

图 3.4-3　热敏温度探头现场编号布设　　　　图 3.4-4　探井中埋设 TDR 测管

结合钻探地层勘察成果与温湿度对地层影响相关资料，本次设计探井深度为 4.0m，可以全面覆盖环境温湿度对地层温湿度的影响，同时也可达到温湿度变化测试要求。考虑到地表处地层温度变化受环境温度影响较大，变化较为剧烈，因此温度探头在接近地表处布设较密，随着深度加大布设逐渐变疏，在 0～4.0m 范围内共布设 16 个温度探头，最浅的距地表仅 0.05m，最深的距地表 4.0m。地层湿度（含水率）采用时域反射法测试，

TDR 测管长 3.0m，地下埋设 2.95m，地上出露 0.05m，由于 TDR 探头长 20cm，因此湿度测试最大深度为 2.85m，随后向上每隔 20cm 测试一次，地表处隔 10cm 测试一次。温湿度监测探井剖面如图 3.4-5 所示。

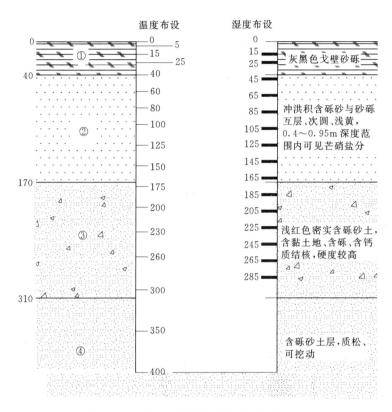

图 3.4-5 温湿度监测探井剖面（单位：cm）

现场温度监测具体操作步骤如下：

（1）设计剖面。首先根据监测目的设计温度监测剖面，按照上密下疏的原则沿深度方向设计温度监测点的位置。本次沿深度方向温度监测点依次为 5cm、15cm、25cm、4cm、60cm、80cm、100cm、125cm、150cm、175cm、200cm、230cm、260cm、300cm、350cm、400cm（图 3.4-5）。

（2）探井开挖与打孔。在监测点开挖深度 4.0m、直径约 1.0m 的圆形探井。采用电钻和手工钻结合的方式，沿探井竖向方向在井壁不同设计深度钻孔，钻孔尺寸以放入温度探头为宜，不宜过大或过小。

（3）吹孔。成孔后，用洗耳球吹孔，将残留在孔中的土吹出，避免探头植入时，孔中残留的土造成填土和孔壁接触不彻底。

（4）润孔。为了植入探头填土时，填土和孔壁能更好地接触，吹孔完成后，用针管对孔壁喷洒少量水。

（5）植入感温探头。将挖出的细土加入水润湿，将感温探头的金属端用少量的湿土包裹起来，避免成孔后探头金属端直接与空气接触而导致温度不精确。植入探头时，记录探头编号与埋设深度。

（6）填孔与封孔。植入探头后，将拌好的湿土小心送入孔中，并用细棍轻轻填实，直至孔口，填土时应注意力度，不能把包裹探头的泥皮破坏，更不能损坏探头，在孔口处可使用湿土捣实。待封孔完成后再次使用数字温度计测试各探头的读数（埋设前已检测一次），检验探头是否正常工作，若遇到不能正常工作的探头，则需重新处理或更换探头，直至所有探头都能良好工作。

（7）探井填埋与探头导线外置。待全部探头均植入后开始填埋探井，填埋时将温度探头导线沿竖向整理成一束置于探井外部，保证填埋时不会散乱或被拉断，探头导线外露端应按照事先编号清晰标记。探井填埋以 30cm 为一层，每隔 30cm 进行夯实，导线埋设处注意不要损伤导线，按照此法填埋探井直至地表。外露的探头导线暴露于空气中，如不加以处理，风吹日晒雨淋霜冻会影响温度探头导线的使用寿命，从而影响到温度探头的正常工作。因此，孔外的温度探头导线，先用生料带紧密缠绕，然后一起用保鲜膜包裹，再用防老化胶布粘牢封口，放入保护箱，封箱。最后，用石块将保护箱固定于地表处，以免风力吹翻保护箱。同时，在监测点采用砖块标示围护，以免遭受人为破坏。

（8）温度监测。温度监测采用 DNP-A1 数字温度计，将不同埋设深度的导线外接单孔插头与数字温度计连接，温度计即可实时显示所测深度地层的温度。在测试地层温度的同时，每次监测时同步测定空气温度，以反映地层温度与环境温度的对应关系。为确保孔中的温度与地层实际温度相一致，待探井填埋完成 72h 后才可以进行连续监测，采集温度数据。

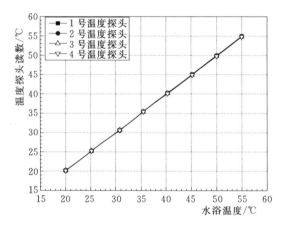

图 3.4-6　温度探头室内水浴温度率定曲线

为了保证测试的准确性，所有的温度探头在埋设前都需要进行温度率定。图 3.4-6 所示为温度探头室内水浴温度率定曲线，图中横坐标为率定试验的水浴温度，纵坐标为温度探头读数。选取 1 号、2 号、3 号和 4 号温度探头进行率定试验说明。可以看出，DNP-A1 数字温度计测试的探头温度与水浴实际温度吻合很好，这说明热敏感温探头可以准确地测定物体的温度，现场监测得到的地层温度数据是可靠的。

现场地层湿度监测采用时域反射仪（TDR）。如图 3.4-5 所示，湿度监测与温度监测在同一探井中同时进行。在布置温度探头的同时，将两根 TDR 测管紧贴探井井壁竖放以利于湿度测试，放置完毕后利用进行测试检验，检验测管是否可以正常测试收集数据。测试正常后开始填埋探井，TDR 测管总长 3.0m，地下埋设 2.95m，地表出露 0.05m，探井填埋完成后将 TDR 测管顶端用盖子盖住。

地层湿度监测时将时域反射仪的 TRIME-T3 探头沿测管放入底部，自底部向上每隔 20cm 测试一次土层含水率，地表处间隔 10cm 测试一次，由于探头自身具有 20cm 长度，因此探头放入底部 2.95cm 处实际测试得到的是 2.85m 深度处的地层含水率。湿度监测与温度监测同步进行，即每次温度监测时同步测定地层湿度。与温度监测相同，测试过程中同时采用湿度计测定外界环境的湿度，以了解地层湿度与环境湿度的对应关系。按照测试布置，TDR 可测试 285cm、265cm、245cm、225cm、205cm、185cm、165cm、145cm、125cm、105cm、85cm、65cm、45cm、25cm 和 15cm 深度处地层的含水率（图 3.4 - 5）。

按照温湿度监测试验设计，温度探头与湿度测管埋设等工作完成于 2009 年 7 月 3 日，埋设完成后检测温度与湿度测试情况，运行良好。随后，于 2009 年 7 月 29 日和 2010 年 4 月 2 日进行了两次监测工作。第一次测试于 2009 年 7 月 29 日上午 10：00 开始，2009 年 8 月 1 日上午 10：00 结束，历时 72h；第二次测试于 2010 年 4 月 2 日下午 14：00 开始，2010 年 4 月 4 日下午 14：00 结束，历时 48h。

为了更进一步了解调查区的环境温湿度及地层温湿度情况，2010 年 4 月，兰州大学一行走访了甘肃省酒泉市瓜州县气象局，征得气象局在调查区布设台站的气象资料及地层温度监测资料，为本次现场温湿度监测提供了很大的帮助，下文温湿度结果分析中即采用现场实际监测资料和气象局提供资料两部分数据。

3.4.2.2 地层温湿度监测结果与分析

根据调查区的工程地质详细勘察资料[126]，调查区属中温带干旱大陆性气候，夏季炎热，冬季寒冷，年最高温度为 35℃，最低温度为 -28℃，年平均降水量为 65.3mm，年平均蒸发量为 2847.7mm，蒸发量远大于降雨量，气候特别干燥。结合本次现场监测及收集的地层温湿度资料，分析调查区地层温度和湿度的变化规律，探究温湿度变化对盐渍土地基的影响。

1. 温度监测

（1）环境气温变化分析。地层温度变化依赖于环境温度的变化，随着环境温度的变化，不同深度地层的温度表现为不同的变化规律，分析环境温度变化规律对探究调查区地层温度具有重要意义。依据收集的气象资料，分析调查区的气温变化规律，可以为探究地层温度变化规律提供很好的依据，同时可建立地层温度与环境温度的对应关系。

图 3.4 - 7 和图 3.4 - 8 所示分别为 2000—2004 年和 2005—2009 年 10 年间瓜州地区的多年平均气温变化规律。可以看出，各年平均气温曲线几近重合，说明近十年内调查区的气温变化十分稳定，各月气温变化幅度非常小，多年环境温度变化稳定。结合图 3.4 - 9 所示的 2000—2010 年各月份平均气温变化情况，可知调查区的月平均最高气温出现在每年的 7 月，约为 27℃；月平均最低气温出现在每年的 1 月，约为 -10℃。从图 3.4 - 9 可以看出，调查区平均气温低于 0℃的月份共有 3 个，分别为每年的 12 月、1 月和 2 月，11 月的平均气温在 0℃左右浮动，其余 8 个月的月平均气温均高于 0℃。

从图 3.4 - 9 中也可以看出，各月份的多年气温均介于 7 月最高气温和 1 月最低气温之间，4 月和 10 月的气温处于最高气温和最低气温的中间，为最高气温和最低气温的中间过渡月份。从以上 2000—2010 年 10 年间的气温变化规律可知，全年间其他月份的气温变化均处于 1 月、4 月、7 月和 10 月的气温变化小区间内，选取这 4 个月的气温变化足以说明和代表全年的气温变化规律。因此，下文中选取 4 月、7 月、10 月和 1 月的气温变化

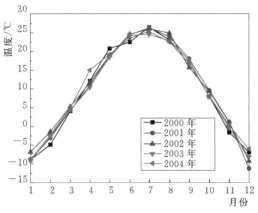

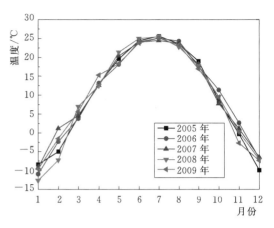

图 3.4-7　2000—2004 年多年平均气温变化规律　　图 3.4-8　2005—2009 年多年平均气温变化规律

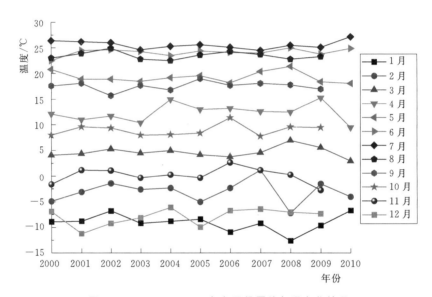

图 3.4-9　2000—2010 年各月份平均气温变化情况

情况进行分析，分别代表全年的春、夏、秋、冬 4 个季节的气温情况，以说明调查区全年的气温变化情况。

　　图 3.4-10 所示为 2009 年 10 月至 2010 年 7 月不同季节单月内日平均气温变化情况。可以看出，1 月气温均在 0℃以下，月初气温已较低，且随着时间推移继续降低，至中旬日平均气温降至最低，约−14℃，随后温度开始有所回升，月底时气温回升至与月初相当，随着时间推移气温将继续上升；4 月初日平均气温已上升至 5℃左右，由于天气变化原因，4 月的气温出现了一定的波动，但整体呈上升趋势，至月底时平均气温可高达19℃；7 月初调查区的日平均气温在 25℃左右，随着时间推移气温不断上升，至下旬时达到最高温，约 32℃，随后气温开始回落，月底气温回落至与月初相当；10 月初日平均气温降低至 13℃左右，随着时间推移气温持续降低，至月底时降至 3℃左右。由上述的多年气温变化情况可知，调查区多年气温变化与 2009 年具有相同的气温变化模式。

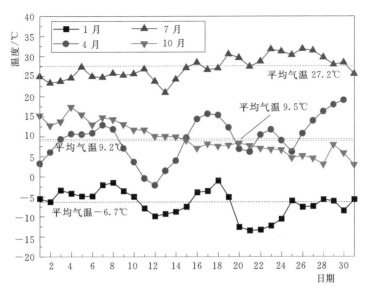

图 3.4 - 10　不同季节单月内日平均气温变化情况

　　从图 3.4 - 10 中也可以看出，月平均气温只能代表一个月内气温高低的平均水平，月内日均最高气温和日均最低气温与当月平均气温有较大差别，因此分析中没有涉及极端高温或极端低温情况。例如，7 月调查区的平均气温在 27℃ 左右，但该月内最高气温可达 40℃ 左右；同样，1 月的平均气温仅为 -6.7℃，但最低气温可达 -25℃ 左右。

　　图 3.4 - 11 所示为 2009 年 10 月至 2010 年 7 月不同季节一天内逐小时气温变化情况。从图中可以看出，调查区各季度季度同一天内的气温变化均表现出相同的规律：每天的最低气温出现凌晨 5：00 左右，随后太阳升起气温开始上升，至下午 15：00 左右时气温达到最高，随后在太阳辐射下气温保持一定时间稳定，随着太阳下落，气温开始在 16：00 至 18：00 开始下落（由于太阳落山早，冬季气温回落时间早，约在 16：00 左右；相反，

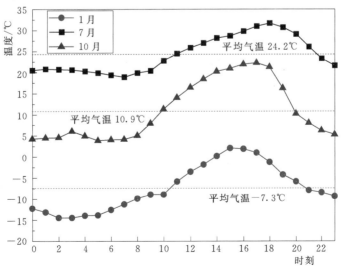

图 3.4 - 11　不同季节一天内逐小时气温变化情况

127

夏季太阳落山晚，气温回落时间较晚，约在 18 时左右；春、秋时节介于冬、夏之间），在凌晨 0 时气温下降至接近全天最低气温，随后气温以较小幅度下降或保持恒定，至凌晨 5 时后开始下一天同样的气温循环变化。由于日照时间的影响，夏季气温上升—下降区域较大，冬季气温上升—下降区域相对较小，且秋、冬时节气温变化较为剧烈，太阳升起时气温立即上升，太阳下落后气温又立即回落，气温变化受日照影响更为严重一些。从以上分析中可以看出，全年内每日的气温变化均表现为上述的上升—下降规律，只是不同季节的相对气温高低有所不同而已。

与图 3.4-10 相同，图 3.4-11 中的日平均气温也只能代表一天内气温高低的平均水平，每天的最高气温和最低气温与当日平均气温也有较大差别，分析中也没有涉及极端高温或极端低温情况。

通过对 2000—2010 年多年气温变化和一年内不同季节、一天内不同时刻气温变化的分析可知，调查区内多年气温变化幅度很小，同一年内最高气温出现在 7 月，最低气温出现在 1 月，各季度气温交替变化表现为相同规律，同一天内气温的升降也表现为相同的规律，只是相对温度高低不同而已。

（2）探井温度监测结果。结合盐渍土工程地质特性勘探与调查工作，本次在调查区内开挖探井并进行了温湿度现场监测研究，温度探头与湿度测管埋设等工作完成于 2009 年 7 月 3 日，埋设完成后测试情况良好。

温度监测分两次进行，时间分别为 2009 年 7 月 29 日和 2010 年 4 月 2 日。第一次测试于 2009 年 7 月 29 日上午 10：00 开始，2009 年 8 月 1 日上午 10：00 结束，历时 72h；第二次测试于 2010 年 4 月 2 日下午 14：00 开始，2010 年 4 月 4 日下午 14：00 结束，历时 48h。两次监测过程中温度探头都工作良好，取得了第一手的可靠监测数据，为地层温度变化规律探究提供了基础研究资料，同时也为调查区盐渍土地基病害分析和预测提供了一定的依据。

图 3.4-12 和图 3.4-13 所示分别为调查区 2009 年 7 月和 2010 年 4 月不同深度地层 48 小时内的地层温度变化情况。

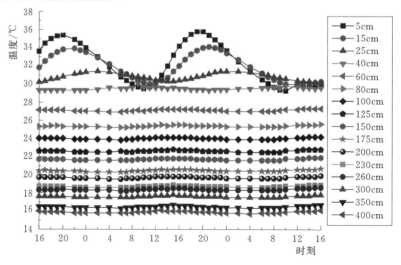

图 3.4-12　调查区 2009 年 7 月 29—31 日不同深度地层温度变化情况

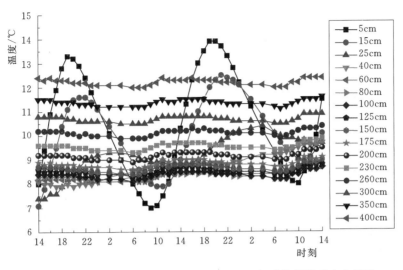

图 3.4－13　调查区 2010 年 4 月 2—4 日不同深度地层温度变化情况

　　图 3.4－12 反映了调查区夏季地层的温度变化情况，可以看出不同深度地层的温度表现出以下规律：①受环境气温的影响，夏季时节地层温度随其深度增加不断降低，探井最深 400cm 处温度最低，约为 16℃，125cm 深度以下地层温度降幅较小，0～125cm 深度范围内地层温度降幅较大；②地层埋深越浅，其受环境气温影响越大，变化越剧烈，对环境气温的响应也越明显，埋深小于 40cm 地层（含）的温度受环境气温影响较明显，一天内随着气温变化地层温度有相应变化，埋深越浅地层温度变化越剧烈，5cm 深度地层温度一天内的变化幅度超过 7℃，埋深大于 40cm 范围地层受环境气温影响较小，地层温度几乎不随每天的气温变化发生明显变化，温度变化幅度都小于 0.5℃，埋深越大地层温度变化幅度越小，200cm 以下地层的温度日变化幅度均小于 0.3℃；③浅部地层（埋深小于 40cm 地层）的温度变化没有穿越下部地层，即浅部地层温度始终高于深部地层，即使最低温度也高于深部地层温度，与深部地层温度没有交叉点。

　　图 3.4－13 反映了调查区冬季地层的温度变化情况，可以看出不同深度地层表现出以下规律：①与夏季时节相反，冬季时节地层的温度随深度增加不断升高，即浅部地层温度最低，深部地层温度最高，探井最深 400cm 处温度约为 12.3℃，探井最浅的地层观测点 5cm 处最低温度约为 6.9℃，125cm 深度以下地层温度降幅较小，0～125cm 深度范围内地层温度降幅较大；②冬季时节地层温度受环境气温影响与夏季时节是一致的，即地层埋深越浅，其受环境气温影响越大，变化越剧烈，对环境气温的响应也越明显，埋深小于 40cm 地层（含）的温度受环境气温影响较明显，一天内随着气温变化地层温度有相应变化，埋深越浅地层温度变化越剧烈，5cm 深度处地层温度一天内的变化幅度超过了 6.6℃，埋深大于 40cm 范围地层受环境气温影响较小，地层温度几乎不随每天的气温变化发生明显变化，温度变化幅度都小于 1℃，埋深越大地层温度变化幅度越小，200cm 以下地层的温度日变化幅度均小于 0.5℃；③由于浅部地层（埋深小于 40cm 地层）的温度变化幅度较大，其温度变化穿越了深部地层，即浅部地层最低温度低于深部地层，但受当日环境气温变化的影响，其温度上升后反而高于深部地层温度，与深部地层温度有交叉

点。表现最明显的地层为最浅处 5cm 深度处地层，其最低温度比所有地层的温度都低，而最高温度比所有地层的温度都高，每日内地层温度变化与其他地层温度有两次交叉点。浅部地层温度这种交叉规律随着深度增加而减小，40cm 深度地层仅穿越很少的几个地层。

对比图 3.4-12 和图 3.4-13 可以看出，尽管深度大于 40cm 的深部地层受环境气温影响的日气温变化幅度非常小，但其受环境气温影响的年气温变化却比较大，探井最深处 400cm 在冬、夏两季的地层温度也相差很大，夏季约为 16.0℃，冬季约为 12.3℃，说明深部地层温度随着环境气温也是有变化的，只是其变化幅度非常小而已，通过累计叠加可在季节交替中明显看出。

为了进一步了解地层温度与环境气温的相关关系，需要将环境气温与实时监测的地层温度对应起来，本次地层温度监测过程中同时采用水银温度计和数字温度计测定了空气温度，可以很好地建立环境气温与地层温度变化的对应关系。

根据上述分析可知，只有埋深小于 40cm 地层（含）的温度随环境气温变化有明显变化，其余地层的日温度变化均不明显，因此选取浅部地层（埋深小于 40cm 地层）进行地层温度与环境温度相关关系的分析研究。

图 3.4-14 和图 3.4-15 所示分别为调查区 2009 年 7 月和 2010 年 4 月地层温度与环境气温的变化关系。从图中可以看出，无论是升温还是降温过程，地层温度较环境气温变化总存在滞后效应，且随着地层深度增大滞后效应越来越明显，滞后时间增大。图中分别给出了环境气温和不同地层升温和降温过程中的起始升温线和起始降温线，可以很明显地看出不同地层温度变化对环境气温的滞后时间。

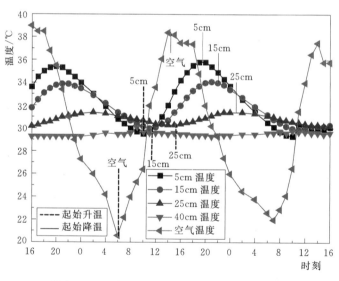

图 3.4-14　调查区 2009 年 7 月 29—31 日地层温度与环境气温变化关系

分别统计 2009 年 7 月和 2010 年 4 月两个季节地层温度相对于环境气温的滞后时间（表 3.4-1），可以看出，随着地层深度增大，地层温度对环境气温的滞后效应明显增大，升温和降温滞后时间都明显增多。这是因为浅部地层密切依赖于环境气温，地层深度越浅则气温传导时间越短，且下部地层温度的变化只能通过上部地层温度变化进行传导，

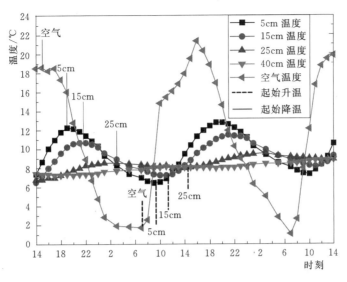

图 3.4-15 调查区 2010 年 4 月 2—4 日地层温度与环境气温变化关系

升温和降温过程都要晚于上部地层，因而随着地层深度增大，其温度变化的滞后效应也越来越明显。

表 3.4-1　　　　　　　　　　　　春、夏两季地层温度变化滞后时间统计

地层深度 /cm	2009 年 7 月				2010 年 4 月			
	起始升温时间	起始降温时间	升温滞后时间 /min	降温滞后时间 /min	起始升温时间	起始降温时间	升温滞后时间 /min	降温滞后时间 /min
0	6：00	14：15	0	0	6：30	14：20	0	0
5	10：00	19：45	240	330	9：50	18：40	200	260
15	11：40	21：00	340	405	10：40	21：50	250	450
25	15：40	0：25	580	490	14：20	1：20	470	540

对比升温和降温滞后时间，可以发现降温滞后效应要略大于升温过程，这是因为升温过程中阳光直接照射，环境气温上升较快，而环境气温开始降低时太阳辐射并没有消失，降温幅度较慢，因而导致降温滞后效应更为明显一些，这也充分说明了地层温度对环境气温的依赖性。对比 2009 年 7 月夏季地层温度和 2010 年 4 月冬季地层温度的滞后效应，可以看出冬季滞后效应较夏季要小一些，这是因为夏季白昼时间较长，太阳辐射时间长一些，因而环境气温变化增幅（降幅）都较小一些，同时夏季戈壁滩上环境气温的温差大，冬季温差小，因而导致地层温度在夏季的滞后效应更为明显一些。

（3）气象台站温度监测结果。通过对调查区探井内不同深度地层冬、夏两季温度变化的实时监测，已经可以清晰地看出不同深度地层温度随环境气温的变化规律及滞后效应，也可以看出各地层冬、夏季节交替过程中地层温度的交替规律，对调查区盐渍土地基病害的分析、防治和预测都有着极为重要的意义。但是由于各种条件的限制，现场温度监测进行了两次，分别代表冬、夏两季的地层温度情况，监测次数和时间都有一定的局限性，且

监测时间并未对应一年中环境气温最高和最低的时间，因此在结果分析中也存在一定的局限性，对地层温度的变化分析研究不够深入。鉴于此种情况，在进行温湿度监测的同时取得了 2009—2010 年一年中的部分地层温度实时监测数据，为进一步深入分析调查区地层温度变化规律提供了很大的基础数据资料帮助。

调查区气象台站地层温度数据涵盖全年 4 个季节的温度数据，因此本书中采用上述季节分析方法分别选取 4 月 15 日、7 月 15 日、10 月 15 日和 1 月 15 日前后 48h 内地层温度变化情况分析各地层温度的变化规律。气象台站地层温度观测数据从地表可达到地下320cm 处，观测深度分别为 5cm、10cm、15cm、20cm、40cm、80cm、160cm、320cm。图 3.4－16～图 3.4－19 所示分别为调查区 2010 年 7 月 15—16 日、2009 年 10 月 14—15日、2010 年 1 月 15—16 日和 2010 年 4 月 15—16 日不同地层温度 48h 内的变化情况，分别代表调查区夏、秋、冬、春 4 个季节不同地层的温度变化规律。

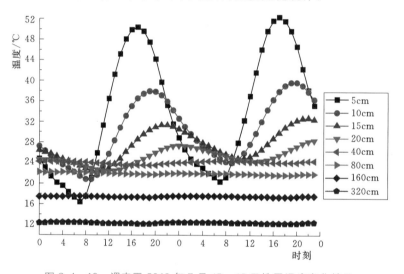

图 3.4－16　调查区 2010 年 7 月 15—16 日地层温度变化情况

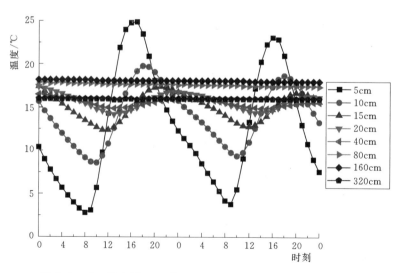

图 3.4－17　调查区 2009 年 10 月 14—15 日地层温度变化情况

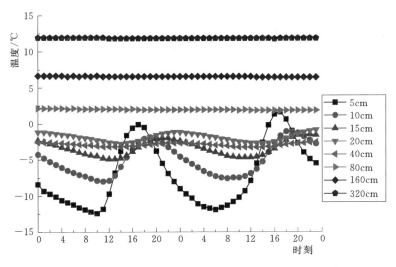

图 3.4-18 调查区 2010 年 1 月 15—16 日地层温度变化情况

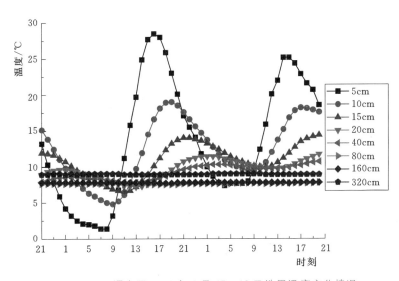

图 3.4-19 调查区 2010 年 4 月 15—16 日地层温度变化情况

对比图 3.4-16～图 3.4-19 中不同季节各地层温度的变化情况，可以看出，与前述的探井地层温度变化规律相同，气象台站观测地层温度变化也表现为地层埋深越浅，其受环境气温影响越大，变化越剧烈，对环境气温的响应也越明显，深部地层温度几乎不随日气温变化发生明显的变化。7 月（夏季）环境气温最高，浅部地层（深度小于 80cm）受环境气温影响表现为高温，随日气温变化地层温度变化剧烈，深部地层（深度大于 80cm）温度较低，地层温度随深度增加逐渐降低，浅部地层温度基本不与深部地层温度出现交叉；10 月（秋季）环境气温有所下降，浅部地层温度随之下降，温度低于深部地层，浅部地层由于温度变化范围大，从而与深部地层温度出现交叉点，由于滞后效应，最底部 320cm 处地层受夏季高温影响温度在此时才得到升高，地层温度较夏季要高一些；1 月（冬季）环境气温最低，浅部地层温度也表现为最低，其变化也最为剧烈，此时地层温度随深度增加而升高，即深处地层温度高，浅部地层温度较低，由于环境气温较低，浅部地层的低温不能穿越深部地层的高温，温度变化没有交叉点，深部地层受秋季降温的影响地层温度也有所降低；4月（春季）环境气温开始回升，此时浅部地层温度也随之上升，最深处320cm地层由于冬季环境气温滞后效应，温度反而有所下降，深部地层和浅部地层温度变化处于高温和低温的过渡带，温度集中在一定区域，差别较小，浅部地层同样受环境气温影响较大，与深部地层温度出现交叉。随后，地层温度变化开始进入下一个季节交替的温度变化循环中，各地层的温度也周而复始地在重复着如此的温度交替变化规律。

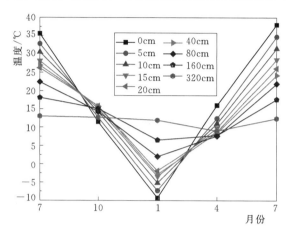

图3.4-20　调查区2009年7月至2010年7月全年不同地层温度变化情况

图3.4-20给出了调查区2009年7月至2010年7月全年不同地层温度变化情况。从图中可以明显看出不同季节各地层的温度变化情况，地层深度越浅则季节变化导致的温差变化越大，受环境气温影响越明显，滞后效应越小；反之地层深度越大则受环境气温影响越小，全年内地层温度变化幅度越小，滞后效应越明显。不同深度地层温度均密切依赖于环境气温变化，随着环境气温的季节交替变化做周而复始的温度变化循环。统计全年内不同地层的温度变化情况，得到表9-2的结果，可以精确知道不同地层全年内温度变化情况。

从表3.4-2中可以看出，不同地层变化值反映了地层温度随环境气温的变化剧烈程度，可知随深度增加地层温度变化剧烈程度逐渐降低，160cm深度地层的年温度变化值约为11℃，320cm深度地层年温度变化值不到4℃，可以推测地层温度变化值随深度增加会进一步减小。

表3.4-2　　　　　　　　　　　不同深度地层全年内温度变化情况统计

地层深度/cm	地 层 温 度/℃			
	最大值	最小值	平均值	变化值
0	38.0	−9.3	14.1	47.3
5	34.7	−7.3	13.1	42.0
10	31.5	−5.2	12.9	36.7
15	28.5	−3.5	12.5	32.0
20	26.1	−2.9	12.2	29.0
40	24.2	−1.9	11.4	26.1
80	21.9	2.0	11.4	19.9
160	17.6	6.5	11.8	11.1
320	12.7	9.0	11.5	3.7

　　同样，为了了解各地层不同季节对环境温度的响应变化及滞后效应，将不同地层温度变化在不同季节进行比较，即可得知各地层温度在不同季节对环境气温的响应结果。图 3.4-21～图 3.4-24 所示分别为 0cm、10cm、40cm 和 320cm 深度处地层在不同季节 24h 内的温度变化规律。

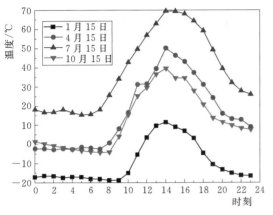

图 3.4-21　不同季节地表处（0cm 深度）
地层温度日变化规律

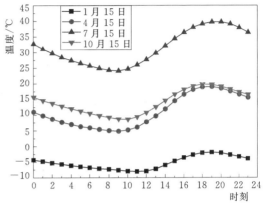

图 3.4-22　不同季节 10cm 深度处
地层温度日变化规律

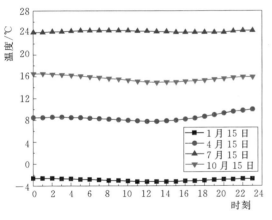

图 3.4-23　不同季节 40cm 深度处
地层温度日变化规律

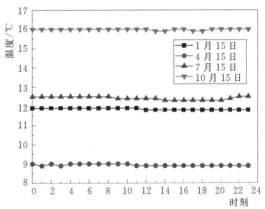

图 3.4-24　不同季节 320cm 深度处地层
温度日变化规律

　　从图中可以看出：①地表处地层温度紧随环境气温变化而变化，温度变化剧烈，由于地表处地层与大气环境直接接触，环境温度变化会立即影响到地层温度，因此其滞后效应不明显，地层温度 7 月最高，1 月最低，4 月和 10 月介于中间；②10cm 和 40cm 深度处地层温度变化相对于地表处剧烈程度变小，滞后效应增大，且随深度增大地层温度变化剧烈程度不断降低，滞后效应不断增大，10cm 深度处地层由于滞后效应不明显，所以不同季节的地层温度与地表处地层表现为相同规律，但存在一定的滞后性，具体表现为滞后效应引起的 10 月地层温度下降和 4 月地层温度上升延迟，因而导致 4 月地层温度略低于 10月，40cm 深度处地层温度变化幅度更小，滞后效应更为明显，4 月地层温度低于 10 月地层温度很多；③随之深度增加，地层温度变化剧烈程度逐渐减小，深部地层温度几乎不随日气温变化而发生变化，至320cm深度地层处日温度变化已十分微小，但是在季节交替中累计叠加会发生季节性变化。320cm深度处地层温度变化的滞后效应十分明显，其地层最高温度不出现在环境气温最高的7月（夏季），而是延迟至10月（秋季）；地层最低温度不出现在环境气温最低的1月（冬季），而是延迟到4月（春季）。以上不同深度地层温度的变化规律反映了整个调查区地层温度沿深度方向的变化规律，对分析和预测盐渍土地基病害具有重要意义。

（4）地层温度变化模式。通过以上环境气温变化分析和地层温度变化规律分析，可以很明确地看出不同地层温度随时间和季节的变化规律，地层温度随环境气温的变化模式也清晰可见。地层温度变化模式对预测地层温度变化情况起到至关重要的作用，也对盐渍土地基工程特性分析和评价有着重要意义，因此探究并总结调查区地层温度变化模式显得十分重要。

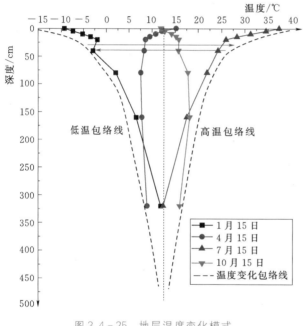

图3.4-25　地层温度变化模式

结合调查区探井地层的实时监测温度数据和气象台站温度数据，可知地层温度变化规律表现为埋深越浅则地层温度受环境气温影响越大，温度变化越剧烈，滞后效应也较小；随着深度增加地层温度变化幅度越来越小，地层温度变化相对于环境气温变化的滞后效应也越来越明显，320cm和400cm深度地层的温度季节变化可滞后3个月左右。因此，借助于不同季节各地层温度的变化规律，得到如图3.4-25所示的地层温度变化模式，即地层温度以某一温度线为对称轴，随着季节交替而发生温度摆动变化，地表处变化最剧烈，随着深度增加温度摆动变化幅度越来越小，直至某一深度处地层温度常年保持不变。由于地层温度对环境气温滞后效应的影响，地层温度变化摆动范围不是以最高气温的夏季和最低气温的冬季为包络线，其温度变化包络线要比最低和最高气温形成的区域更广泛一些，如图中对称的"低温包络线"和"高温包络线"所包括的区域。

地层温度变化模式适用于所有由环境气温影响的地层温度变化规律，只是不同土层和不同环境气温影响下的地层温度变化幅度有所不同，常年温度不变地层对应的深度不同，因而形成的温度包络线也有所不同。

2．湿度监测

（1）环境湿度变化分析。如前所述，调查区属于中温带干旱大陆性气候，夏季炎热，冬季寒冷，年平均降水量为65.3mm，年平均蒸发量为2847.7mm，蒸发量远大于降水量，气候特别干燥。调查区地层湿度在很大程度上依赖于环境湿度和当地水文地质条件影响，因此分析外界环境条件是调查和分析地层湿度的前提。结合调查区的气象资料，可以得到图 3.4-26～图 3.4-28 所示的降水规律。

由图 3.4-26 可以看出，调查区降水量较小，年降水量一般不超过 70mm，很多年份的降水量都在 50mm 以下，2008 年和 2009 年的降水量都低于 25mm，这充分说明了调查区干旱大陆性气候的特征，降水量小，气候十分干燥。

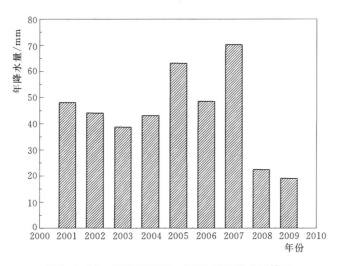

图 3.4-26　调查区 2001—2009 年年降水量情况

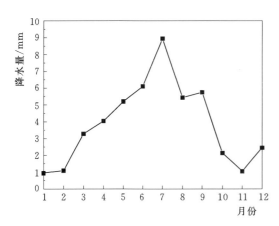

图 3.4-27　多年平均降水时间分布

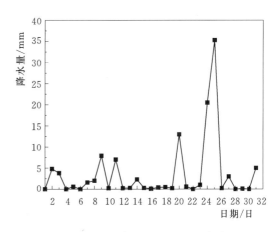

图 3.4-28　调查区 2009—2010 年多月
平均降水时间分布

由图 3.4-27 可以看出，调查区的降水量主要集中在每年的 6—9 月，以 7 月的降水居多，这说明该区的降水主要集中在夏季，冬季降水十分稀少，春秋季节只有少量降水。因而推断可知，春、秋、冬 3 个季节调查区降水稀少，气候十分干燥；夏季虽然降水量稍多，但夏季日照强度大且时间长，蒸发量极大，环境气候也十分干燥。综合可知，调查区年降水量稀少，降水主要集中在夏季，冬季降水十分稀少，春秋季节只有少量降水，全年气候都较为干燥。

由图 3.4-28 可以看出，调查区一个月内的降水时间分配很不均匀，降水主要集中在间断的某几日内，全年降水次数较少，一次降水甚至可以用尽全年的降水总量。

结合图 3.4-26~图 3.4-28 可知，调查区气候十分干燥，降水总量很小且很集中，蒸发量远远大于降水量，因此环境湿度较小，土层水分的外在补给十分短缺，大部分土层得不到外界降水的补充。同时，根据勘探结果显示，调查区的地下水埋深较大，地下水位埋深大于 10m，因此一般工程的地基土受地下水影响也很微弱，土层地下补给也很短缺。

（2）地层湿度变化规律。与温度监测相对应，本次在调查区开挖的探井内分两次监测了不同深度地层的湿度变化情况，两次监测时间分别为 2009 年 7 月 29 日和 2010 年 4 月 2 日，分别代表调查区夏季和春季的地层湿度变化情况。其中夏季测试于 2009 年 7 月 29 日上午 10：00 开始，2009 年 8 月 1 日上午 10：00 结束，历时 72h；冬季测试于 2010 年 4 月 2 日下午 14：00 开始，2010 年 4 月 4 日下午 14：00 结束，历时 48h。两次监测过程中 TDR 湿度测试均运行良好，取得了第一手可靠的地层湿度监测数据。

根据探测器发出的电磁波在不同介电常数物质中的传输时间的不同，TDR 测试所得的含水率为体积含水率，用以表征本报告中土层的湿度。按照测试布置，湿度监测最深土层为 285cm，最浅处为 15cm，中间每隔 20cm 深度测试一次。按照测试深度，将测试深度范围内的土层分为深部（2~3m 深度）、中部（1~2m 深度）和浅部（0~1m 深度）3 种地层，图 3.4-29、图 3.4-30 和图 3.4-31 所示分别为 2009 年 7 月探井深部、中部和浅部地层湿度随时间变化规律。

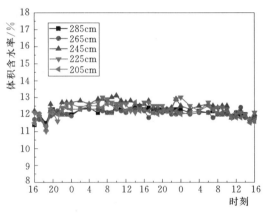
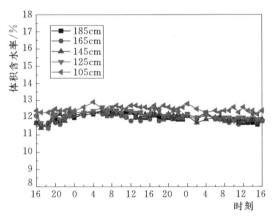

图 3.4-29　2009 年 7 月 29—31 日深部
地层湿度随时间变化规律

图 3.4-30　2009 年 7 月 29—31 日中部
地层湿度随时间变化规律

由于 TDR 是通过间接方法测试土体含水率，尽管其测试结果可以完全满足对土层湿度的监测要求，但其测试结果较直接烘干法的精确性稍差一些，测试误差范围为 ±0.3℃，因此土体体积含水率在 ±0.3℃ 范围内波动时属于测试误差，表明土层的湿度保持不变。

从图 3.4-29 中可以看出，2~3m 埋深范围内的深部地层的体积含水率差异性非常小，测试结果近乎重合，体积含水率都介于 11.8%~12.3%，地层湿度在 48h 内几乎不随时间而改变。这是因为在 48h 内土层得不到外界水分的补充，自身水分也基本没有蒸发或流失，因而含水率保持在一个恒定值。
从图 3.4 - 30 中可以看出，1～2m 埋深范围内的中部地层只有 105cm 土层体积含水率略高一点，其余土层的含水率差异也非常小，105cm 土层的体积含水率约为 12.6％，其余土层体积含水率介于 11.7％～12.1％，地层湿度在 48h 内同样不随时间而发生改变。从图 3.4 - 31 中可以看出，0～1m 埋深范围内的浅部地层湿度较深部和中部地层含水率变化较大：85cm 土层的体积含水率较低，约为 11.5％；65cm 土层的体积含水率略高一些，约为 12.6％；45cm 土层和 25cm 土

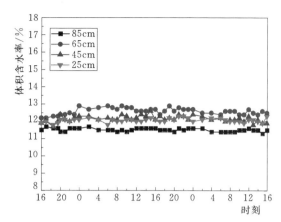

图 3.4 - 31　2009 年 7 月 29—31 日浅部
地层湿度随时间变化规律

层的湿度相当，介于 85cm 土层和 65cm 土层之间，体积含水率约为 12.2％。与深部和中部地层相同，浅部地层湿度在 48h 内也几乎不随时间而发生改变，究其原因，同样是由于水分补充和水分散失，因而保持恒定值。

对比不同深度土层的体积含水率，可以看出，125～285cm 深度范围内土层的湿度差异性非常小，体积含水率相对较低，介于 11.7％～12.3％，大部分土层含水率在 12％ 左右；相对而言，0～125cm 深度范围内土层的湿度差异性较为明显，表现出高含水率地层（12.6％左右）、低含水率地层（11.5％左右）和中间含水率地层（12.2％左右），这是由于土层差异性造成的，现场调查可知含细粒较多的密实砂土层和盐分含量较高土层的湿度较大，而含粗颗粒较多的砾砂或砂砾层湿度较小。

由于调查区土层在一定时间内得不到外界水分补充，自身水分在一定时间内也不会消散，所以各土层的体积含水率在 48h 内几乎不随时间而发生变化。鉴于这种情况，湿度监测完成 48h 后在调查区模拟人工降雨改变土层湿度进行观测，并确定水分在土层内的入渗深度，以确定外界降水对土层湿度的影响程度。为此，在填埋探井的上部以温湿度探头为中心，划出直径 150cm 的圆，随后以透有均匀密集小孔的盆子进行人工降水，将全年的降水量分两次全部降落在监测区，最大化地反映降水对地层湿度的影响。两次降水间隔 30min，待第一次降水完全渗入时开始第二次降水，每次降水量为年平均降水量的一半，即 32.7mm，降水时间为 30min，确保水分充分入渗土层中。

降水完成后间隔 15min 测试各土层的湿度情况，发现各土层的体积含水率没有发生任何变化，说明全年降水量的入渗并没有影响到测试地层。为了确定降水的入渗深度，在降水完成 90min 后开挖了降水区土层，观测到表部含有砾石和砂的土层渗透深度可达到 14cm，其下部的含细粒砂土渗透深度只有 6cm，土层总渗透深度为 20cm。这次模拟人工降雨采用连续和集中的方式使得水分最大化地入渗土层，表征了调查区土层降水最大入渗深度，说明调查区土层的最大入渗深度较浅，因而大气降水对地层的湿度影响非常小。

同样，于 2010 年 4 月 2 日在调查区对各地层进行了湿度监测，代表冬季条件下各地层湿度随时间的变化规律，以说明不同深度地层的湿度特征及其变化特征。图 3.4 - 32、

图 3.4-33 和图 3.4-34 所示分别为 2010 年 4 月初探井深部地层、中部地层和浅部地层湿度随时间变化规律。

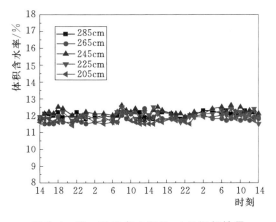

图 3.4-32　2010 年 4 月 2—4 日深部地层
湿度随时间变化规律

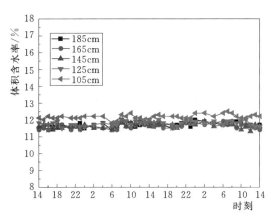

图 3.4-33　2010 年 4 月 2—4 日中部地层
湿度随时间变化规律

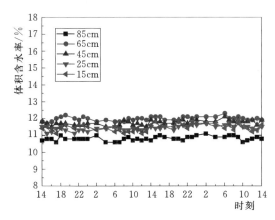

图 3.4-34　2010 年 4 月 2—4 日浅部地层
湿度随时间变化规律

从 2010 年 4 月初不同土层湿度随时间的变化规律可以看出，尽管季节有所变化，但各土层的含水率与夏季条件下土层湿度表现出相同的规律：125～285cm 深度范围内土层的湿度差异性非常小，体积含水率相对较低，各土层含水率在 48h 内几乎不随时间发生变化；相对而言，0～125cm 深度范围内土层的湿度差异性较为明显，表现出高含水率土层、低含水率土层和中间含水率土层，且高、中、低含水率土层与夏季时节土层一一对应，各土层含水率在 48h 内也不随时间发生变化。

对比春、夏两季不同土层的湿度情况，可知春季时节各土层的体积含水率较夏季时节略低一点，相差 0.2%～0.8%，大部分土层春、夏两季相差仅有 0.5% 左右，如图 3.4-35 所示，湿度几乎没有改变。从水分得失的角度考虑，调查区开挖探井位于地下水位以上，得不到地下水分的补充，同时由于外界大气降水很少，基本也得不到外界水分的补充，从某种意义上来说，各土层的湿度在一定时间内应保持不变。本次春、夏两季地层监测结果也表明，各地层的湿度在 48h 的短时期和春夏交替的长时期内基本都不发生明显变化，与分析结果相一致，也反映了该地区地层湿度的实际变化情况。

基于上述分析，对于春、夏两季监测得到的土层湿度微小变化，是由于土层温度变化而导致的，夏季条件下 0～285cm 土层的温度都有所升高，土体的介电常数变小，因而采用 TDR 测试得到的土体体积含水率略微高一点。这一点也可以从图 3.4-35 所示的春、夏两季地层湿度变化情况来说明：图中春、夏两季湿度变化差异随地层深度增大而减小，正是由于地层温度差异在春、夏两季随深度增大而减小导致的。因此，认为春、夏两季调查区地下水位以上土层的湿度在一定时期内是保持不变的。

从图 3.4-35 中也可以得出，调查区冲洪积形成地层的层状特征表现较为明显。不同时期冲洪积物的颗粒组成不同，因而形成了粗细不同和盐分含量差异的地层，含细粒和盐分较多的地层含水率稍大一些，含粗粒多且盐分少的地层则含水率

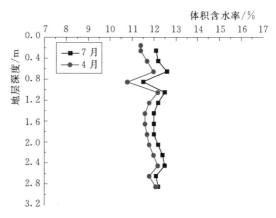

图 3.4-35 地层湿度随埋深的变化关系

较小一些，图中浅部地层体积含水率差异正是土层差异导致的结果。

3.4.3 地层温湿度变化对盐渍土地基的危害

通过对调查区温湿度现场监测分别探讨了各地层温度和湿度随时间、季节和深度等的变化规律，为调查区盐渍土地基的危害评价提供了一定的依据。调查区属中温带干旱大陆性气候，夏季炎热，冬季寒冷，年最高温度为 40℃，最低温度为 −28℃，气候干燥，年平均降水量为 65.3mm，年平均蒸发量为 2847.7mm，蒸发量远大于降雨量。

根据现场温度监测结果，调查区埋深小于 40cm 地层温度随环境气温日变化量较为明显，大于 40cm 地层温度日变化量很小，地层温度随埋深增大变化量逐渐减小，深部地层温度几乎不随日气温变化而变化；随着季节变化，各地层温度变化随深度增加也逐渐减小，且滞后性明显增大。根据统计结果，埋深小于 20cm 地层温度变化范围为 −7.3～34.7℃，20～40cm 地层温度变化范围为 −2.9～26.1℃，40～80cm 地层温度变化范围为 −1.9～24.2℃；80～160cm 地层温度变化范围为 2.0～21.9℃；160～320cm 地层温度变化范围为 6.5～17.6℃；320～400cm 地层温度变化范围为 9.0～12.7℃。可以看出，320cm 以下埋深地层的温度变化值很小，温度变化几乎不会对盐渍土地基产生危害。

根据现场湿度监测结果，调查区不同埋深地层湿度几乎不随时间和季节变化发生变化，地层湿度在一定时期内保持恒定。因此，在没有人为干预的条件下，地层湿度不会有大幅增减。结合温度监测结果，如果盐分含量较大，在浅部温度变化较大的地层中，存在发生盐胀的可能性。同时，地层湿度相对较小，部分盐分以结晶态形式存在于土体中，若发生大量水分渗入，地层存在溶陷的潜在危害，因此尽量避免在构筑物地基附近倾倒生活用水或进行灌溉。

根据调查区 1961—1990 年 30 年标准冻土深度观测资料统计成果，该区多年季节性标准冻土深度为地面以下 1.16m[11]，该深度范围内土层存在冻胀的潜在危害，含水率不同表现出的冻胀危害程度有所不同。

综合以上分析可知，调查区构筑物的地基埋深大于一定值（大于冻土深度和地温变化很大的地层）后，若没有人为过大干预地层温湿度条件，则构筑物地基相对稳定。

第4章

盐渍土的非饱和特性与水盐迁移

4.1 研究概况

4.1.1 非饱和土研究

土力学是将工程力学同土的性质结合起来的一门学科，发展至今已形成一套完善的、独立的理论体系[145]。最初的土力学研究将土视为两相体，认为土是由土粒和孔隙水组成的，它的发展可以划分为三个阶段：① 萌芽期（1773—1923 年），土力学的发展以 Coulomb 首开先河，他在 1773 年发表了《极大极小准则在若干静力学问题中的应用》，为土体的破坏理论奠定了基础；②古典土力学（1923—1963 年），古典土力学可以归结为一个原理（有效应力原理）、两个理论 [以弹性介质和弹性多孔介质为基本假设的变形理论和以刚塑性模型为出发点的破坏理论（极限平衡理论）]，1923 年 Terzaghi 提出了土体一维固结理论，在随后的研究中提出了著名的有效应力原理，使土力学真正成为一门独立的学科[103]；③现代土力学（1963 年至今），1963 年 Rosoce 提出了著名的剑桥模型理论，提出了一个可以全面考虑压硬性和剪胀性的数学模型，标志着现代土力学的开始[146]。

将土作为饱和土对大多数工程来讲是一种合理的简化，但是随着研究的逐渐深入，人们已经注意到对于某些特殊区域或特殊性质的土，这种简化将造成研究理论的失误。从 20 世纪 30 年代开始，人们已经意识到饱和土力学的局限性，非饱和土的定义开始进入人们的视线。自然界中的土体是由土颗粒和颗粒间的孔隙组成的，工程中所遇到的土体，大多数以非饱和土形态存在，即土颗粒孔隙中既含有液体，又含有气体。除土颗粒本身的性质外，孔隙中水、气的含量以及溶质类型及含量的不同，也将导致土体的性质各异[147]。一般认为非饱和土是由固体颗粒、孔隙水和孔隙气所组成的三相系，事实上水-气界面的性质既不同于液体也不同于气体，目前有人将其作为独立的第四相（收缩膜）考虑[148]。孔隙的存在使得土中力系含有总应力作用和基质吸力作用，并且基质吸力的变化对土的变形与强度特性具有决定性作用[149-150]。由于饱和土力学在解决非饱和土的力学性质时具有很大的局限性，因此，已将土力学的研究领域划分为以饱和土为研究对象和以非饱和土为研究对象的两大部分（图 4.1-1）[151]。

据有关资料，非饱和土的研究始于 20 世纪 30 年代，当时由于水利和交通工程的大规模兴建，出现了许多地下水位以上的水体流动问题。例如，低于防渗心墙墙顶的地下水由于毛细管作用向上越过心墙所形成的渗流问题；地基中的负孔隙水压问题等，这些问题促

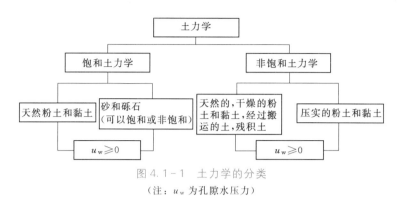

图 4.1-1　土力学的分类

（注：u_w 为孔隙水压力）

使人们对非饱和土课题进行研究。

由于 Terzaghi 的有效应力公式在描述饱和土性状方面取得的巨大成功，使人们不约而同地把建立非饱和土的有效应力公式作为目标，其中，以 Bishop 有效应力公式影响最大，表达式为[142]

$$\sigma' = (\sigma - u_a) + \chi(u_a - u_w) \tag{4.1-1}$$

式中：σ' 为有效应力；u_a 为孔隙气压力；u_w 为孔隙水压力；χ 为与土的饱和度有关的试验参数。

与饱和土的有效应力公式 $\sigma' = (\sigma - u_w)$ 所不同的是，该式中分别考虑了孔隙气和孔隙水对强度的影响。Bishop 有效应力公式在一段时间内得到了岩土工程师的认同。遗憾的是，人们发现参数 χ 受土类及其他因素的影响，不能把 $(\sigma - u_a)$ 和 $(u_a - u_w)$ 两个变量混为一谈，而必须建立各自独立的状态变量。

1977 年，Fredlund 提出了建立在多相连续介质力学基础上的非饱和土应力分析，建议用两个独立的应力状态变量。非饱和土土水特征曲线与强度的试验研究及其应用 $(\sigma - u_a)$ 和 $(u_a - u_w)$ 建立有效应力表达式，并采用"零位"试验验证了该论点的可行性。在此基础上，Fredlund 建立了基于双应力状态变量的非饱和土的抗剪强度表达式，将摩尔-库仑（Mohr-Coulomb）准则推广到以 τ、$(\sigma - u_a)$ 和 $(u_a - u_w)$ 为坐标轴的三维空间[151]。

在此基础上，适用于非饱和土的本构理论、固结理论等基本理论被先后提出，从而使非饱和土力学的理论体系逐步建立起来。经过半个多世纪的发展，非饱和土力学的理论和相应的测试技术的研究都取得了一些重大进展。

我国对非饱和土的研究起步较晚，包承纲等[152]研究了压实土的孔隙气和孔隙水的存在形态，提出以非饱和土气相存在的状态来划分孔隙水的流动规律。杨代泉[153]将饱和土的比奥固结理论外推，建立了非饱和土广义固结理论。陈正汉[154]采用混合物理论研究了非饱和土的力学性质和固结理论，并在较大的湿度和密度范围内系统地研究了非饱和土的渗气性、渗水性、孔隙水压力和孔隙气压力在三轴不排水不排气剪切试验中的演化特征。沈珠江[155]提出了非饱和土的广义吸力模型、损伤力学模型以及非饱和土的简化固结理论。汤连生[156]分析了非饱和土中的粒间吸力和有效应力，指出粒间吸力主要由结构吸力和湿吸力决定，研究了非饱和土的有效应力，认为结构吸力的产生原因和影响因素比湿吸力要复杂得多，是与土-水化学作用直接相关的。

陈正汉等采用改装的三轴仪对重塑非饱和黄土的变形、强度、屈服和水量变化特性进行了全面的研究，在此基础上提出了一个较完整的非饱和土的非线性模型，并对南阳膨胀土的变形与强度特性进行了非饱和土三轴试验研究[157,159]。徐永福研究了宁夏膨胀土的强度和变形特征，采用分形理论确定土体结构，表示了土体的孔隙分布，并根据土体孔隙分布的分形模型推导出了非饱和土的水分特征曲线、渗透系数、扩散系数和抗剪强度的表达式，并采用椭圆-抛物线双屈服面研究了非饱和膨胀土的变形性质[160-162]。缪林昌、詹良通等对非饱和膨胀土进行了较全面的非饱和土三轴试验研究[163-165]。非饱和土的研究逐渐成为我国学者的一个重要的研究课题，1992 年召开了全国非饱和土理论和实践学术研讨会；1994 年召开了中国非饱和土学术会议；2005 年召开了第二届全国非饱和土学术研讨会。至此，非饱和土已经成为当今国内外土力学者研究的热点和难点。

4.1.2　土中吸力与土水特征曲线

研究表明，非饱和土不同于饱和土的本质原因就是吸力的存在，由于土中吸力的影响，使得岩土工程问题更加复杂[166]。一般来说，土中吸力是由土的毛细管特性、吸附特性和孔隙水中溶质的渗透特性所决定的，它可分为基质吸力和溶质吸力。基质吸力为土中自由能的毛细部分，是通过量测与土中水处于平衡的部分蒸气压（相对于与土中水相同成分的溶液处于平衡的部分蒸气压）确定的等值吸力。溶质吸力为土中水的溶质部分，是通过量测与溶液（具有与土中水相同成分）处于平衡的部分蒸气压（相对于与自由纯水处于平衡的部分蒸气压）而确定的等值吸力。土中总吸力为土中水的自由能，它是通过量测与土中水处于平衡的部分蒸气压（相对于与自由纯水处于平衡的部分蒸气压）而确定的等值吸力。

包承纲[167]指出，一般的黏性土和砂性土基质吸力通常占土中吸力的主要部分，是工程中关心的重点；沈珠江[168]也指出溶质吸力对一般土的变形、强度、孔隙水流的影响可忽略不计。从热力学角度出发，基质吸力为土中自由能的毛细部分，是通过量测与土中水处于平衡的部分蒸气压（相对于与土中水相同成分的溶液处于平衡的部分蒸气压）确定的等值吸力。土力学中定义基质吸力为空隙气压力 u_a 和空隙水压力 u_w 的差值 $u_a - u_w$，它反映了以土的结构、土颗粒成分及孔隙大小和分布形态为特征的土的基质对土中水分的吸持作用，是研究非饱和土工程性质的一项重要参数。

目前，土中吸力主要依据量测特定土样的土水特征曲线（SWCC）来确定，土水特征曲线在非饱和土力学的研究中扮演着重要角色，可以从该曲线获得土的渗透函数[169-171]、抗剪强度[172-173]等有关参数。在非饱和土力学中，将反映土中吸力（基质吸力或总吸力）与含水率（重量含水率或体积含水率）的关系曲线定义为土水特征曲线，它表征了土中水的能量和数量之间的关系。土水特征曲线的研究起源于土壤学和土壤物理学[174-175]，开始主要着重于天然状态下表层土壤吸力的变化、土壤的持水特性及水分运动特征的研究。

图 4.1-2 为典型的土水特征曲线[176]，它有两个特征点：一是对应于土的进气值的点，即空气开始进入土体边界土颗粒或大孔隙时对应的基质吸力值；另一个特征点是对应于残余含水率 θ_r 的点。当土体中含水率降低到一定值时，需要增加很大的吸力才能使含水率继续减少，含水率的这一临界值称为残余含水率。当基质吸力远大于土的进气值时，土体开始迅速失水，土水特征曲线斜线段的斜率表征了失水速率，在图 4.1-2 中用 m_w 表示。基质吸力较高时，失水速率可以忽略，土的含水率趋向于残余含水率。由于"瓶

颈"效应，土的脱湿曲线和吸湿曲线存在滞后现象。吸湿过程中土体孔隙内部存在着部分孤立的小气泡，所以吸湿过程中的含水率比相同基质吸力下脱水过程的含水率小，但脱湿和吸湿过程土水特征曲线的形状是一致的。

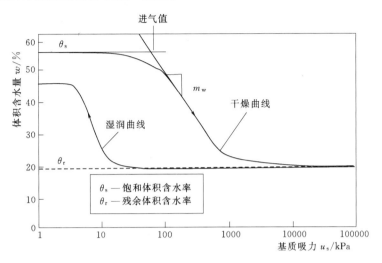

图 4.1-2 典型的土水特征曲线

以土水特征曲线的两个特征点为界，土体不饱和可分三个阶段来描述（图 4.1-3）：毛细饱和、不饱和及残余饱和[168]。毛细饱和阶段，基质吸力小于进气值，气相处于完全封闭状态，土体的含水率接近饱和含水率，土体吸力变化很小，气相只能以封闭形式悬浮在水中，并随水流动，孔隙中完全充满水，在土颗粒接触点处的水膜是连续的，这个阶段的土体可以被看作含有可压缩流体的两相土，只需单一的饱和土有效应力就可以描述土体的力学特性。在不饱和阶段，基质吸力大于进气值，土体的含水率随着基质吸力增大而迅速减小，空气开始进入并占据土体内部较大的孔隙通道，这是非饱和土性质变化最大的一个区段，实际工程中遇到的大部分非饱和土都处于这个阶段。依据含水率随基质吸力增大

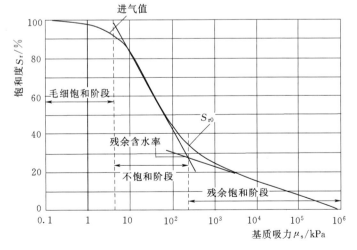

图 4.1-3 土体不饱和过程的土水特征曲线

而减小的幅度大小，又可以将不饱和阶段进一步分为两个阶段：第一阶段，含水率随基质吸力增大而减小的幅度较大，土颗粒接触点处的水膜是连续的，而孔隙气以分散的气泡形式包围在孔隙水中；第二阶段，含水率随基质吸力增大而减小的幅度较小，孔隙水和孔隙气处于双封闭状态，即孔隙水和孔隙气都不连续，相互分隔。进入残余饱和阶段后，孔隙气处于连通状态，这时孔隙水仅残存小孔隙中，含水率的微小变化将会产生较大的孔隙水压降低，导致基质吸力的增大。

从本质上讲，土水特征曲线是体积或变形与能量的关系曲线。土水特征曲线两侧的能量、水分状态和水的储存机制不同，如图 4.1-4 所示。

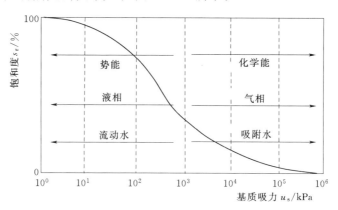

图 4.1-4　土水特征曲线中水的能量、状态及储存机制

影响土水特征曲线的因素主要有土的矿物成分、孔隙结构、土体的收缩性和应力历史等。首先，不同质地的非饱和土，其土水特征曲线各不相同。一般来说，土中的黏粒含量越高，同一吸力条件下土的含水率越大，或同一含水率下其吸力值越高。这是因为随着土中黏粒含量的增多，会使土中的细小孔隙得到更好的发育。对于砂质土来说，绝大部分孔隙都比较大。当吸力达到一定值后，这些大孔隙中的水首先排空，土中仅有少量的水存留，故水分特征曲线呈现出一定吸力以下缓平，而较大吸力时陡直的特点。随着土体塑性的增加，同一含水率对应的吸力也越大。这是由于土的颗粒大小及土的矿物成分不同所引起的。颗粒越细，矿物的亲水性越强，吸力越大。另外诸如应力历史等其他因素也会影响土水特征曲线的形状。

土水特征曲线还和土中水分变化的过程有关。对于同一中土，即使在恒温条件下，由脱湿过程和吸湿过程测得的土水特征曲线也是不同的，这种现象称为滞后现象[178-179]。由此，非饱和土中吸力和含水率的关系，不仅不是单值函数，而且依其干燥、湿润的历史不同呈现复杂的变化[180]，由于非饱和土基质吸力与含水率的关系目前还不能根据其基本性质从理论上分析得出，所以土水特征曲线只能用试验方法测定[181]。Sillers 等[176]总结了不同类型土的持水特性，给出了不同类型土的土水特征曲线形态（图 4.1-5）。

4.1.3　水盐运移研究

土体内水盐运移机理和运移过程是盐渍土研究的核心问题，尤其是土体处在非饱和状态下。国内外学者已经能够定性地分析冻融、蒸发等因素对土体水盐运移的影响，但尚不能定量地分析这些因素以及在它们的耦合作用下水盐的运移规律，特别是考虑土体所含水分处在非饱和的状态。

4.1.3.1 冻融条件下水盐运移研究

Hallet[182]用纯净砾石制成柱形试件，其空隙充满 $Ca(HCO_3)_2$ 水溶液，经过自上而下的单向冻结试验，$Ca(HCO_3)_2$ 也自上而下迁移，表明在水溶液单向冻结过程中，离子迁移的总方向是由液柱冷端指向暖端。

罗金明等[183]通过野外定位观测细粒土，证明了土体热力梯度是水盐运

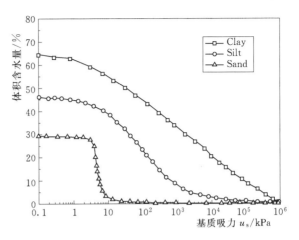

图 4.1-5　不同类型土的土水特征曲线

移的诱导因素和驱动力；冬季土体热力构型为冷冻层-过渡层-暖土层；消融季节土体热力构型为暖土层-过渡层-冷冻层-过渡层-暖土层。而冻融循环又会改变土体的水势梯度[184]。在热力梯度和水势梯度的共同作用下，潜水和新土层中的未冻水溶液向冻层迁移，盐分也随之上升并在冻层累积，Bing 等[185]的试验也支持了这一点。

以上表明，粗粒土和细粒土在冻融条件下的性质是不一样的。邱国庆[186]总结出了土体在冻融过程中盐分运移的两个阶段。对粗粒土，在冬季自上而下的冻结过程中，盐分是自上而下向非冻结层迁移，这是盐渍化的第一阶段；在第二阶段由于春融迅速和土的渗透性强，盐分迁移方向也是自上而下。结果都使剖面上部脱盐而使潜水层盐渍浓度增高。对黏性土，在冬季自上而下的冻结过程中，盐分自下而上向正冻层迁移。在春季融化过程中，季节冻层的消融是自下而上及自上而下双向进行，在一段时间内土体剖面的季节活动层中部还存在着未融化的冻层，它阻碍着土体剖面上部已融层水盐的排泄。在强热的蒸发作用下，盐分进一步向表层积聚，这是盐渍化的第二个阶段。第一阶段，盐分向季节冻结层迁移，第二阶段，季节冻结层的盐分进一步向表层集中。

4.1.3.2 蒸发条件下的水盐运移研究

贾大林[187]利用放射性同位素方法对松嫩砂土蒸发过程中盐分运移状况的研究表明：当土体中存在盐分时，地下水在蒸发过程中将溶解土体中的盐分，造成土体下部脱盐、上部逐步积盐。

谢承陶[188]指出，在相同地下水位埋深和土体含水率情况下，盐渍土水分蒸发量小于非盐渍土水分蒸发量，且随着盐分浓度增加蒸发量减少。Jones 等研究发现，无机盐能增加纯水的表面张力，并且得到了 Petersen 等[189]的直接试验验证。尉庆丰等[190]的研究也表明，水溶液的表面张力随无机盐浓度的增加而增大。一方面随着水溶液表面张力增大，毛细水上升，但同时使水溶液液态水气化耗能增大；另一方面随着无机盐浓度增大，密度增加率远远超过表面张力增加率。因而最后结果是促使毛细管水上升高度渐次降低，蒸发减少。

黎立群[83]总结出了我国蒸降比与盐渍化的关系，见表 4.1-1。

表 4.1 - 1　　　　　　　　　　　蒸降比与盐渍化的关系

蒸降比	3～4	4～15	＞15
盐渍土分布状况	斑状分布	片状分布	大面积连片分布
含盐量大于1%的土层厚度/cm	≤30	30～100	50～200
盐渍特征	无盐壳、无盐盘、含少量石膏	有盐壳、无盐盘、含有较多石膏	有盐壳、盐盘，富含石膏
盐分季节变化状况	有明显的季节性脱盐与积盐的变化	有微小季节性变化	无季节性积、脱盐变化，或者只有极微弱的变化
分布地区	华北、东北	宁夏、内蒙古、陕西北部、甘肃部分地区	新疆、青海、柴达木盆地、甘肃河西走廊、宁夏西部、内蒙古西部

李小林等[191]的观测研究得出，在蒸发量远大于降水量的情况下，当地下水埋深大于5m、年均降水量大于100mm时，0～20cm深度内不积盐而成为松软层，20cm以下形成积盐层；当地下水埋深大于5m、年降水量小于50mm时，表层土积盐、盐渍化现象十分明显；当地下水埋深小于5m、年均降水量小于300mm时，毛细水作用下均可形成蒸发浓缩型积盐。

另外，谢承陶[188]研究了黄淮海平原在季风气候影响下，土体水盐运动的主要表现形式，即蒸发-积盐、淋滤-脱盐和相对稳定三种形式，并认为周年内土体水盐动态可划分为四个阶段。而在西北盐渍土地区，淋滤过程相对弱化，甚至有些地区可以忽略。

4.1.3.3　非饱和条件下土体水盐运移研究

20 世纪 80 年代，美国、英国等国家开始研究非饱和带水分的运移规律，并将同位素应用到非饱和条件下水盐运移规律的试验研究中，使得人们能够清晰地观测到水盐的动态运动规律，尤其是稳定的 ^{18}O 和 ^{2}H 是水分子的组成部分而被作为理想示踪元素[192]。Lee[193]用同位素法进行跟踪，发现在上部为带状孔隙、下部为孔状孔隙的非饱和土体中存在一天然分界带，这一分界带起到了毛细水运移阻隔的作用，此时渗流更多的通过细孔径缓慢流动。

欧美学者通过大量的野外及室内土柱试验，确定了非饱和带垂向一维弥散系数和衰减系数。随着研究工作的深入，开始考虑土体液相和固相浓度的分配系数，并借助等温吸附模式来表示液相和固相浓度吸附和解吸问题。对土壤介质结构的研究，由结构不变的刚性体发展为可变的介质体，由均质土体研究到分层土体。在土体水分运动方面，由非饱和的平均孔隙速度发展到研究可动水体和不可动水体，并综合考虑水、气、盐分及土体四者之间相互作用关系。

我国在农业领域首先对非饱和状态下的水盐运移进行了研究，对于盐分在土壤-作物系统的吸附、迁移、转化、归宿和分布规律方面的研究，都取得了较大的进展。雷志栋等[194]、张瑜芳等[195]运用差分法求解了各种条件下的一维非饱和水流运动问题。黄康乐[196]在室内外开展一些溶质运移的实验研究后，对饱和、非饱和土体溶质运移进行了数值模拟；叶自桐[197]对传输函数模型（Transfer Function Model，TFM）进行了简化，提出了适于研究入渗条件下土壤盐分对流运移的传输函数修正模型。另外，李朝刚、王春晴[198] 通过 Bresler 算法，导出了具有构造性和易于编程的解非饱和流土体溶质运移的数值方法。

4.2 试验材料与样品制取

4.2.1 试验材料前处理

与现场勘察测试相对应，本次室内试验所用土样同样取自甘肃省酒泉市瓜州县干河口风电场。根据调查区地层颗粒组成分析可知，所取土样中含大量碎石或砾砂，不能直接用于室内试验测试，需对样品进行一定的前处理。《土工试验方法标准》（GB/T 50123—2019）规定，室内试验测试中土颗粒的粒径一般要小于 5mm，否则会因尺寸效应影响测试结果的准确性。

鉴于上述原因，室内测试过程中去除了粒径大于 5mm 的粗粒成分。同时，为了考虑颗粒组成对盐渍土工程性质的影响，本次试验在此基础上将土样分为 3 种不同粒度组分的土样。随后，对各土样的基本性质进行了测试，并在后续测试中分别考虑了粗、中、细 3 种土样对盐渍土各项性质的影响。表 4.2-1 为 3 种土样的基本物理性质指标。

表 4.2-1　　　　　　　　　　3 种土样的基本物理性质指标

土样	颗 粒 组 成/%						比重	液限/%	塑限/%	风干含水率/%
	5~2 mm	2~1 mm	1~0.5 mm	0.5~0.25 mm	0.25~0.075 mm	<0.075 mm				
5mm 土样	100.0	74.3	63.1	39.5	19.7	5.4	2.57	—	—	1.22
2mm 土样	—	100.0	89.5	55.6	28.3	8.3	2.56	—	—	1.39
0.5mm 土样	—	—	—	100.0	52.6	13.1	2.59	27.6	16.4	1.74

4.2.2 击实试验

击实试验是在瞬时冲击荷载重复作用下土颗粒重新排列，固相密度增加，气相体积减小的过程[199]，它仅使土颗粒重新排列，相互靠近占据最小的体积，土孔隙中的水既不能排出也不可压缩，它的机理可用图 4.2-1 来说明。在击实功固定的情况下，同一土样在不同含水率条件下压密程度不同：当含水率较小时（半固态或硬固态），土的干密度随含水率的增加而增大；当含水率增至一定值时，土的干密度达到最大，若继续增加含水率（软塑态），则土的干密度反而降低。这是因为，当土中含水率过小时，颗粒表面的结合水膜薄，摩擦力大，粒间连接较牢固，土粒不易移动，很难压实；当土中含水率过多时，土粒周围的结合水膜较厚，粒间连接较弱，土粒易于移动，但多余水分不能排除，阻碍了土粒相互靠近，所以也难于压实；当土呈流态时，动荷重全部由孔隙水压力承担（$P = u$），有效压力等于零（$\sigma' = 0$），土不能再压实。只有含水率达到一定值时，土粒周围结合水膜厚度适中，使粒间连接较弱，又不存在多余水分，土的压实效果最好，此时土的含水率为最优含水率（W_{op}），土的干密度达到最大干密度（ρ_{dmax}）。

土的击实试验是求取试验样品最大干密度与最优含水率的基本方法，本次盐渍土试验测试

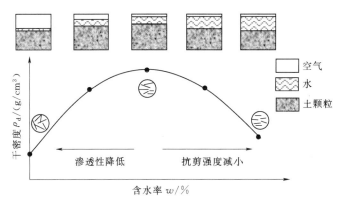

图 4.2－1　土的击实试验机理示意图

过程中首先对 3 种土样进行了标准击实试验，为后续试验样品的制取提供了基础试验参数。

4.2.2.1　试验方法

试样前将筛分好的 3 种土样充分风干，采用干质量掺配法，按土的塑限预估最优含水率，每种土样预配 5 个不同含水率的试样，用喷洒的方法边加水边搅拌使土样均匀充分湿化，配制后装入密封的塑料袋中，在保湿器中静置 48h 后供击实试验使用。

击实试验采用 JDS－2 型标准击实仪，击实筒内径为 102mm、容积为 947.4cm³、锤重 2.5kg、锤底直径为 51mm，落距为 305mm，击实能量为 592.2kJ/m³。击实试验严格按照 GB/T 50123—2019 中轻型标准击实方法分 3 层击实，每层 25 击，每层土的厚度相当，余土高度控制在－3～3mm，将人为误差降到最小。

4.2.2.2　试验结果

通过标准击实试验，求取标准击实功条件下不同含水率土样对应的干密度（表 4.2－2），即可绘制标准击实曲线。

表 4.2－2　　　　　　　　　　　　击 实 试 验 结 果

土样	含水率/%	干密度/(g/cm³)	最大干密度/(g/cm³)	最优含水率/%
5mm 土样	5.04	1.81	2.04	9.07
	6.17	1.82		
	7.16	1.87		
	8.67	2.03		
	9.64	2.04		
	12.81	2.00		
2mm 土样	5.94	1.73	2.00	10.80
	7.33	1.78		
	8.65	1.83		
	10.26	1.99		
	11.70	1.97		

续表

土样	含水率/%	干密度/(g/cm³)	最大干密度/(g/cm³)	最优含水率/%
0.5mm 土样	7.39	1.67	1.93	13.20
	8.82	1.74		
	10.39	1.85		
	11.89	1.91		
	13.18	1.93		
	17.40	1.80		
	18.42	1.77		

图 4.2－3、图 4.2－4 和图 4.2－5 所示分别为 5mm 土样、2mm 土样和 0.5mm 土样的标准击实曲线，从曲线上可以读出每种土样的最优含水率及对应的最大干密度。可以看出，随着粒径逐渐变小，土样的最优含水率逐渐增大，对应的最大干密度逐渐减小，符合土的击实规律。同时可以看出，含水率小于最优含水率之前，土样干密度随含水率增大有着明显的增大效应，例如：5mm 土样含水率从 5％增大至 9％的过程中，土样干密度从 1.81g/cm³ 增大至 2.04g/cm³；2mm 土样含水率从 6％增大至

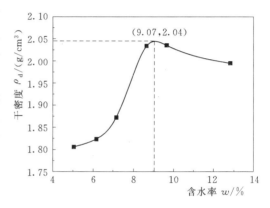

图 4.2－2 5mm 土样标准击实曲线

10.8％的过程中，土样干密度从 1.73g/cm³ 增大至 2.0g/cm³；0.5mm 土样含水率从 7.4％增大至 13.2％的过程中，土样干密度从 1.67g/cm³ 增大至 1.93g/cm³，这说明该类盐渍土压实密度对土样干密度十分敏感，因此在现场地基压实过程中需选择适宜的含水率，有利于土体密实度的大幅度提高。

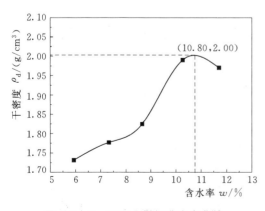

图 4.2－3 2mm 土样标准击实曲线

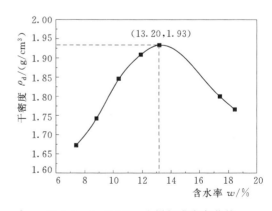

图 4.2－4 0.5mm 土样标准击实曲线

与一般土相比，本次击实试验所得盐渍土的干密度较高，这说明土体易于压实，土体

密实度较高。结合现场试验中灌水法测试土体的密度[200]，可知原状密实砾砂土密度为 $1.81\sim2.04\text{g}/\text{cm}^3$，因此室内试验求得的最大干密度可用来模拟现场土体的密实程度。

4.2.3 样品制取

以击实试验所得最大干密度为依据，制取最优含水率条件不同干密度的试样，参数见表 4.2-3。

表 4.2-3　　　　　　　　　试 验 样 品 制 取 参 数

土　　样	密度梯度	干密度/(g/cm³)	含水率/%
5mm 土样	低	1.95	9.07
	中	2.05	
	高	2.15	
2mm 土样	低	1.90	10.80
	中	2.00	
	高	2.10	
0.5mm 土样	低	1.83	13.20
	中	1.93	
	高	2.03	

为了保证试验样品的密度梯度，本次试验采用静力压实法制取样品。静力压实试验设计加工专门的圆筒形静力压实模具（图 4.2-5），圆筒内径为 79mm、筒高 120mm。制样前先在压实筒内壁涂抹凡士林润滑，称取一定量焖好的湿土，均匀缓慢装入压实筒，插入活塞压头，置于 CSS-44000 型电子万能试验机上以 2kN/s 的加载速度逐渐施加荷载，加载至预定高度后饱载 2min，以保证土样压实过程的调整与试样成形。然后采用脱模机缓慢推出试样，测量试样高度及重量，测定含水率，计算干密度。图 4.2-6 为静力压实制取的试验样品。

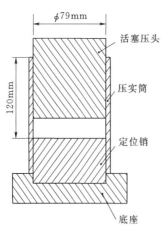

图 4.2-5　静力压实模具示意图

图 4.2-6　静力压实制取的试验样品

4.3 压力板法测定盐渍土土水特征曲线

4.3.1 试验原理与方法

试验所用为美国 Soilmoisture Equipment Corp 公司生产制造的 1500F1 型 15bar 压力膜仪（图 4.3-1），主要由小型空气压缩机（可提供不低于 20bar 的压力）、压力提取器（压力容器）、高进气值多孔陶瓷板（5bar、15bar）三部分组成。

压力膜仪将多年以来一直使用吸力方法提取水分的过程进行了改良，使液相水在正压力的作用下通过多孔陶瓷板，水分在相同的反向压力作用下达到平衡状态。达到平衡后，提取器中的气压值（正压力）与基质吸力（负压力）大小完全相等，取出少量土样烘干测定含水率，便可确定土样在不同含水率状态下对应的基质吸力。

图 4.3-2 所示为水分提取过程中压力提取器内部多孔陶瓷板上的土颗粒放大图。土样直接放置在多孔陶瓷板上，当提取器内部的气压值升高到超过大气压时，高气压将把多余的水分沿着陶瓷板上的微细孔向

图 4.3-1 1500F1 型 15bar 压力膜仪

外压。然而，内部的高气压将不会沿着微细孔向外流动，因为这些微细孔都是沾满水分的，所以每个微细孔中气体-液体接触面上的水分表面张力将支撑着提取器内部的高气压，表面张力的工作原理就类似于一个柔软的橡胶薄膜。

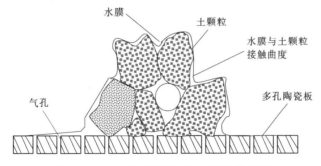

图 4.3-2 多孔陶瓷板上的土颗粒放大图

随着提取器内部的气压值不断增加，气体-水分接触面的曲率半径将不断减小（图 4.3-3），但水膜不会破裂，提取器内部的气体也不会沿着微细孔泄漏出来。在任何给定压力值条件下，土颗粒中的水分将沿着陶瓷板上的微细孔向外流动，直到土颗粒上水膜的有效曲率半径等于压力膜微细孔上水膜的有效曲率半径时，就达到了平衡状态。当提取器中的气压值继续增加时，土样中的水分流动又将再次开始，直到达到新的平衡状态。

试验时将土样装在直径为 5.2cm、高 1cm 的土样保持环内充分饱和，然后置于饱和的多孔陶瓷板上，封闭提取器并向其中加压。当提取器内部的气压值升高到超过大气压

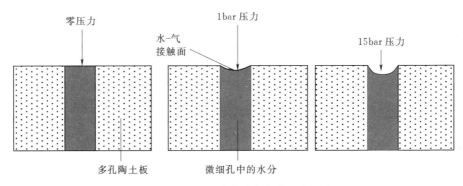

零压力　水−气接触面　1bar 压力　15bar 压力

多孔陶土板　微细孔中的水分

图 4.3−3　陶瓷板孔隙中液体曲率半径与压力关系图

时，高气压将把多余的水分沿着陶瓷板上的微细孔向外压，直到土颗粒上水膜的有效曲率半径等于压力膜微细孔上水膜的有效曲率半径时，就达到了平衡状态。此时，提取器中的气压值与土的吸力大小完全相等，取出少量土样烘干测定含水率，便可确定土样在不同吸力状态下对应的含水率。

4.3.2　结果分析

4.3.2.1　干密度对土水特征曲线的影响

在土体材料一定的情况下，土体的失水状态及对应的基质吸力只依赖于土中孔隙的数量和大小[201]，即在一定的吸力条件下小于某一等效孔径的土体孔隙充满水，而大于此孔径的土体孔隙不能吸持水分而发生失水。因此，土水特征曲线在反映土中吸力与含水率关系的同时也进一步说明了土体的孔隙状态[202]，干密度对土水特征曲线的影响即是通过对土体孔隙状况产生影响起作用的。

图 4.3−4、图 4.3−5、图 4.3−6 分别为 5mm 土样、2mm 土样、0.5mm 土样不同干密度状态下的土水特征曲线。可以看出，3 种土样含水率随吸力增大表现出相同的规律，即初始状态下失水速率较快，随着吸力不断增大，失水速率逐渐减小，最后趋于稳定。对照不同干密度土样的土水特征曲线，可以看出低密度土样对应的进气值较小，吸力较小时失水速率较快，持水能力较高密度土样差一些，随着吸力的增大，大孔隙的水分已散失殆尽，只有中、小孔隙中才能储存一定的水分，此时密度对土水特征曲线的影响已不明显，不同密度土样的土水特征曲线趋近于重合。因此，密度对土水特征曲线有一定影响，但仅限于低吸力范围内。

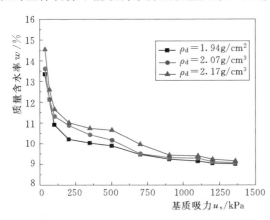

图 4.3−4　5mm 土样不同干密度状态下的土水特征曲线

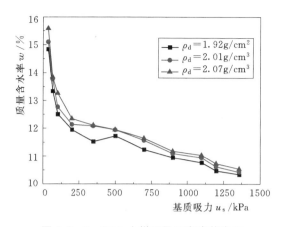

图 4.3-5 2mm 土样不同干密度状态下
的土水特征曲线

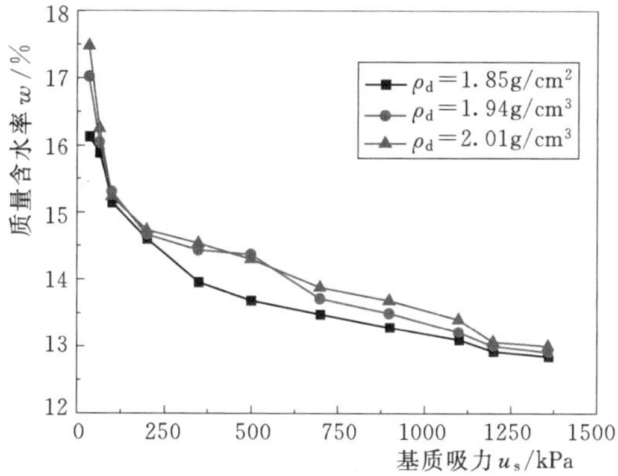

图 4.3-6 0.5mm 土样不同干密度状态下
的土水特征曲线

4.3.2.2 颗粒组成对土水特征曲线的影响

作为土体基本物理指标，颗粒大小决定了土体的组成构架、孔隙状态等，进一步影响着土体与水分的相互作用，在很大程度上影响着土体的土水特征曲线。

图 4.3-7 所示为不同颗粒组成土样的土水特征曲线。可以看出，细颗粒土样具有较高的持水能力。相比之下，0.5mm 土样具有较高的初始饱和含水率，且失水速率明显小于 2mm 土样和 5mm 土样，相同吸力条件下，细粒土含水率明显高于粗粒

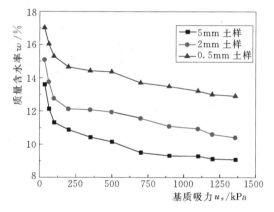

图 4.3-7 不同颗粒组成土样的土水特征曲线

土，对水分的持有能力较强。相反，颗粒组分中粗粒成分越多，越容易形成大孔隙，吸力增大过程中也越容易失水。与干密度相比，颗粒组成对土水特征曲线的影响十分明显，土中细粒组分越多，则持水能力越强。

4.4 盐渍土非饱和导水率测定

4.4.1 试验原理与方法

饱和土中水的流动通常用 Darcy 定律来表达，即土体中水的流速与其水力梯度成正比。研究表明，Darcy 定律同样也适用于非饱和土中水的流动，只是非饱和土的导水系数一般是变量，主要是含水率或者基质吸力的函数[141]。非饱和导水率是通过 Darcy 方程计算得出的，并且假定流速是固定不变的。

试验测试所用仪器为美国 Soilmoisture Equipment Corp 公司生产制造的 DT04-01 型 K_u-pF 非饱和导水率测定系统（图 4.4-1），该系统由称量系统、测试系统和数据采集

系统（通过 RS232 接口与电脑相连）三部分构成，可以自动测量土的非饱和导水率 K_u 和 pF 水分特征曲线。

　　测量时将土样放置在样品容器中（图 4.4－2，底面积为 41.3cm²，高 6.05cm）完全饱和，底部密封，上表面暴露于空气中，以便于水分蒸发。样品容器放置在具有星型吊臂的测试系统上，星型吊臂以一定的时间间隔做周期性的运转，当经过天平时，运转了一个周期的土样将得到一次称重，以确定水分的变化量。每个样品容器配备间隔 3cm 的两个张力计（图 4.4－2），用于测量土样的水势变化情况，每经过一次称重，土样的重量与相应的张力计的读数将通过数据采集系统自动记录在电脑上，如此连续测试，直至试验结束。

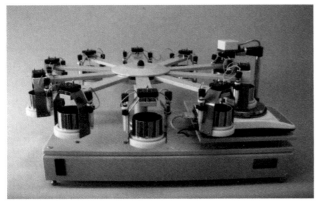

图 4.4－1　K_u－pF 非饱和导水率测定系统

图 4.4－2　样品容器与张力计

　　土样容器中的压力梯度被认为是不变的，这一梯度由水势（有张力计测量）和地心引力势能表达：

$$v_z = K_u \frac{\Delta \varphi}{\Delta z} \quad (\text{Darcy}) \tag{4.4-1}$$

$$\frac{\Delta \varphi}{\Delta z} = \frac{(\Psi_o - \Psi_u) - \Delta h}{\Delta z} \tag{4.4-2}$$

式中：v_z 为水分运移速率；K_u 为非饱和导水率；φ 为水势；Δz 为样品容器张力计间的距离（3cm）；Ψ_o 为上端张力计的张力；Ψ_u 为下端张力计的张力；Δh 为张力计间的高度差（3cm）。

　　蒸发作用使得土样表面发生流速 v_o，由于底部是密封的，所以，样品下面的流速 $v_u = 0$。依据流速不变的原理，张力计间的流速如下：

$$v_m = \frac{1}{2}(v_o - v_u) = \frac{\Delta V}{2A \Delta t} \tag{4.4-3}$$

式中：v_m 为张力计间的流速；Δt 为每个样品的测量时间间隔；ΔV 为 Δt 时间内水分的蒸发量；A 为样品容器底面积。因此，得到如下的非饱和导水率计算式：

$$K_u = \frac{\Delta V}{2A \Delta t} \cdot \frac{\Delta z}{(\Psi_o - \Psi_u) - \Delta h} \tag{4.4-4}$$

试验完成后，将土样烘干称重，就可以确定不同时刻含水率与非饱和导水率的关系。依据不同时刻张力计的读数与两个张力计间的水分含量分布情况，也可确定土样的基质吸力与含水率的相关关系，得到土水特征曲线。

4.4.2 结果分析

4.4.2.1 干密度对非饱和导水率的影响

与饱和土相同，非饱和土中水的流动也可用 Darcy 定律来描述，只是非饱和土的导水系数是一个变量，随着含水率或者基质吸力的变化而不断发生变化。图 4.4-3、图 4.4-4 分别为 2mm 土样和 0.5mm 土样不同干密度试样非饱和导水率随含水率的变化关系，可以看出：随着含水率降低，土样的非饱和导水率在不断降低，且高密度土样较低密度土样降低速率更慢一些，即高密度土样具有更好的持水能力。

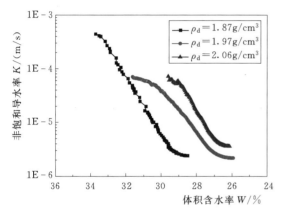

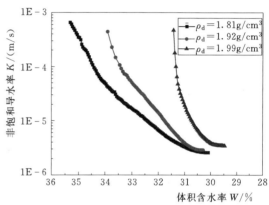

图 4.4-3　2mm 土样不同干密度试样非饱和导水率随含水率的变化关系

图 4.4-4　0.5mm 土样不同干密度试样非饱和导水率随含水率的变化关系

对于颗粒组分和成分相同的土，干密度决定了土中孔隙大小、分布和连通情况，密度越小则土体孔隙度越大，土中孔隙数量越多，孔隙半径越大，孔隙的连通性也就越好，因而低密度土样的饱和渗透系数较大，水分较易通过土体孔隙流失。从图 4.4-3 和图 4.4-4 中都可以看出，低密度土样由于孔隙度较大而具有较高的初始含水率，且最初的导水率较高，接近于土样的饱和导水率，随着含水率不断降低土样的导水率也快速降低。对比不同干密度土样非饱和导水率随含水率的变化关系，可知高密度土样导水曲线始终处于低密度土样导水曲线的上方，即相同含水率条件下高密度土样具有更高的导水率，进一步证实了高密度土样具有较好的持水性能。

4.4.2.2 非饱和导水率与土中吸力的关系

非饱和状态下土体的导水率是含水率的函数，土中吸力同时也是土体含水率的函数，因此通过含水率这个中间纽带就可以将非饱和土的导水率与土中吸力联系起来，得到不同吸力状态下土体的非饱和导水率，图 4.4-5 和图 4.4-6 所示分别为 2mm 土样和 0.5mm 土样非饱和导水率与土中基质吸力的关系。

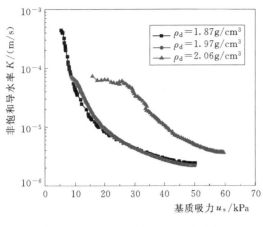

图 4.4－5　2mm 土样非饱和导水率
与土中基质吸力的关系

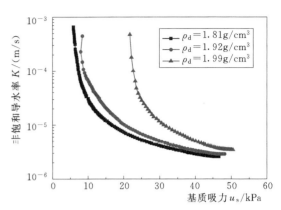

图 4.4－6　0.5mm 土样非饱和导水率
与土中基质吸力的关系

可以看出，随着土中吸力增大，土体内部孔隙水分不断流失，土体的非饱和导水率也逐渐降低，且在 0～30kPa 范围内下降速率较快，降低幅度超过两个数量级（从 10^{-1}cm/s 下降到 10^{-6}cm/s），随后非饱和导水率下降速率有所减缓。从图中还可以看出，在相同吸力条件下，高密度土样具有较高的导水率，持水性能良好。

4.4.2.3　颗粒组成对土体非饱和导水率的影响

颗粒组分是土体性质的最基本决定因素，直接影响着土体自身性质及土水相互作用所表现出的各种性质。土体的导水性能与土中孔隙大小、分布、连通性及土水相互作用密切相关，颗粒组成正是这些因素的决定条件，因此颗粒组成也在一定程度上决定了土体的非饱和导水率。

图 4.4－7、图 4.4－8 分别给出了低密度和中密度条件下两种不同颗粒组成土样的非饱和导水率。可以看出，初始条件下细颗粒土样能够吸持更多的水分，具有较高的含水率，随着含水率降低土体非饱和导水率也逐渐减小，相同含水率条件下细颗粒土样的导水率明显低于粗粒土。这是因为，细颗粒土样中的大孔隙较少，而中小孔隙相对较多，孔隙间的渗流路径增长，孔隙中的水分不会像大孔隙中的水分那样容易流动，且随着含水率不断降低，水分将会残留于更小的孔隙当中，进一步加大了水分的移动难度，非饱和导水率将会变得极低。与饱和土相同，颗粒组成对非饱和土导水率的影响也是通过孔隙结构实现的，不同的是非饱和土含水率较低的情况下土水相互作用会对土体的导水性能产生较大影响。

4.4.2.4　低吸力段颗粒组成对土水特征曲线的影响

如前所述，颗粒组分是土体性质的最基本决定因素，因而对土水特征曲线也有较大的影响。图 4.4－9 和图 4.4－10 分别给出了低密度和中密度条件下两种不同颗粒组成土样低吸力段的土水特征曲线。可以看出，低密度土样和中密度土样表现出相同的失水规律，即初始条件下土体具有较高的含水率，接近于饱和含水率，当土中吸力大于土体的进气值后，土体开始以特定速率快速失水。

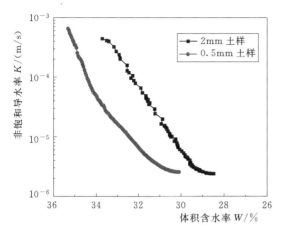

图 4.4-7 不同颗粒组成低密度土样的
非饱和导水率

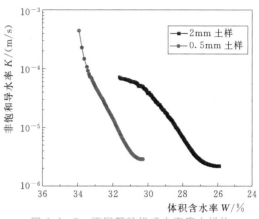

图 4.4-8 不同颗粒组成中密度土样的
非饱和导水率

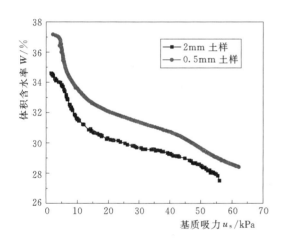

图 4.4-9 不同颗粒组成低密度土样
低吸力段的土水特征曲线

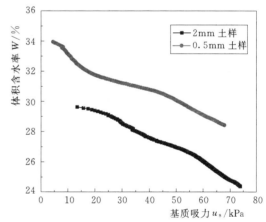

图 4.4-10 不同颗粒组成中密度土样
低吸力段的土水特征曲线

土水特征曲线表示了土中吸力与土体含水率的关系，含水率的降低导致土中吸力不断增大，土体强度随之增大。同时，土水特征曲线的形态在一定程度上反映了土中孔隙的状态，从图中可以看出，细颗粒土的土水特征曲线始终处于粗粒土的上方，具有更好的持水能力，相同吸力条件下具有更高的含水率。

4.4.2.5 低吸力段土水特征曲线模型选取与拟合

适宜的土水特征曲线数学表达式能够用于计算机模拟非饱和土的水盐运移，预测和计算非饱和土的力学性质、渗透系数、抗剪强度及边坡稳定性分析等，对非饱和土强度和本构关系的表达非常重要。Leong[202]、Sillers[203]与 Fredlund[204]等系统介绍了土水特征曲线数学模型的发展，总结不同土水特征曲线的数学模型的适用性与优缺点。表 4.4-1 给出了适用于本次试验条件的几种国内外广泛使用的土水特征曲线模型。

表 4.4-1 土 水 特 征 曲 线 模 型

类型	提出者	数学表达式	参数意义	适用范围
对数函数的幂函数形式	Fredlund 和 Xing[204]	$\theta=C(\psi)\left[\dfrac{\theta_s}{\left\{\ln\left[e+\left(\dfrac{\psi}{a}\right)^b\right]\right\}^c b}\right]$ $C(\psi)=1-\dfrac{\ln\left[1+\dfrac{\psi}{\psi_r}\right]}{\ln\left[1+\dfrac{10^6}{\psi_r}\right]}$	θ 为体积含水率；θ_s 为饱和体积含水率；ψ 为基质吸力；a 为进气值函数的土性参数；b 为当超过土的进气值时土中流出率函数的土性参数；c 为残留含水率函数的土性参数；ψ_r 为当出现残留含水率时表示吸力的函数的土性参数，本书中取 3000kPa；θ_r 为残余体积含水率；a 为体积含水率为 $(\theta_s-\theta_r)/2$ 时对应的基质吸力	$\psi\in[0,\ 10^6 \text{kPa})$
	Fredlund 和 Xing 修正式[204]	$\theta=\dfrac{\theta_s}{\left\{\ln\left[e+\left(\dfrac{\psi}{a}\right)^b\right]\right\}^c}$		低吸力段；校正系数 $C(\psi)=1$
幂函数形式	Van Genuchten[170]	$\theta=\theta_r+\dfrac{\theta_s-\theta_r}{\left[1+\left(\dfrac{\Psi}{a}\right)^b\right]^{\left(1-\frac{1}{b}\right)}}$		$\theta\in(\theta_r,\ \theta_s)$ $\psi\in[0,\ \psi_r)$
	Gardner[139]	$\theta=\theta_r+\dfrac{\theta_s-\theta_r}{1+\left(\dfrac{\psi}{a}\right)^b}$		

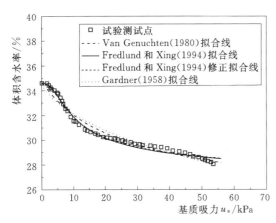

图 4.4-11 选取模型对实测盐渍土低密度试样的拟合曲线

图 4.4-11 和表 4.4-2 分别给出了选取的四种模型对实测盐渍土低密度试样的拟合曲线及拟合相关参数结果。对比可知，四种模型均能描述非饱和盐渍土低吸力段的土水特征曲线，拟合相关系数均在 0.95 以上，Fredlund 和 Xing 模型及其修正式略优于另外两种模型。但 Fredlund 和 Xing 修正式模型仅在低吸力段拟合相关性较高，Fredlund 和 Xing 模型则适用于整个吸力范围（$0\sim10^6$ kPa），因此认为 Fredlund 和 Xing 模型是描述盐渍土土水特征曲线的最佳模型，可用来描述和预测重塑盐渍土土水特征曲线。

表 4.4-2 不同数学模型拟合相关参数

模 型	参 数 值	相关系数
Fredlund 和 Xing（1994）	$a=5.21304$ $b=2.30688$ $c=0.20725$	0.98264
Fredlund 和 Xing（1994）修正式	$a=0.12088$ $b=0.17550$ $c=0.00502$	0.98322

模　　型	参　数　值	相关系数
Van Genuchten（1980）	$a=7.72024$ $b=1.18311$	0.97075
Gardner（1958）	$a=153.69533$ $b=0.72692$	0.9522

4.4.2.6　依据颗粒分布曲线预测土水特征曲线

通过试验方法直接测定土体的土水特征曲线往往代价较高，因此很有必要利用土体的基本物理性质来推测土体的土水特征曲线。目前，已有多种方法用于预测土水特征曲线，它们大多利用粒径分布、容重、有机质含量等土体基本性质，通过某种经验的或半经验的关系建立土水特征曲线与土体基本性质的相关关系，间接得到土水特征曲线。按照基本原理和构建方法，可将预测土水特征曲线的方法分为三类：描述模型参数回归法[205,207]、统计估计法[208]、采用颗分曲线预测土水特征曲线的物理经验法。

Fredlund 等[209-213]将 Arya 和 Paris 提出的初始物理-经验模型与不同类型土的土水特征曲线进行对比研究，对该物理-经验模型进行了修正，修正模型预测吸力在 $0\sim10^6\,\mathrm{kPa}$ 范围内的完整土水特征曲线。随后，Fredlund 和 Xing 又提出利用双峰频率模型用以拟合颗粒累计分布曲线［式（4.4-5）］，进一步完善了修正物理-经验模型的预测能力。因此，选用 Fredlund[206]修正物理-经验模型预测盐渍土土水特征曲线。

$$P_{\mathrm{p}}(d)=\omega\left\{\frac{1}{\ln\left[\exp(1)+\left(\frac{a_{\mathrm{g}}}{d}\right)^{n_{\mathrm{g}}}\right]^{m_{\mathrm{g}}}}\right\}+(1-\omega)\times\left\{\frac{1}{\ln\left[\exp(1)+\left(\frac{a_{\mathrm{r}}}{d}\right)^{n_{\mathrm{r}}}\right]^{m_{\mathrm{r}}}}\right\}\left\{1-\left[\frac{\ln\left(1+\frac{d_{\mathrm{r}}}{d}\right)}{\ln\left(1+\frac{d_{\mathrm{r}}}{d_{\mathrm{m}}}\right)}\right]^{7}\right\}$$

$$(4.4-5)$$

式中：d 为土颗粒的粒径，mm；$P_{\mathrm{p}}(d)$ 为小于某粒径的质量百分含量，%；a_{g} 为与颗粒分布曲线初始拐点相关的参数；n_{g} 为与曲线最大曲率相关的参数；m_{g} 为与曲线形态相关的参数；a_{r} 为与曲线第二个拐点相关的参数；n_{r} 为与第二个最大曲率相关的参数；m_{r} 为与曲线形态相关的参数；d_{r} 为与土体细粒含量相关的参数；d_{m} 为土颗粒的最小粒径，mm；ω 为加权系数。

Frelund 和 Xing 等[212]研究了预测模型各参数变化对土水特征曲线形态的影响，认为参数 a_{f} 与进气值密切相近，土体孔隙半径一定时，根据毛细管理论可求得对应的等效进气值，参数 n_{f} 控制曲线的斜率，数值上等于曲线上拐点的斜率。因此模型的三个参数可由式（4.4-6）~式（4.4-8）确定：

$$a_{\mathrm{f}}=\psi_{i}\approx\psi_{\mathrm{aev}}=2T_{\mathrm{s}}\frac{\cos\alpha}{\rho_{\mathrm{w}}gr_{i}}\qquad(4.4-6)$$

$$m_{\mathrm{f}}=3.67\ln\left[\frac{\theta_{\mathrm{s}}C(\psi)}{\theta_{i}}\right]\qquad(4.4-7)$$

$$n_{\mathrm{f}}=\frac{1.31^{m+1}}{mC(\psi)}3.72S^{*}\qquad(4.4-8)$$

式中：$S^* = \dfrac{\theta_i}{\theta_s \ln(\psi_p/\psi_i)} - \dfrac{\psi_i}{1.31^m(\psi_i + h_r)\ln(1 + 10^6/h_r)}$；$T_s$ 为孔隙水的表面张力，kPa；α 为接触角，°；ρ_w 为孔隙液的密度，g/cm³；g 为重力加速度，cm/s²；r_i 为第 i 级粒组的孔隙半径，mm；ψ_p 为切线在吸力横坐标上的截距。

精确地描述颗粒累计分布曲线是预测土水特征曲线的关键。图 4.4 - 12 所示为 Fredlund 和 Xing（1994）双峰频率模型对实测盐渍土颗粒累计分布曲线的拟合结果，拟合相关系数 $R^2 = 0.99989$，拟合程度很高，说明 Fredlund 和 Xing 双峰频率方程能够准确地描述盐渍土的颗粒分布曲线。

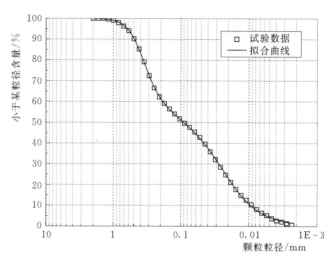

图 4.4 - 12　盐渍土颗粒累计分布曲线拟合结果

按照 Fredlund 修正物理-经验模型的预测办法，将土体颗粒大小分成 n 级，通过预测每级粒组下的土水特征曲线，最终得到初始饱和含水率下的完整脱湿曲线。图 4.4 - 13 所示为两种不同干密度土样土水特征曲线的实测数据及预测结果，可以看出 Fredlund 物理-

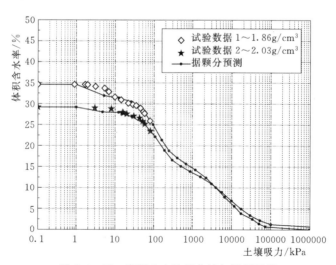

图 4.4 - 13　实测土水特征曲线与预测结果

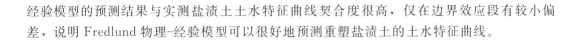

经验模型的预测结果与实测盐渍土土水特征曲线契合度很高，仅在边界效应段有较小偏差，说明 Fredlund 物理-经验模型可以很好地预测重塑盐渍土的土水特征曲线。

4.5 水汽平衡法测定盐渍土的持水性能

4.5.1 试验原理与方法

土中吸力反映土中水的自由能状态，土中水的自由能可用土中水的部分蒸汽压量测。水汽平衡法控制土中吸力的基本原理是，利用饱和盐溶液形成的特定饱和蒸汽压给土样施加特定的相对湿度，经过一段时间的水汽交换，土中的相对湿度与外界达到平衡，认为土中吸力等于溶液形成的饱和蒸汽压，从而获得所需的控制吸力。饱和盐溶液相对湿度与吸力的关系可以根据 Kelvin 定律给出，相对湿度越低，所对应的吸力越大。试验过程中定期对试样称重，当试样的质量不再发生变化时，土样与水蒸气之间的水汽交换即达到平衡，此时土中吸力等于饱和蒸汽压。水汽平衡后测定土样的含水率，便可得到土体含水率与对应吸力的关系。

图 4.5-1 所示为水汽平衡法试验装置示意图。试验前按照所需吸力选择性地配制不同的饱和盐溶液，倒入保湿器底部以控制吸力，本书选择表 4.5-1 所列的 7 种溶液，控制吸力范围为 4.2～309MPa。随后将厚度为 1cm 的压制试样饱和后置于保湿器内的陶瓷板上，并放入事先校准的电子温度计，用凡士林涂抹于保湿器的盖子上，以保证良好的密封性，使保湿器内部与外界环境不会有水汽交换。最后，将保湿器放置在有空调调节温度的温室内开始试验，定期对样品进行称重。图 4.5-2 为水汽平衡法测试盐渍土吸力的试验过程。

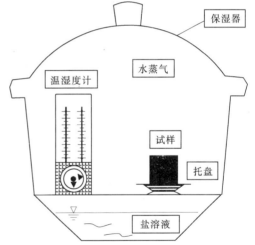

图 4.5-1　水汽平衡法试验装置示意图

表 4.5-1　　　　　　　　　　　　饱和盐溶液及对应吸力值

饱和盐溶液	20℃相对湿度/%	吸力/MPa	饱和盐溶液	20℃相对湿度/%	吸力/MPa
K_2SO_4	97.59	4.2	$Mg(NO_3)_2$	54.38	82
$ZnSO_4$	89.96	12.6	$CaCl_2$	30.15	139
$(NH_4)_2SO_4$	79.32	24.9	LiCl	11.31	309
NaCl	75.47	38			

除了考虑颗粒组成、干密度对盐渍土持水性能的影响，本次水汽平衡法试验中又考虑了盐分的影响，将样品设置成不同含盐量的试样开展试验，具体见表 4.5-2。

图 4.5-2　水汽平衡法测试盐渍土吸力的试验过程

表 4.5-2　　　　　　　　　　　　　　不同含盐量制样参数

土样	初始含盐量 /%	洗盐 (1 号)	原样 (2 号)	加盐 1 (3 号)	加盐 2 (4 号)	加盐 3 (5 号)
5mm 土样	0.8	—	—	1%	2.5%	4%
2mm 土样	1.0	—	—	1%	2.5%	4%
0.5mm 土样	1.5	—	—	0.5%	2%	3.5%

　　洗盐具体做法：按照土水比为 1∶5 的比例将土样与蒸馏水混合后充分搅拌 5min，使土中盐分充分溶解，然后静置 12～24h，滤去上层清液保留土样，重复上述过程 3 次，完成洗盐过程。由前期土样易溶盐的分析结果可知，土样为硫酸盐渍土，因此本次土样加盐选用硫酸钠，添加比例为盐分质量与土样质量之比，按照初始含盐量的不同，设置不同的添加比例，认为加盐完成后各土样含盐量梯度相同。

4.5.2　结果分析

4.5.2.1　土样在不同溶液中的稳定过程

　　从表 4.5-1 中可以看出，不同饱和盐溶液会在密闭环境中形成不同的相对湿度，进而对应于不同的吸力值，使土样产生放湿（吸湿）效应。试验时将饱和试样放入不同盐溶液中，土样便会与溶液形成的密闭环境进行水汽交换，直至达到平衡。

　　图 4.5-3～图 4.5-5 所示分别为 5mm 土样、2mm 土样和 0.5mm 土样含水率在不同饱和盐溶液中水汽交换的稳定过程。可以看出，相对湿度越小（吸力越大）则土样失水速率越快，土样水汽交换达到平衡所需要的时间也就越少，平衡后土样的含水率也越小。相比之下，5mm 土样的稳定过程耗时较短，且稳定后土样的含水率也较低，进一步证明了粗粒土持水能力较差的结论。相反，0.5mm 土样水汽交换的稳定过程较为缓慢，且在 K_2SO_4 溶液中出现不断吸湿直至稳定的过程，这说明细粒土吸持或者消散水分的能力更强一些。

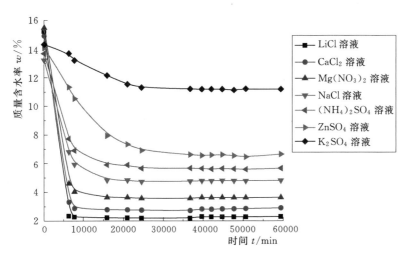

图 4.5-3 5mm 土样含水率在不同饱和盐溶液中水汽交换的稳定过程

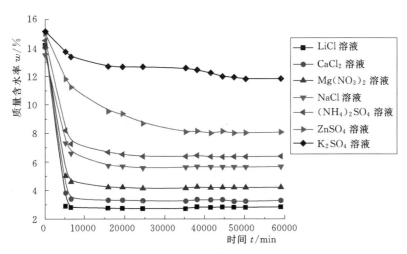

图 4.5-4 2mm 土样含水率在不同饱和盐溶液中水汽交换的稳定过程

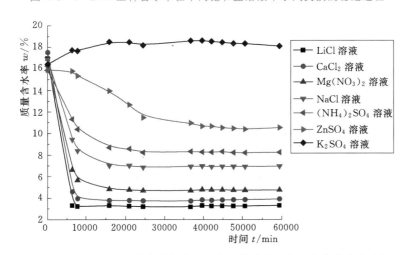

图 4.5-5 0.5mm 土样含水率在不同饱和盐溶液中水汽交换的稳定过程

4.5.2.2　不同土样在同一溶液中的稳定过程

不同颗粒组成土样由于其物质组分不同而导致土样内部结构孔隙状态各异，与水分相互作用及对水分的吸持作用也有所不同。为了探究不同土样在饱和盐溶液中的稳定过程，选取 LiCl、NaCl 和 K_2SO_4 3 种溶液代表本次试验中的最小、中间水平和最大相对湿度环境分别探究不同土样的稳定过程。

图 4.5-6～图 4.5-8 所示分别为 3 种不同颗粒组成土样在 LiCl、NaCl 和 K_2SO_4 溶液中水汽交换的稳定过程。可以看出，相对湿度越小（吸力越大）则土样失水速率越快，土样水汽交换达到平衡所需要的时间也就越少，平衡后土样的含水率也越小。相比之下，5mm 土样的稳定过程耗时较短，且稳定后土样的含水率也较低，进一步证明了粗粒土持水能力较差的结论。相反，0.5mm 土样水汽交换的稳定过程较为缓慢，且在 K_2SO_4 溶液中出现不断吸湿直至稳定的过程，这说明细粒土中水分更难于移动

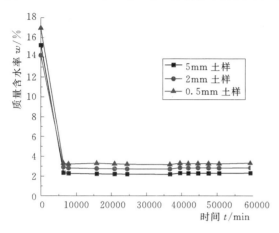

图 4.5-6　不同颗粒组成土样在 LiCl 溶液中水汽交换的稳定过程

或消散，土样对水分的吸持能力更强一些。

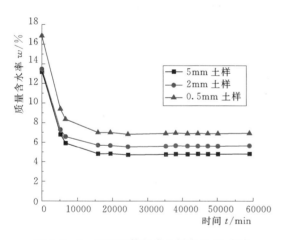

图 4.5-7　不同颗粒组成土样在 NaCl 溶液中水汽交换的稳定过程

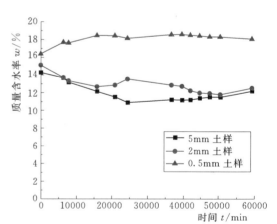

图 4.5-8　不同颗粒组成土样在 K_2SO_4 溶液中水汽交换的稳定过程

4.5.2.3　不同干密度土样在饱和盐溶液中的稳定过程

由前节中土样在不同溶液中的稳定过程可知，饱和盐溶液形成的相对湿度越小（吸力越大），则土样达到平衡的稳定时间越短，且稳定后的含水率越小。本次探讨不同密度土样在饱和盐溶液中的稳定过程，选取相对湿度处于中间水平的饱和 NaCl 溶液作为代表，

分析可知其他溶液中的稳定过程亦遵循相同的规律。

图 4.5-9~图 4.5-11 所示分别为不同干密度的 5mm 土样、2mm 土样和 0.5mm 土样在饱和 NaCl 溶液中水汽交换的稳定过程。可以看出，由于低密度土样具有更大的孔隙度，所以初始条件（$t=0$）下低密度土样具有较高的含水率，随着水汽交换过程的不断进行，土中水分不断散失，相比之下低密度土样的水分散失较快，一定时间后不同密度土样的含水率接近一致，最后趋于相同。

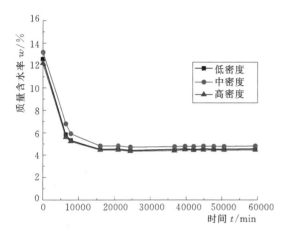

图 4.5-9 不同干密度 5mm 土样在饱和 NaCl 溶液中水汽交换的稳定过程

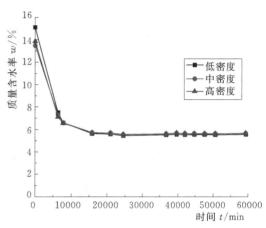

图 4.5-10 不同干密度 2mm 土样在饱和 NaCl 溶液中水汽交换的稳定过程

这一过程表明，干密度在相对湿度较小（吸力较大）的环境中对土样的水汽交换影响不大，最后可以忽略，因为吸力较大的情况下土样的大孔隙中的水分几乎已经消散完毕，水分只残留于中小孔隙中，此时因干密度不同造成的大孔隙差异性已不能发挥足够的作用。

对比分析图 4.5-9~图 4.5-11 可以看出，在饱和 NaCl 溶液中水汽交换达到平衡后，不同干密度 5mm 土样的稳定含水率均小于 2mm 土样和 0.5mm 土样的稳定含水率，其中以 0.5mm 土样的稳定含水率最高，说明细颗粒土的持水能力更强一些。

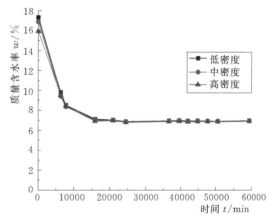

图 4.5-11 不同干密度 0.5mm 土样在饱和 NaCl 溶液中水汽交换的稳定过程

4.5.2.4 不同含盐量土样在饱和盐溶液中的稳定过程

盐分自身具有潮解作用，有吸水溶解自身的趋势，因此土样中的含盐量及含盐成分对密闭环境中土样的水汽交换也有着重要影响。为了探究含盐量对水汽交换过程的影响，本次试验选取不同含盐量的 2mm 土样作为试验材料，选取 LiCl、NaCl 和 K_2SO_4 3 种饱和盐溶液代表试验中的最小、中间和最大相对湿度环境，探究不同含盐量土样在饱和盐溶液中的稳定过程。

图 4.5-12～图 4.5-14 所示分别为不同含盐量 2mm 土样在 LiCl、NaCl 和 K_2SO_4 3 种饱和盐溶液中水汽交换的稳定过程。可以看出，在 3 种饱和盐溶液中，不同含盐量土样表现出相同的吸放湿规律，即含盐量越高则土样的持水能力越强，水汽交换所需稳定时间越长，稳定含水率越高。相比之下，天然土样和洗盐土样所需的稳定时间和稳定含水率均较小，这说明土样中的盐分对土样吸持水分有着较大的贡献。

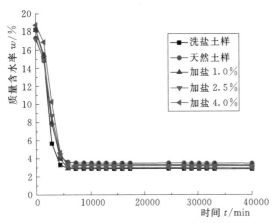

图 4.5-12　不同含盐量 2mm 土样在饱和 LiCl
溶液中水汽交换的稳定过程

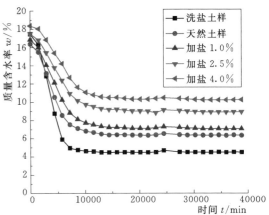

图 4.5-13　不同含盐量 2mm 土样在饱和 NaCl
溶液中水汽交换的稳定过程

对比图 4.5-12～图 4.5-14 可以看出，在相对湿度较小的饱和 LiCl（吸力较大）溶液中，含盐量对水汽交换后土样的稳定含水率影响较小，在饱和 NaCl 溶液中不同含盐量土样的稳定含水率已有明显差别，至饱和 K_2SO_4 溶液时土样的稳定含水率差别十分大，表现为高含盐量土样吸水含水率增大，低含盐量土样（或洗盐土样）失水含水率减小，最大含盐量土样与最小含盐量土样稳定含水率差值可达 24% 之多。这说明含盐量对土样持水能力有着较大的影响，但是随着吸力增大（相对湿度减小），含盐量的影响在逐渐减弱，吸力很大时它的影响将被忽略。

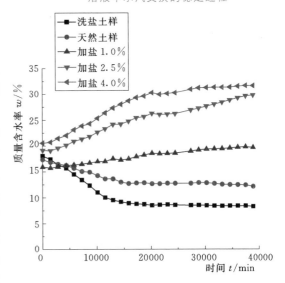

图 4.5-14　不同含盐量 2mm 土样在饱和 K_2SO_4
溶液中水汽交换的稳定过程

4.5.2.5　干密度对盐渍土土水特征曲线的影响

利用水汽平衡法测试土中吸力的过程中只有水汽交换，因此用此法测得的吸力为总吸力。从试验结果来看，水汽平衡法在相对湿度较低的溶液中测得的高吸力（几百 MPa）

较为准确而且容易得到，但是当相对湿度太大（K_2SO_4 溶液相对湿度为 97.59，吸力值为 4.2MPa）时测试结果略有偏差，且稳定过程较长。利用前面压力板法的测试结果，则可以校正相对湿度较大情况下水汽平衡法的测试结果，从而得到准确的土水特征曲线。

图 4.5-15～图 4.5-17 所示分别为 5mm 土样、2mm 土样和 0.5mm 土样不同干密度条件下的土水特征曲线（用水汽平衡法测试高吸力段）。

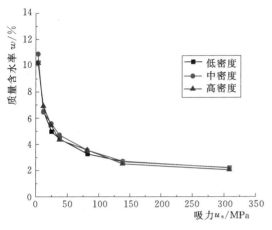

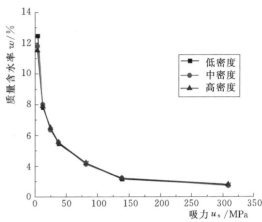

图 4.5-15　不同干密度 5mm 土样的土水特征曲线　　图 4.5-16　不同干密度 2mm 土样的土水特征曲线

从图 4.5-15～图 4.5-17 中可以看出，除吸力值为 4.2MPa 外，其他吸力条件下同种土样不同干密度的含水率完全相同，说明在该吸力条件下干密度对土体的持水能力已经没有影响。结合前期压力板法测试结果可知，当土中吸力达到 4.2MPa 时干密度对土体的含水率影响很小，土体的含水率几乎相同。因此，认为利用水汽平衡法测试得到的土水特征曲线（高吸力段）较为准确，高吸力段内土样干密度对盐渍土土水特征曲线的影响十分微小，可以忽略。

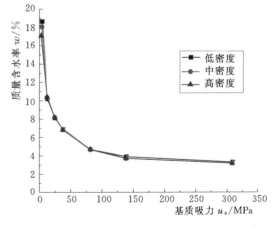

图 4.5-17　不同干密度 0.5mm 土样的土水特征曲线

4.5.2.6　颗粒组成对盐渍土土水特征曲线的影响

如前所述，土样的颗粒组分是决定土体自身性质及其与外界相互作用的关键性因素，不同颗粒组分土体的内部结构、孔隙状态及土颗粒与水分相互作用的性质都不相同，由此可知土的颗粒组成对土水特征曲线有着较大的影响。

本次试验研究选取 5mm、2mm 和 0.5mm 3 种土样的中间干密度试样作为试验材料，测试不同吸力条件下各土样的含水率情况，图 4.5-18 所示即为 3 种土样中间干密度试样的土水特征曲线。可以看出，3 种土样的土水特征曲线符合土水特征曲线的一般规律，即随着土中吸力增大含水率逐渐降低，在低吸力段（超过进气值后）土样的失水速率较快，随着吸力不断增大，土样的失水速率逐渐减小，吸力增大很多含水率只能降低很少，最后趋于稳定不变。与前期测试结果相同，0.5mm 土样的土水特征曲线始终位于 2mm 土样和 5mm 土样的上方，具有良好的持水性能，土样的初始饱和含水率较高，在吸力增大过程中土样含水率降低幅度较其他两种土样更为缓慢一些。

4.5.2.7　含盐量对盐渍土土水特征曲线的影响

土体内部所含盐分的类型和数量会对土体的性质产生重要影响，盐分通过溶于溶液和以结晶形态存在的方式对土体的胶结、结构及土体与水的相互作用产生影响。本次试验研究选取 2mm 和 0.5mm 两种土样，给每种土样分别设置 5 个不同的含盐梯度，以探究土体内部盐分对土体持水性能的影响。图 4.5 - 19 所示为不同含盐量土样在 LiCl 溶液中水汽交换达到平衡后的状态，可以很明显地看出不同试样含盐量的差别。

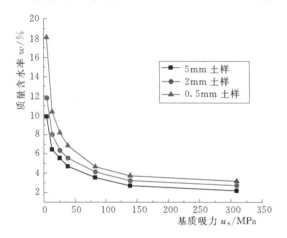

图 4.5 - 18　不同颗粒组成土样的土水特征曲线

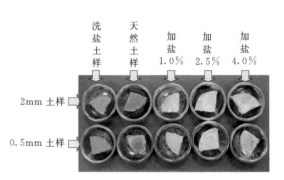

图 4.5 - 19　不同含盐量土样在 LiCl 溶液中
水汽交换达到平衡后的状态

图 4.5 - 20 和图 4.5 - 21 所示分别为不同含盐量条件下 2mm 土样和 0.5mm 土样的土

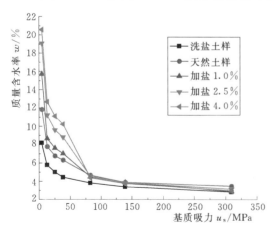

图 4.5 - 20　不同含盐量 2mm 土样的土
水特征曲线

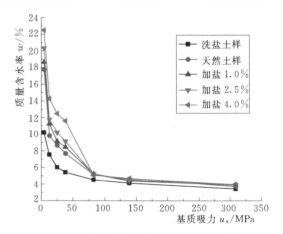

图 4.5 - 21　不同含盐量 0.5mm 土样的
土水特征曲线

水特征曲线。可以看出，不同含盐量条件下两种土样的土水特征曲线表现出相同的规律，即土中吸力较小（相对湿度较大）时含盐量大的土样具有较高的含水率，对水分的吸持能力较强，也即含盐量越大土样的持水能力越强；随着吸力的不断增大，不同含盐量土样的含水率逐渐接近，最后趋于相同，此时含盐量对土体含水率的影响十分微小。

4.6　小结

通过综述盐渍土非饱和特性的研究进展及其应用，了解了盐渍土非饱和特性的相关研究方向与成果。采用非饱和导水率仪、压力膜仪和水汽平衡法分别测试了不同颗粒组成、不同干密度和不同含盐量状态下盐渍土的非饱和导水率与土水特征曲线，探究了各因素对盐渍土非饱和特性的影响。通过试验测试与分析研究，得到以下结论：

（1）在低吸力阶段，密度对土水特征曲线有一定影响，表现为低密度土样对应的进气值较小，吸力较小时失水速率较快，持水能力较高密度土样差一些。高吸力阶段密度对土水特征曲线的影响已不明显，不同密度土样的土水特征曲线趋近于重合。

（2）颗粒组成对土水特征曲线有很大影响，细颗粒土样具有较高的进气值，失水速率很慢，相同吸力状态下含水率明显大于粗颗粒土样，持水能力明显强于粗颗粒土样。

（3）随着含水率不断降低，土样的非饱和导水率逐渐降低，高密度试样的非饱和导水率一直高于低密度试样，细颗粒试样较粗颗粒试样有较高的非饱和导水率，土样具有较好的持水性能。

（4）含盐量对土样持水能力有很大的影响，盐分的存在可引起土体溶质吸力的增大，土中吸力较小时含盐量大的土样具有较高的含水率，即含盐量越大土体的持水能力越强。当土中吸力超过一定值时，不同含盐量土样的含水率逐渐接近，最后趋于相同，此时含盐量对土体含水率的影响十分微小。

第 5 章

盐渍土物理力学特性测试研究

作为一种特殊土，盐渍土的盐分含量远大于一般土体，这些盐分以固态或液态形式存在于土体中，增加了盐渍土结构组成的复杂性，形成了其特殊的物理力学性质，给盐渍土地区的工程活动带来诸多问题，对工程建筑物造成了很大危害[210]。盐渍土工程性质的变异甚至比冻土、膨胀土和湿陷性黄土更加特殊和复杂。这给盐渍土场地工程地质勘察和工程建筑物设计带来了新的难题，也给病害工程治理提出了新的挑战。因此，开展对盐渍土地基的勘察和试验研究，探讨工程处理措施，具有重要的实用价值和现实意义。

盐渍土的三相组成与常规土不同，它的固体部分除土颗粒外，还有较稳定的难溶盐结晶和不稳定的易溶盐结晶。当含水率较小且易溶盐含量较大时，液相部分常为饱和盐溶液；当含水率较大且易溶盐含量较小时，液相部分常为非饱和盐溶液。因此，一般认为盐渍土由气体、盐溶液、易溶盐结晶、难溶盐结晶、土颗粒五部分组成。

盐渍土的强度随土体的颗粒组成、含盐量、盐分类型、含水率、气候及环境条件等的变化而变化。土体中的盐分作为土的组成部分，在土中起充填或胶结土粒的作用，含盐量的变化及所含盐分类型的变化，必然导致土的强度变化，因此含盐量、盐分类型是盐渍土强度变化的内部原因。当土中含水率达到一定值，盐分开始溶解于水中，使土的结构、胶结程度发生变化，含水率的增加及动态水的渗透溶滤作用和气温的影响是导致盐渍土强度变化的外部因素，所发生的变化是通过物理变化和化学反应途径进行，结果表现为盐渍土的结构重整、膨胀或收缩，导致土体强度的变化。

基于盐渍土地基的特殊工程地质性质，本次盐渍土物理力学特性研究借助于甘肃酒泉地区开展的盐渍土地基勘察工作，勘察过程中在不同深度土层进行了重型动力触探试验和标准贯入试验，并进行了酒泉地区盐渍土物理力学特性现场试验研究。最后，通过室内试验探究了调查区土样的单轴无侧限抗压强度和抗剪强度，期望能够了解调查区盐渍土的物理力学特性及其变化响应，为盐渍土地区工程建设提供基础资料。

5.1 盐渍土重型动力触探与标准贯入试验测试

为了解调查区岩土体的工程地质特性，获取岩土体的物理力学参数，结合调查区的地层情况，研究进行了标准贯入试验（N）以及重型动力触探试验（$N_{63.5}$），试验过程中严格按照相关规程要求进行了详细的试验记录。

鉴于篇幅限制，本书中选取调查区自北向南 6 处钻孔代表性说明重型动力触探试验成果，如图 5.1-1～图 5.1-6 所示。

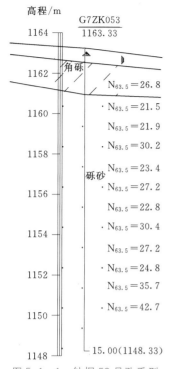

图 5.1-1　钻探 53 号孔重型动力触探试验成果

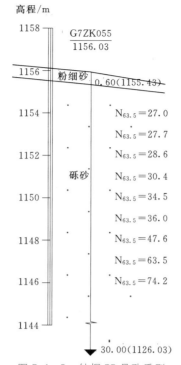

图 5.1-2　钻探 55 号孔重型动力触探试验成果

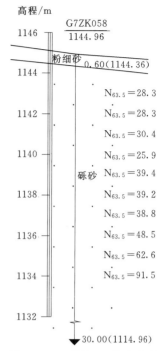

图 5.1-3　钻探 58 号孔重型动力触探试验成果

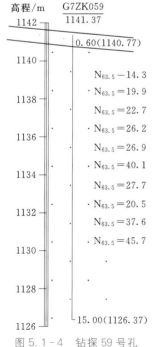

图 5.1-4　钻探 59 号孔重型动力触探试验成果

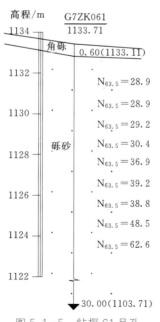

图 5.1-5　钻探 61 号孔重型动力触探试验成果

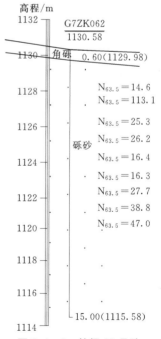

图 5.1-6　钻探 62 号孔重型动力触探试验成果

173

统计调查区岩土体的重型动力触探试验（$N_{63.5}$）和标准贯入试验（N）成果，试验成果分别见表5.1-1。根据现场动力触探、标贯试验及室内土工试验成果，结合场址区内地基土工程地质特性，经工程地质综合分析，提出风电场地基土物理力学参数建议值。

表 5.1-1   调查区地基土重型动力触探试验（$N_{63.5}$）成果统计

统计项目	单位	各岩土层动力触探击数	
		角砾层	砾砂层
统计数量	个	40	1002
最大值	击	42.8	127.3
最小值	击	10.8	10.5
平均值	击	21.11	38.28
标准差		6.63	20.89
变异系数		0.31	0.55

注 动力触探的击数是经修正后的数据。

根据钻探取样的室内岩土试验资料分析，认为砂土层中含水率较低，表明场址区处于干燥状态。砂土层的最小密度一般为 1.34～2.07g/cm³，表明土层处于密实坚硬状态，力学强度较高。

依据钻孔勘探成果编录资料，结合重型动力触探试验、标准贯入试验及室内试验成果，可以将调查区第四系洪积松散堆积物地层划分为不同层位，并给出各层土体的物理力学参数建议值。

5.2 盐渍土物理力学特性现场原位测试

为了更好地探究调查区盐渍土的物理力学特性，开展了"酒泉地区盐渍土物理力学特性现场试验研究"课题。现场试验在调查区自北向南选择 3 个代表性试验区，每个试验区选取浅、中、深 3 个深度试验点开展试验研究。

现场试验研究采用地质编录、含水率测试、密度测定、颗粒组成分析及易溶盐分析等方法确定了盐渍土的基本物理性质；采用静力载荷试验、动力载荷试验、静力触探试验等方法研究了盐渍土地基天然状态和浸水后的承载力和变形特性；采用现场渗水试验评价了土体的渗透性能。

5.2.1 天然土层静力载荷试验

静力载荷试验是在保持地基土天然应力和结构状态的情况下，模拟建筑物载荷条件，通过一定面积的承压板向地基施加垂向静力荷载，测定承压板下应力主要影响范围内岩土的承载力和变形特性，研究地基土变形和强度规律的一种原位试验，试验过程中土的受力条件近似于无侧限压缩。静力载荷试验是一种试验精度高、实用性较强的原位测试手段，多年来一直被认为是确定地基承载力的可靠方法。

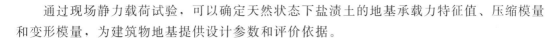

通过现场静力载荷试验，可以确定天然状态下盐渍土的地基承载力特征值、压缩模量和变形模量，为建筑物地基提供设计参数和评价依据。

5.2.1.1 试验方法

1. 试坑开挖要求

静力载荷试验试坑开挖应符合下列规定：①对含碎石的黏性土，承压板边缘和其下不应接触大块碎石；②在开挖至离试验标高 20～30cm 时停止开挖，待安装试验设备时再挖至试验标高，并应保护试验岩土的结构不被扰动；③当试验标高低于地下水位时，应先将地下水位降至试验标高以下再开挖，试验设备安装完成并使地下水位恢复到原水位后再开始试验。

2. 试验一般规定

根据《岩土工程勘察规范》（GB 50021—2001）（2009 年版）和《岩土静力载荷试验规程》（YS 5218—2000）规定，天然静力载荷试验应符合以下基本要求：①浅层平板载荷试验的试坑宽度或直径不应小于承压板宽度或直径的 3 倍，深层平板载荷试验的试井直径应等于承压板直径，当试井直径大于承压板直径时，紧靠承压板周围土的高度不应小于承压板直径；②试坑或试井底的岩土应避免扰动，保持其原状结构和天然湿度，并在承压板下铺设不超过 20mm 的砂垫层找平，尽快安装试验设备；③载荷试验宜采用圆形刚性承压板，根据土的软硬或岩体裂隙密度选用合适的尺寸，土的浅层平板载荷试验承压板面积不应小于 0.25m²，对软土和粒径较大的填土不应小于 0.50m²，土的深层平板载荷试验承压板面积宜选用 0.50m²，岩石载荷试验承压板的面积不宜小于 0.07m²；④传力系统应垂直承压板并通过其中心；⑤试验期间，试验面应避免阳光照射、冰冻和雨水侵入，以保持试验土层的天然结构和天然湿度；⑥载荷试验加荷方式应采用分级维持荷载沉降相对稳定法（常规慢速法），加荷等级宜取 10～12 级，并不应少于 8 级，荷载量测精度不应低于最大荷载的 ±1%；⑦承压板的沉降可采用百分表或电测位移计量测，其精度不应低于 ±0.01mm。

3. 设备安装与加载观测

由于试验场区土层砾石含量较高，且深部地层坚硬密实，地锚难以楔入，因此试验采用堆载法提供反力。荷载采用工字钢搭设堆载平台，平台上直接堆土作为配重，为确保测试过程中的安全性，预加载配重为最大设计压力的 1.2 倍（图 5.2-1）。试验加载系统采用事先严格校验的 500kN 千斤顶，基准系统采用 Φ50 钢管作基准梁安放在基准桩上，基准桩采用 1.50m 长的 Φ50 钢管打入地下，搭接成#形结构，地基土的竖向位移采用精度为 0.01mm 的两个百分表进行测量。试验采用圆形刚性承压板，直径为 0.799m（或 0.564m），面积为 0.50m²（或 0.25m²）。

试验设备安装按下列步骤进行：①试验面整平后，铺设 10～20mm 的中粗砂，用水平尺找平，平而轻地放置承压板；②千斤顶垂直放置在承压板中心轴线上，以保持传力中心垂直，承压板受荷不偏心；③埋设量测沉降用的固定点，该点应设在离承压板边缘 1.0～1.5 倍承压板直径或边长的地方；④承压板中心两侧对称安装两个精度为 0.01mm 的百分表。静力载荷试验设备安装完成后的示意图如图 5.2-2 所示。

图 5.2-1　现场堆载法静力载荷试验

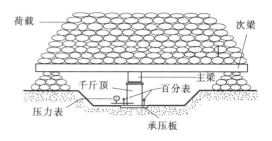
图 5.2-2　静力载荷试验示意图

本次静力载荷试验采用分级维持荷载沉降相对稳定法（慢速常规法），试验最大加荷值为 600～800kPa。设备安装完成后，即可根据设计压力逐级加压观测沉降，加载观测应按下列步骤进行：①按确定的加载值逐级施加荷载，每加一级荷载的第一个小时内按 10min、10min、10min、15min、15min 间隔记录量测的沉降值，以后每 30min 记录一次；②沉降稳定标准为连续 2h 内每小时的沉降值小于 0.1mm，沉降稳定后施加下一级荷载，直到设计荷载值；③卸荷观测土层弹性回弹值时，每级卸荷量为加荷增量的 2 倍，等量进行，每一级卸荷后按 15min、15min、30min 观测 1h。荷载全部卸除后按 10min、20min、30min、1h、1h 观测 3h，量测所得值即为最终回弹量。

4. 试验终止

试验过程中应注意观察，当出现下列现象之一时，认为地基已达到破坏状态，可以终止加荷：①承压板周边的土出现明显侧向挤出，周边岩土出现明显隆起或径向裂缝持续发展；②本级荷载的沉降量大于前级荷载沉降量的 5 倍，荷载-沉降（$p-s$）曲线出现明显陡降；③在某级荷载下 24h 沉降速率不能达到相对稳定标准；④总沉降量与承压板直径（或宽度）之比（s/d）超过 0.06；⑤总加荷量已达到设计要求值的 2 倍以上，或超过第一拐点至少三级荷载也可终止试验。

5.2.1.2　结果分析

根据试验结果，绘制地基在静力荷载作用下的荷载-沉降曲线（$p-s$ 曲线）、沉降-时间曲线（$s-t$ 或 $s-\lg t$ 曲线）。依据 $p-s$ 曲线拐点，必要时结合 $s-\lg t$ 曲线特征，确定比例极限压力和极限压力。当 $p-s$ 曲线上有明显拐点时，取拐点为比例界限，不明显时结合 $s-\lg t$ 曲线特征，取其拐点所对应的压力为比例界限，同时取拐点值为地基承载力特征值。地基土变形模量可参考相关规范推荐方法，利用式（5.2-1）求算：

$$E_0 = (1-\mu^2)pd/s \qquad (5.2-1)$$

式中：E_0 为变形模量，MPa；p 为承压板上的总荷载，kN；s 为与荷载 p 所对应的沉降量，mm；d 为承压板直径或等代直径，cm；μ 为土的泊松比（碎石土取 0.27，砂土取 0.30，粉土取 0.35，粉质黏土取 0.38，黏土取 0.42）。

本次测试对布设的 13 个试验点进行了天然状态下地基静力载荷试验，分层讨论了不同深度层位盐渍土的地基承载力和变形特性。通过对地基沉降观测数据统计，绘制不同试坑地基沉降的 p-s 曲线和 s-$\lg t$ 曲线，此处选 91-1 试坑与 94-2 试坑加以说明，详见表 5.2-1 和表 5.2-2 及图 5.2-3～图 5.2-6。

表 5.2-1   91-1（3.0m）试坑静力载荷试验结果统计表

序号	荷载/kPa		历时/min		沉降/mm	
			本级	累计	本级	累计
0		0	0	0	0.00	0.00
1		160	510	510	3.60	3.60
2		240	150	660	0.88	4.48
3		320	120	780	0.76	5.24
4	加荷	400	180	960	0.96	6.20
5		480	240	1200	0.91	7.11
6		560	690	1890	3.70	10.81
7		640	180	2070	0.52	11.33
8		720	150	2220	0.37	11.70
9		800	150	2370	0.64	12.34
10		640	60	2430	−0.10	12.24
11		480	60	2490	−0.32	11.92
12	卸荷	320	60	2550	−0.49	11.43
13		160	60	2610	−1.76	9.67
14		0	240	2850	−0.53	9.14

注 最大沉降量为 12.34mm；最大回弹量为 3.20mm；回弹率为 25.93%。

表 5.2-2   94-2（2.6m）试坑静力载荷试验结果统计表

序号	荷载/kPa		历时/min		沉降/mm	
			本级	累计	本级	累计
0		0	0	0	0.00	0.00
1		160	120	120	1.66	1.66
2		240	150	270	2.51	4.17
3		320	150	420	0.95	5.12
4	加荷	400	150	570	1.01	6.13
5		480	150	720	1.27	7.40
6		560	600	1320	2.99	10.39
7		640	150	1470	1.01	11.40
8		720	150	1620	0.46	11.86
9		800	150	1770	0.17	12.03
10	卸荷	700	60	1830	−0.08	11.95
11		600	60	1890	−0.07	11.88

注 最大沉降量为 12.03mm；回弹量为 0.15mm；回弹率为 1.24%。

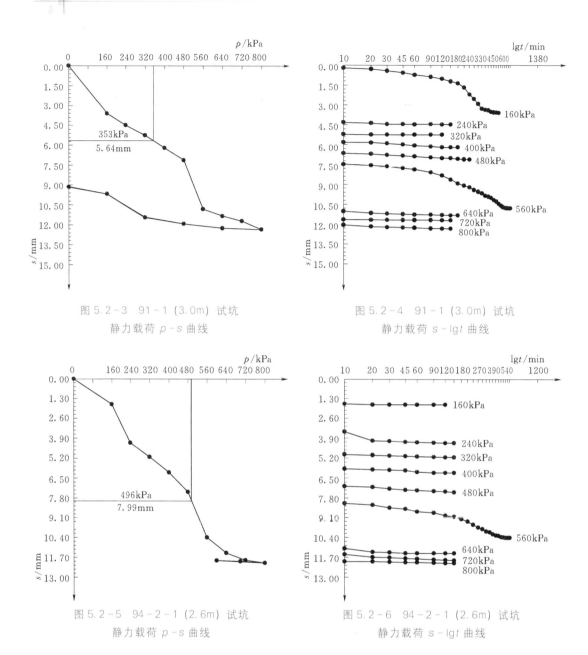

图 5.2-3　91-1 (3.0m) 试坑
静力载荷 $p-s$ 曲线

图 5.2-4　91-1 (3.0m) 试坑
静力载荷 $s-\lg t$ 曲线

图 5.2-5　94-2-1 (2.6m) 试坑
静力载荷 $p-s$ 曲线

图 5.2-6　94-2-1 (2.6m) 试坑
静力载荷 $s-\lg t$ 曲线

　　91-1 试坑为开挖的风机基坑，试验深度为 3.0m，试验土层为红褐色密实砾砂土，层内有少许不连续可见盐分存在。表 5.2-1 列出了 91-1 试坑各级荷载下地基沉降结果，图 5.2-3 和图 5.2-4 分别绘制了 $p-s$ 曲线和 $s-\lg t$ 曲线，可知该试坑天然状态土层在 800kPa 压力下稳定沉降量为 12.34mm，承载力特征值为 400kPa，变形模量为 26.2MPa。

　　94-2-1 试坑为开挖的深层地基模拟试验坑，试验深度为 2.6m，试验土层为红褐色密实砾砂土，层内有一定的可见盐分。表 5.2-2 列出了 94-2-1 试坑各级荷载下地基沉降结果，图 5.2-5 和图 5.2-6 分别绘制了 $p-s$ 曲线和 $s-\lg t$ 曲线，可知该试坑天然状态土层在 800kPa 压力条件下稳定沉降量为 12.03mm，地基承载力特征值为 400kPa，变形模量为 37.5MPa。

综合调查区不同深度盐渍土 13 个试验点的天然静力载荷试验成果，分析试验数据及相应的 p-s 曲线和 s-$\lg t$ 曲线，可以得到不同深度土层的地基承载力及地基变形模量（表 5.2-3）。

表 5.2-3　　　　　　　　　　天然地基静力载荷试验成果汇总表

试验点编号	深度 /m	承压板面积 /m²	试验土层	$s/d=0.010$ 对应压力 /kPa	比例极限压力 /kPa	最终沉降量 /mm	承载力特征值 /kPa	变形模量 E_0 /MPa
91-1	3.0	0.25	密实砾砂土（可见盐分）	353	480	12.34	400	26.2
91-2	2.8	0.50	密实砾砂土（可见盐分少）	—	300	7.19	300	47.0
91-3	1.2	0.50	含角砾密实砂层（不含可见盐分）	—	300	6.12	300	55.2
94-1	3.0	0.25	密实砾砂土（可见盐分少）	—	640	5.98	400	53.9
94-2-1	2.6	0.50	密实砾砂土（含可见盐分）	496	480	12.03	400	37.5
94-2-2	2.85	0.50	密实砾砂土（无可见盐分）	—	560	6.60	400	68.3
94-3	1.2	0.50	黄土状粉砂土（钙质盐分）	364	240	21.21	400	17.0
94-4-1	0.2	0.50	含少量砾石与黏土的粉细砂层（可见盐分少）	335	540	17.85	300	18.9
94-4-2	0.2	0.50		296	180	20.58	300	16.4
94-4-3	0.2	0.50		334	300	14.05	300	24.1
99-1	3.0	0.25	密实砾砂土（可见盐分多）	372	560	11.31	400	28.2
99-2	2.6	0.50	密实砾砂土（可见盐分少）	—	480	6.07	400	66.8
99-3	1.4	0.50	含角砾砂土层（不含可见盐分）	335	300	13.13	300	25.7

分析可知，2.6～3.0m 深度所在的土层为红褐色密实砾砂层，该层密实度大，难于压缩和开挖，地基承载力高，变形模量大，地基破坏形式为渐进式破坏，试验点 p-s 曲线呈缓变型，试验点地基沉降变形均未达到极限破坏状态。相比之下，可见盐分含量高的试验点地基沉降量大一些，在 800kPa 压力条件下沉降量基本介于 10～15mm，可见盐分含量少或不含可见盐分的试验点在 800kPa 压力条件下沉降量基本小于 10mm。该土层的地基承载力特征值均为 400kPa。

1.2～1.4m 深度所在的土层为角砾（或含角砾的密实砂层，黏粒含量较少），该层地基破坏形式为渐进式破坏，试验点 p-s 曲线呈缓变型，试验点地基沉降变形均未达到极限破坏状态，地基承载力特征值为 300kPa。其中，黏粒含量大的试验点土层易于压缩，在 600kPa 压力条件下地基沉降为 13.13mm，地基承载力较低，变形模量较小；黏粒含量少的角砾层难于压缩，在 600kPa 压力条件下沉降量仅为 6.12mm，变形模量大。因此，在进行勘察过程评价该层土地基承载力时应区别对待不同黏粒含量的土层。

本次试验测试在 1.2m 深度处（94-3 试坑）出露了不连续分布的黄土状钙质粉砂土层，呈黄褐色，层内不含粗大颗粒，基本都由小于 5mm 的颗粒组成，层内夹杂大量白色钙类物质，土层密度较小，含水率较高，易于开挖和压缩。静力载荷试验中地基沉降量随压力增加几乎呈线性增长，在 640kPa 压力条件下地基便遭到破坏，沉降量为 21.21mm，地基承载力特征值为 300kPa，变形模量为 17.0MPa。该层属于试验场区一个不连续的软弱夹层，在勘察过程中应注意它出现和分布的位置，地基选择宜避开该层。

0.2m 深度处（清除地表浮土）土层为含少量砾石和黏性土的粉细砂层。该层土的含水率很低，层内无可见盐分，土体密实度低，易于开挖和压缩，地基破坏形式为渐进式破坏，试验点 $p\text{-}s$ 曲线呈缓变型，试验点地基沉降变形均未达到极限破坏状态。在 600kPa 压力条件下稳定沉降量在 14～21mm，地基承载力特征值为 300kPa，地基变形模量不大于 25MPa。

5.2.1.3　小结

通过在研究区不同深度共 13 个试验点的静力载荷试验测试，得到以下结论：

（1）密实砾砂层（2.6～3.0m）地基承载力特征值 f_{ak} 平均值为 400kPa，变形模量平均值为 46.8MPa。与可见盐分含量多的试验点相比较，可见盐分少或者不含可见盐分试验点的地基承载力和变形模量都较大。

（2）含角砾砂土层（1.2～1.4m）地基承载力特征值 f_{ak} 平均值为 300kPa，变形模量平均值为 36.1MPa。若砂层中黏粒含量较小，则土层坚硬密实，地基承载力和变形模量都较大；相反，若黏粒含量稍多则土层易于压缩，地基承载力降低。

（3）研究区局部地区会出现不连续分布的黄土状粉砂土，该层含水率较大，密实度低，易于压缩，测试地基承载力特征值 f_{ak} 为 300kPa，变形模量为 17.0MPa，地基在 640kPa 压力条件下遭到破坏，勘察设计中地基选择应避开该层。

（4）地表含少量砾石和黏性土的粉细砂层（0.2m）地基承载力特征值 f_{ak} 平均值为 300kPa，变形模量平均值为 19.8MPa。

5.2.2　浸水静力载荷试验

由于盐分的胶结作用，且土层含水率较低，天然状态下盐渍土常处于坚硬状态，其天然承载力一般都比较高，可作为一般工业与民用建筑物的良好地基。但是，盐渍土地基一旦浸水，地基中的易溶盐类被溶解，土体结构遭到破坏，承载力显著下降。盐渍土的溶陷分为两种：一是浸水中的溶陷变形，当浸水时间不长、水量不多时，水使土中部分或全部结晶盐溶解，土体结构破坏，强度降低，土颗粒重新排列，产生溶陷；二是当浸水时间很长、浸水量很大而造成渗流的情况下，盐渍土中部分固体颗粒将被水带走，产生潜蚀。由于潜蚀的结果，使盐渍土的空隙增大，在土体自重和外部荷载的作用下产生溶陷变形，这部分变形称为潜蚀变形。

为了比较浸水前、后盐渍土地基承载力的变化并测定盐渍土地基的溶陷系数，本次现场试验采用浸水静力载荷试验方法测试了盐渍土地基的溶陷性。

5.2.2.1　试验标准与方法

本次现场浸水静力载荷试验依据《盐渍土地区建筑规范》（GB/T 50942—2014）中"测定盐渍土溶陷系数的载荷试验法"进行，在不同深度土层共浸水测试 8 个试验点，表

5.2-4 列出了试验点的详细情况。

表 5.2-4　　　　　　　　　　盐渍土地基浸水静载试验详情表

试验点编号	深度/m	承压板面积/m²	试 验 土 层	最大加荷/kPa	浸水荷载/kPa
91-2	2.8	0.50	密实砾砂土（可见盐分少）	600	300
91-3	1.2	0.50	含角砾密实砂层（不含可见盐分）	600	600
94-2-1	2.6	0.50	密实砾砂土（含可见盐分）	800	600
94-2-2	2.85	0.50	密实砾砂土（不含可见盐分）	800	300
94-3	1.2	0.50	黄土状粉砂土（可见钙质盐分）	640	300
94-4-2	0.2	0.50	含少量砾石与黏土的粉细砂层（可见盐分少）	600	300
99-2	2.6	0.50	密实砾砂土（可见盐分少）	720	720
99-3	1.4	0.50	含角砾砂土层（不含可见盐分）	600	600

　　盐渍土溶陷系数的载荷试验法所用设备与静力载荷试验相同，承压板的面积采用 0.50m²，按载荷试验方法处理测试场地并逐级加荷。每级加荷后按静力载荷试验规定间隔读数，记录每级荷载下地基的沉降量，待沉降稳定后增加下一级压力，直至预定浸水压力 P，本次浸水压力设置为 600kPa 和 300kPa 两个级别。

　　当预定总压力下沉降稳定值记录完成后，维持压力 P（为了更好地测试天然状态下地基承载力，部分试验点加载高于预定浸水压力，随后卸荷至浸水压力，开始浸水测试）并向基坑内均匀注入淡水，保持水头高为 30cm，浸水时间不小于 3 天，其间每天按照一定的时间间隔读取地基沉降量，直至沉降稳定。图 5.2-7 所示为现场浸水静力载荷试验。

　　试验终止后，在承压板下开挖探坑，观测渗水深度，进行土层描述，并在坑内按一定深度间隔取样，测定样品含盐量和含水率等参数。

图 5.2-7　现场浸水静力载荷试验

5.2.2.2　结果分析

　　地基溶陷系数为某一压力下沉降量与渗水深度的比值，当此值大于 0.010 时，即为溶陷性土，反之为非溶陷性土。地基溶陷系数按式（5.2-2）计算：

$$\delta = \Delta S / h = (\Delta S_1 - \Delta S_0)/h \times 100\% \qquad (5.2-2)$$

式中：ΔS 为承载板压力为 P 时浸水前后沉降量之差，cm；h 为承载板下盐渍土浸水深度，cm，可通过钻孔、挖坑等方法确定。

浸水静力载荷试验完成后，绘制各试验点的 $p-s$ 曲线，即可分析不同盐渍土土层的溶陷性，评价地基的溶陷性。此处选取 94−2（2.8m）试坑和 94−3（1.2m）试坑说明浸水静力载荷试验成果，分别如图 5.2−8 和图 5.2−9 所示。

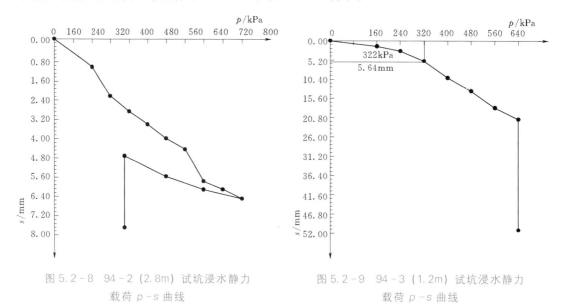

图 5.2−8　94−2（2.8m）试坑浸水静力　　　　　　图 5.2−9　94−3（1.2m）试坑浸水静力
　　　　　　载荷 $p-s$ 曲线　　　　　　　　　　　　　　　　载荷 $p-s$ 曲线

图 5.2−8 为 94−2 试坑浸水静力载荷试验 $p-s$ 曲线，该试坑为开挖的深层地基模拟试验坑，试验深度为 2.8m，试验土层为红褐色密实砾砂土，试验土层内的可见盐分被清除，与 94−2−1 试验点作对比试验。天然状态下地基加荷至 800kPa，稳定沉降量为 6.60mm，随后卸荷至 300kPa，回弹量为 1.77mm。维持 300kPa 压力向试坑内注水 3 天，测得地基溶陷量为 2.99mm，试坑开挖测得土层浸水深度为 500mm，计算得地基溶陷系数为 0.006，属于非溶陷性土。

图 5.2−9 为 94−3 试坑浸水静力载荷试验 $p-s$ 曲线，该试坑为开挖的浅层试验坑，试验深度为 1.2m，试验土层为区域内不连续分布的黄土状钙质粉砂土，试验土层呈黄褐色，层内夹杂大量白色钙质盐分，土层密度较小，易压缩和开挖。天然状态下地基加荷至 640kPa 后 24h 内不能稳定，最终沉降量为 21.21mm。维持 640kPa 压力向试坑内注水 3 天，测得地基溶陷量为 30.00mm，试坑开挖测得土层浸水深度为 1000mm，计算得地基溶陷系数为 0.030，属于溶陷性土。

分析 94 号试验区不同深度两种土层的浸水静力载荷试验可知，94−2 试坑的密实砾砂土中含有一定量的黏粒，浸水后水分不易下渗，入渗深度不大，且试验土层盐分含量少，土的溶陷量较小；相反，94−3 试坑土层的粉细砂含量较高，且含有一定量的盐分和黏粒，土体密实度较低，易于开挖和压缩，浸水条件下地基下沉量和下沉速率都较大。

综合不同深度盐渍土层 8 处浸水静力载荷试验成果，可知含黏粒的密实砾砂土层大多属于非溶陷性土，可以作为风机基础的持力层。为了更直观地表示各试验点的结果，将各试验点的测试结果汇总于表 5.2−5 中。

表 5.2-5 浸水静力载荷试验成果汇总表

试验点编号	深度/m	试验土层	浸水荷载/kPa	溶陷量/mm	渗水深度/mm	溶陷系数	溶陷性评价
91-2	2.8	密实砾砂土	300	1.196	75	0.016	溶陷
91-3	1.2	含角砾密实砂层	600	0.500	110	0.005	非溶陷
94-2-1	2.6	密实砾砂土	600	1.227	75	0.016	溶陷
94-2-2	2.85	密实角砾层	300	0.296	50	0.006	非溶陷
94-3	1.2	黄土状粉砂土	300	3.000	100	0.030	溶陷
94-4-2	0.2	含少量砾石与黏土的粉细砂层	300	7.000	150	0.047	溶陷
99-2	2.6	密实砾砂土	720	0.936	95	0.010	溶陷
99-3	1.4	含角砾砂土层	600	3.400	110	0.031	溶陷

5.2.2.3 小结

通过对研究区不同深度土层共 8 个试验点的浸水静力载荷试验测试，得到以下结论：

（1）密实砾砂层（2.6～3.0m）中含一定量盐分时溶陷量较大，为溶陷性土层，平均溶陷系数为 0.012。该层土中不含盐分时溶陷量较小，溶陷系数为 0.005，为非溶陷性土层。

（2）含角砾砂土层（1.2～1.4m）的溶陷性取决于土层中黏粒和盐分含量。黏粒含量少且不含可见盐分的密实角砾层溶陷量较小，溶陷系数为 0.006，为非溶陷性土层。有一定黏粒含量（或有可见盐分存在）时土层溶陷量较大，溶陷系数为 0.031，为溶陷性土层。

（3）研究区局部地区会出现不连续分布的黄土状粉砂土，该层土的强度低，溶陷量大，溶陷系数为 0.030，为溶陷性土层。

（4）地表含少量砾石和黏性土的粉细砂层（0.2m）强度低，溶陷量很大，溶陷系数为 0.047，为溶陷性土层。

5.2.3 动力载荷试验

动力载荷试验是用电磁激振器或锤击方法，使载荷板产生强迫振动或自由振动，通过测得载荷板的共振频率或自振频率，计算得到盐渍土天然状态和浸水后的地基动刚度（K），确定盐渍土地基天然状态和浸水后地基的变形模量（E_0）、承载力基本值（f_0）。

5.2.3.1 试验原理

动力载荷试验的基本原理是把一定直径的圆形载荷板置于整平后的待测地基土上，使二者紧密接触（可在载荷板与地基土之间铺设石膏或黏土），随后用石膏将检波器固定在载荷板上，采用锤击方法使载荷板产生强迫振动，利用仪器信号采集系统采集地基土振动的时域曲线和瞬态力传感器提供的力波时域信号，经过 FFT 转换得到振速频域曲线和力波振幅谱，两者相除得到 $V/F-f$ 曲线，即导纳频谱特性曲线。当载荷板下地基土小位移振动时，其振动可视为刚体运动并以质弹体系表现，由典型导纳频谱特性曲线的直线段斜率的倒数可表示地基土的动刚度 K，进而计算得到某一容许沉降值下的地基承载力基本值。

5.2.3.2 试验方法

本次动力载荷试验所用仪器为 GeoPen SE2404 综合工程探测仪。GeoPen SE2404 综合工程探测仪是一种多功能高精度数字地震仪，是一款集数据采集和数据处理于一体的智能化地震数据采集系统，具有 48 个宽频带信号输入通道，能够进行浅层地震波勘探（浅层反射波法、折射波法等）、波速测井、瞬态多点瑞利波勘探、桩基小应变完整性检测、地表常时微动测试以及建构筑物的振动监测等工作。仪器具有轻便、工作效率快、探测精度高等特点，比较适合于野外开展测试工作。

动力载荷试验野外测试示意图见图 5.2 - 10。具体操作步骤如下：

（1）在待测天然（或浸水后）盐渍土地基上安置承压板，承压板面积与静力载荷试验相同。在承压板顶部安设低频检波器，同时记录检波器布设位置与激发点位置。

（2）设置工程探测仪的检测参数，检查各检波器及连接线是否正常，用大锤在震源激发点的垫板上施加小激振力，检查测试系统是否正常工作。

（3）利用大锤锤击地面产生瞬态垂直脉冲信号，利用检波器接收信号，经过多次叠加平均后保存数据。室内分析处理后得到地基土的振动速度幅频曲线（图 5.2 - 11）。

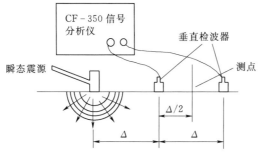

图 5.2 - 10　动力载荷试验野外测试示意图

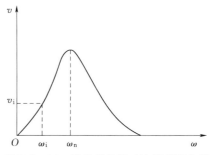

图 5.2 - 11　承压板的振动速度幅频曲线

（4）当进行浸水试验时，试坑内保持 30cm 水头浸水 3 天，记录坑底的沉降量，而后安装承压板和载荷试验设备进行动力载荷试验。

本次动力载荷试验在 91 号、94 号、99 号 3 个试验区各试验坑进行了系统测试，动力载荷试验浸水前、后共测试 20 组，测试记录详见表 5.2 - 6。为保证测试的精确性，每个测点至少保存 5 个测试数据，以减少锤击影响造成的测试误差。

表 5.2 - 6　　　　　　　　　　　　动力载荷试验详情表

试坑	深度/m	土层	土层状态	数据记录编号
91 - 1	3.0	密实砾砂土	天然	91 - 1q1～91 - 1q10
91 - 2	2.8	密实砾砂土	浸水前	91 - 2q1～91 - 2q10
			浸水后	91 - 2h1～91 - 2h5
91 - 3	1.2	含角砾密实砂层	天然	91 - 3q1～91 - 3q10
94 - 1	3.0	密实砾砂土	天然	94 - 1q1～94 - 1q6
94 - 2 - 1	2.6	密实砾砂土	浸水前	94 - 2 - 1q1～94 - 2 - 1q6
			浸水后	94 - 2 - 1h1～94 - 2 - 1h6
94 - 2 - 2	2.85	密实砾砂土	浸水前	94 - 2 - 2q1～94 - 2 - 2qs5
			浸水后	94 - 2 - 2h1～94 - 2 - 2h5

试坑	深度/m	土层	土层状态	数据记录编号
94-3	1.2	黄土状粉砂土	浸水前	94-3q1~94-3q10
			浸水后	94-3h1~94-3h6
94-4-1	0.2	含少量砾石与黏土的粉细砂层	天然	94-4-3q1~94-4-3q12
94-4-2	0.2	含少量砾石与黏土的粉细砂层	浸水前	94-4q1~94-4q10
			浸水后	94-4-2h1~94-4-2h10
94-4-3	0.2	含少量砾石与黏土的粉细砂层	天然	94-4-3q1~94-4-3q8
99-1		密实砾砂土	天然	99-1q1~99-1q9
99-2	2.6	密实砾砂土	浸水前	99-2q1~99-2q6
			浸水后	99-2h1~99-2h6
99-3	1.4	含角砾砂土层	浸水前	99-3q1~99-3q13
			浸水后	99-3h1~99-3h6

注 编号依据为试坑号，浸水前（或天然状态）用 q 表示，浸水后用 h 表示，尾部数字表示测试编号。

5.2.3.3 结果分析

利用分析软件对现场采集的信号进行预处理，可以得到各试验点的振动幅频曲线图，进而可以得到承压板的共振频率 f，计算出承压板的共振圆频率 ω，即可计算盐渍土的动刚度 K，计算式如下：

$$K = m\omega_n^2 \qquad (5.2-3)$$

或

$$K = Q_0\omega_i/v_i \qquad (5.2-4)$$

式中：m 为载荷板的质量，t；ω_n 为振动速度幅频曲线的共振圆频率或无阻尼自振圆频率，s^{-1}；Q_0 为激振力幅值，kN；ω_i 为振动速度幅频曲线低频段的圆频率，s^{-1}；v_i 为对应于 ω_i 的速度幅值，m/s。

求得盐渍土地基的动刚度后，即可求算地基土的变形模量 E_0，计算式为

$$E_0 = K/\beta_0(F + \sqrt{FF_0}) \qquad (5.2-5)$$

式中：E_0 为地基土的变形模量，kPa；β_0 为与地基土有关的系数，m^{-1}，在无试验资料时，可按表 5.2-7 取值；F 为承压板面积，m^2；F_0 为基准面积，m^2，取 10。

表 5.2-7 与地基土有关的系数 β_0 取值

地基土类别		β_0/m^{-1}
天然状态的盐渍土		0.4~0.6
浸水后盐渍土	碎石土	0.8~1.0
	砂土	0.9~1.1
	粉土、粉质黏土	1.1~1.3
	黏土	1.3~1.5

根据式（5.2－5）求得地基土的变形模量 E_0 后，即可进一步计算盐渍土地基土的承载力基本值 f_0，计算式为

$$f_0 = \frac{2E_0 s}{\sqrt{\pi F}(1-\mu^2)} \qquad (5.2-6)$$

式中：f_0 为地基土承载力基本值，kPa；s 为容许沉降量，m，天然状态盐渍土取 $0.01b \sim 0.015b$（b 为承压板宽泊松比度），浸水后黏性土取为 $0.02b$，砂、石类土取 $0.01b \sim 0.015b$；μ 为天然状态盐渍土取值 $0.15 \sim 0.20$，浸水后的盐渍土按常规土取值。

根据上述计算方法，绘制不同试验点地基土的振动幅频曲线图，得到地基土的共振频率，进一步计算求得地基土的动刚度、变形模量及地基承载力。与静力载荷试验相同，此处仅选几处试验点代表性说明动力载荷试验的相关成果，分别选取 91－2 试坑和 94－2 试坑浸水前、后土层的动力载荷试验加以说明，详见表 5.2－8～表 5.2－11。

表 5.2－8　　　　　91－2（2.8m 浸水前）试坑动力载荷试验成果表

试坑	91－2（2.8m）浸水前	
编号	91－2q	
土层	密实砾砂土（可见盐分少）	
频率值/Hz	80.89	
载荷板质量/kg	130	
动刚度/(10^8 kN/m)	3.35	
载荷板面积/m²	0.50	
变形模量/MPa	40.30	
容许沉降量/10^{-3} m	9.58	
泊松比	0.20	
承载力基本值/kPa	641.70	

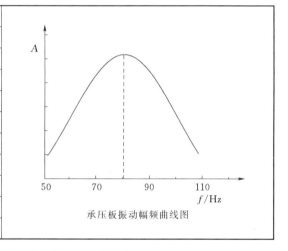

承压板振动幅频曲线图

表 5.2－9　　　　　91－2（2.8m 浸水后）试坑动力载荷试验成果表

试坑	91－2（2.8m）浸水后	
编号	91－2h	
土层	密实砾砂土（可见盐分少）	
频率值/Hz	46.88	
载荷板质量/kg	130	
动刚度/(10^8 kN/m)	1.13	
载荷板面积/m²	0.50	
变形模量/MPa	6.02	
容许沉降量/10^{-3} m	19.15	
泊松比	0.35	
承载力基本值/kPa	206.60	

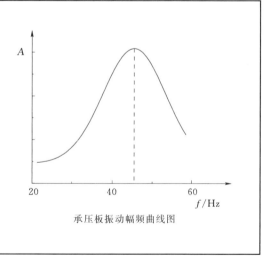

承压板振动幅频曲线图

表 5.2-10　　　　94-2（2.6m 浸水前）试坑动力载荷试验成果表

试坑	94-2-1（2.6m）浸水前
编号	94-2-1q
土层	密实砾砂土（含可见盐分）
频率值/Hz	78.13
载荷板质量/kg	96
动刚度/(10^8 kN/m)	2.31
载荷板面积/m^2	0.50
变形模量/MPa	27.76
容许沉降量/10^{-3} m	9.58
泊松比	0.20
承载力基本值/kPa	442.08

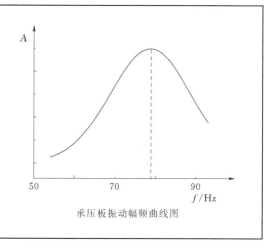

承压板振动幅频曲线图

表 5.2-11　　　　94-2-1（2.6m 浸水后）试坑动力载荷试验成果表

试坑	94-2-1（2.6m）浸水后
编号	94-2-1h
土层	密实砾砂土（含可见盐分）
频率值/Hz	59.00
载荷板质量/kg	96
动刚度/(10^8 kN/m)	1.31
载荷板面积/m^2	0.50
变形模量/MPa	7.04
容许沉降量/10^{-3} m	19.15
泊松比	0.35
承载力基本值/kPa	245.16

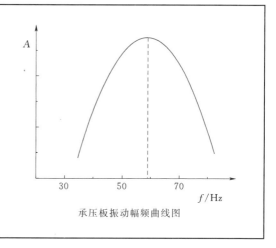

承压板振动幅频曲线图

统计各试验点不同土层的动力载荷试验及计算成果，见表 5.2-12。

表 5.2-12　　　　　　　　　动力载荷试验成果汇总表

试验点	试验土层	深度/m	土层状态	共振频率/Hz	动刚度/(10^8 kN/m)	变形模量/MPa	承载力基本值/kPa
91-1q	密实砾砂土（含可见盐分）	3.0	天然	77.64	1.55	28.24	449.66
91-2q	密实砾砂土（可见盐分少）	2.8	浸水前	80.89	3.35	40.30	641.70
91-2h			浸水后	46.88	1.13	6.02	209.60
91-3q	含角砾密实砂层（不含可见盐分）	1.2	天然	80.08	2.43	29.17	464.43
94-1q	密实砾砂土（可见盐分少）	3.0	天然	86.68	1.93	35.20	560.47

试验点	试验土层	深度/m	土层状态	共振频率/Hz	动刚度/(10^8kN/m)	变形模量/MPa	承载力基本值/kPa
94-2-1q	密实砾砂土	2.6	浸水前	78.13	2.31	27.76	442.08
94-2-1h	（含可见盐分）		浸水后	59.00	1.32	7.04	245.16
94-2-2q	密实砾砂土	2.85	浸水前	73.73	2.79	33.48	533.12
94-2-2h	（不含可见盐分）		浸水后	54.71	1.53	8.19	285.46
94-3q	黄土状粉砂土	1.2	浸水前	66.41	1.67	20.06	319.40
94-3h	（可见钙质盐分）		浸水后	58.59	1.30	6.94	241.76
94-4-1q	含少量砾石与黏土的粉细砂层（可见盐分少）	0.2	天然	71.78	1.95	23.43	373.14
94-4-2q			浸水前	76.66	3.01	36.19	576.34
94-4-2h			浸水后	60.06	1.85	9.87	344.02
94-4-3q			天然	80.57	2.46	29.52	470.13
99-1q	密实砾砂土（可见盐分多）	3.0	天然	77.64	1.55	28.24	449.66
99-2q	密实砾砂土	2.6	浸水前	80.08	2.43	29.17	464.43
99-2h	（可见盐分少）		浸水后	65.93	1.65	8.79	306.13
99-3q	含角砾砂土层	1.4	浸水前	82.29	2.56	30.80	490.41
99-3h	（不含可见盐分）		浸水后	62.5	1.48	7.90	275.11

从表中可以看出，天然地基的动刚度介于 $1.55 \times 10^8 \sim 3.35 \times 10^8$ kN/m 之间，平均值为 2.31×10^8 kN/m；浸水后地基动刚度介于 $1.13 \times 10^8 \sim 1.85 \times 10^8$ kN/m 之间，平均值为 1.47×10^8 kN/m，浸水后地基动刚度明显降低，约为天然地基的 60%。通过地基动刚度计算得到的天然土变形模量介于 20.06～40.30MPa 之间，平均值为 30.12MPa；浸水后地基变形模量介于 6.02～9.87MPa 之间，平均值为 7.82MPa，浸水后地基变形模量降低很多，约为天然地基的 25%。通过动刚度计算得到的天然地基承载力基本值介于 319.40～641.70kPa 之间，平均值为 479.61kPa；浸水后地基承载力基本值介于 209.60～344.02kPa 之间，平均值为 272.46kPa，浸水后地基承载力基本值下降明显，约为天然地基的 57%。

将动力载荷试验确定的地基变形模量和承载力基本值与 5.1.1 节中天然静力载荷试验结果进行对比，可以发现二者确定的地基变形模量和承载力吻合较好。相比之下，浸水后动力载荷试验确定的地基变形模量偏低，确定的地表处地基承载力基本值偏高一些，建议后期进一步求证后采用。

5.2.3.4　小结

通过在 3 个试验区不同土层浸水前、后共 20 组动力载荷试验的测试，计算得到了各土层浸水前、后的地基动刚度、变形模量和承载力基本值，得到以下结论：

（1）研究区天然盐渍土地基动刚度介于 $1.55 \times 10^8 \sim 3.35 \times 10^8$ kN/m 之间，平均值为 2.31×10^8 kN/m；浸水后地基动刚度介于 $1.13 \times 10^8 \sim 1.85 \times 10^8$ kN/m 之间，平均值为

$1.47×10^8$ kN/m。浸水后地基动刚度明显降低，约为天然地基的 60%。

（2）研究区天然盐渍土变形模量介于 20.06～40.30MPa 之间，平均值为 30.12MPa；浸水后地基变形模量介于 6.02～9.87MPa 之间，平均值为 7.82MPa。浸水后地基变形模量降低很多，约为天然地基的 25%。

（3）研究区天然盐渍土地基承载力基本值介于 319.40～641.70kPa 之间，平均值为 479.61kPa；浸水后地基承载力基本值介于 209.60～344.02 之间，平均值为 272.46kPa。浸水后地基承载力基本值下降明显，约为天然地基的 57%。

5.2.4　静力触探试验

静力触探是将具有一定功用的探头以规定的速率贯入土中，量测贯入过程中探头受到的阻力乃至孔隙水压力，以此探查地基土的工程性质，它是一种快速、经济且能取得连续力学指标的工程勘察原位测试技术。作为工程勘察中一项重要的勘探和测试手段，静力触探可以根据工程需求测定比贯入阻力（p_s）、锥尖阻力（q_c）、侧壁摩阻力（f_s）等指标，该技术早已在国内得到广泛推广应用，积累了大量资料和经验，并取得了很好的效果。本次在盐渍土地区进行静力触探测试，目的是通过将静力触探试验成果与载荷试验对比，并参考国内外有关规范确定地基土承载力基本值 f_0。

静力触探自问世以来，不仅仪器几经更新换代，而且对触探机理的研究也很活跃。纵观国内外的研究，一般都使用纯砂作为试验介质，这主要是因为砂的抗剪强度只有内摩擦角一个指标，便于解释静力触探机理。

5.2.4.1　试验设备

静力触探仪一般由三部分构成：①触探头，即阻力传感器；②量测记录仪表；③贯入系统，包括触探主机与反力装置，共同将探头压入土中。静力触探仪的贯入力一般为 20～100kN，最大贯入力为 200kN，因为细长的探杆受力太大容易弯曲或折断，所以贯入力极限不能太大。贯入力为 20～30kN 时，一般为手摇链式电测十字板-触探两用仪；贯入力大于 50kN 时，一般为液压式主机。

考虑场地条件，故试验仪器采用 CL200 型手摇链式电测十字板-触探两用仪（图 5.2-12），适用于软土、一般黏性土及松至中密砂层。CL200 型手摇链式电测十字板-触探两用仪触探仪采用人力摇动手柄，通过链轮及齿轮变速，带动两根加压链条循环转动，由加长的链片销轴压住山形板和卡块，将探头压入土中。触探仪贯入速率为 0.8～1.0m/min，提升速率靠改变手柄位置来实现。

CL200 型手摇链式电测十字板-触探两用仪主要技术参数有：①贯入力为 20～30kN；②贯入速率为 0.8～1.2m/min；③提升速度为 4～5m/min；④探杆直径为 25～28mm；⑤触探头截面积为 10cm²；⑥整机重量为 40kg，全套设备重 180kg。

CL200 型手摇链式电测十字板-触探两用仪探头被压入土的过程中，利用 CL200 型数字测力仪测定不同深度土层的锥尖阻力（图 5.2-13）。CL200 型数字测力仪是一种应力测量仪器，能对土木建筑、桥梁等工程的地质结构作原位测试。测力仪采用干电池工作，体积小、重量轻、携带方便，特别适用于野外作业，可连续使用 200h，采用大规模集成块，内部计算器自动调零，长期使用零点无飘移，校正系数由屏幕直接显示，消除拨盘开关引起的附加误差，且可随时校正，可以很好地保证测试结果的精确性。

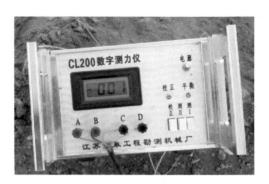

图 5.2 - 12 CL200 型手摇链式电测
十字板-触探两用仪

图 5.2 - 13 CL200 型数字测力仪

5.2.4.2 试验方法与步骤

（1）根据地质勘探的布点要求，选取位置，并在试验点两侧各拧入一个地锚，下地锚时先挖一个 25～30cm 的 V 形坑，两地锚相距约 0.8m，然后将地面铲平，铺上木垫板。

（2）将仪器底架槽钢置于地锚下，地锚置于两根槽钢的中部，将地锚压铁套在锚杆上，拧紧螺钉使其紧卡底架槽钢，抽动垫板使机架垂直地面。

（3）接好电缆线，并连接至数字测力仪，A、B、C、D 分别接蓝、红、黄、白线，连接探杆。接探杆时切勿转动探头，以免电缆线断裂。

（4）打开测力仪电源，按下上校正键，调节校正电位器，使仪器显示数字与正在使用的探头系数一致（本次使用仪器的探头系数为 956）。

（5）按下测力仪测 I 键，在探头不受力的情况下调节平衡电位器，使数码管交替显示 −0 与 0（测 I 键在使用 10cm² 探头时可测量 1kg 力，测 II 键可测 2kg 力）。

（6）按下校正键，再次调节校正电位器，复校探头系数。

（7）开始工作，用山形板卡住链条，再把 U 形卡块卡在探杆上，匀速转动摇把，使探杆以每分钟 0.8～1.2m 的速度向下贯入，立柱上自行画上 10cm 一档的标尺，观察山形板的移动位置，每下降 10cm 记一次仪表读数。

（8）山形板接近底部时，摇把缓慢反向摇动直至弹力消除（切勿一下松开），上移卡块和山形板，继续匀速摇动加压，重复本过程直至贯入到预定深度或探头阻力仪表的极限，贯入即结束。

（9）将卡块放在山形板下面，反向转动摇把将探杆拔起，拔起前先在探杆与地面出露处做上标记，待探杆完全拔出后，用钢卷尺量实际贯入深度以及地下水位的位置。

（10）拧出地锚，整理仪器并装箱。试验过程中遇下列情况之一者，应停止贯入，并在记录表上注明：①触探主机负荷达到其额定荷载的120%时；②贯入时探杆出现明显弯曲；③反力装置失效；④探头负荷达到额定荷载时。

5.2.4.3 资料整理

1. 原始数据的修正

静力触探在贯入过程中，探头受摩擦而发热，探杆会倾斜和弯曲，探头入土深度很大时探杆亦会有一定量的压缩，仪器记录深度的起始面与地面不重合等，这些因素都会使测试结果产生偏差，因而一般应对原始数据进行修正。修正方法一般按《静力触探技术规程》（DG/TJ 08-2189—2015）的规定进行，主要应注意深度修正和零漂处理两个方面。

（1）深度修正。当记录深度与实际深度有出入时，应按线性修正深度误差。对因探杆倾斜而产生的深度误差可按下述方法修正：

触探时量测触探杆的偏斜角（相对铅垂线），如每贯入1m测了1次偏斜角，则该段的贯入深度修正量为

$$\Delta h_i = 1 - \cos[(\theta_i - \theta_{i-1})/2] \tag{5.2-7}$$

式中：Δh_i为第i段贯入深度修正量；θ_i、θ_{i-1}为第i次和第$i-1$次实测的偏斜角，（°）。

触探结束时的总修正量为$\sum \Delta h_i$，实际的贯入深度应为$h - \sum \Delta h_i$。实际操作时应尽量避免过大的倾斜、探杆弯曲和机具方面产生的误差。

（2）零漂修正。一般根据归零检查的深度间隔按线性内插法对测试值加以修正，修正时应注意不要形成人为的台阶。

2. 触探曲线的绘制

触探曲线包括p_s-h或q_c-h、f_s-h和R_f（$R_f = f/q \times 100\%$）-h曲线，单孔触探成果应包括以下几项基本内容：

（1）各触探参数随深度的分布曲线。

（2）土层名称及潮湿程度（或稠度状态）。

（3）各层土的触探参数值和地基参数值。

（4）对于孔压触探，如果进行了孔压消散试验，尚应附上孔压随时间变化的过程曲线；必要时，可附锥尖阻力随时间变化的过程曲线。

3. 静力触探成果应用

静力触探成果应用较为广泛，主要可归纳为以下几方面：

（1）划分土层及土类判别。划分土层的依据是探头阻力与土层的软硬程度密切相关，由此进行的土层划分也称之为力学分层。根据单桥静力触探的资料，划分土层应按以下步骤进行：

1）将静力触探探头阻力与深度曲线分段。分段的依据是根据各种阻力大小和曲线形状进行综合分段。如阻力较小、摩阻比较大、曲线变化小的曲线段所代表的土层多为黏土层；而阻力大、摩阻比较小、曲线呈急剧变化的锯齿状则代表砂土层。

2）按临界深度等概念准确判定各土层界面深度。静力触探自地表匀速贯入过程中，锥头阻力逐渐增大（硬壳层影响除外），到一定深度（临界深度）后才达到一个较为恒定

的值，临界深度及曲线第一个较为恒定值段为第一层；探头继续贯入到第二层附近时，探头阻力会受到上下土层的共同影响而发生变化，变大或变小，一般规律是位于曲线变化段的中间深度即为层面深度，以下类推。

分层时要注意两种现象：一种是贯入过程中的临界深度效应；另一种是探头越过分层面前后所产生的超前与滞后效应。这些效应的根源均在于土层对于探头的约束条件有了变化。

（2）推求土层的工程性质指标。

用静力触探法推求土层的工程性质指标比较经济、可靠，周期短，因此较受欢迎，应用也较为广泛。

1）推算土的抗剪强度参数。铁道科学院提出了黏性土与砂土的内摩擦角求算方法，即

$$黏性土：\varphi = \arctan(0.0069\sqrt{q_c - 0.1023})$$

$$(5.2 - 8)$$

式中：φ 为摩擦角，（°）；q_c 为锥尖阻力，kPa，$400\text{kPa} < q_c < 8200\text{kPa}$，计算方法是根据铁道科学院所提出的经验公式（$q_c = 0.91 p_s$，其中 p_s 为比贯入阻力，kPa）。

砂土的内摩擦角与锥尖阻力的关系可表示为图 5.2 - 14 的形式，图中 σ_{vo} 为有效上覆压力。

此外，《静力触探技术规程》（DG/TJ 08 - 2189—2015）提出了砂土内摩擦角的参考值（表 5.2 - 13）。

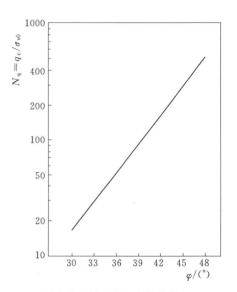

图 5.2 - 14　砂土内摩擦角与锥尖阻力的关系

表 5.2 - 13　　　　　　　　砂土内摩擦角与比贯入阻力的关系

p_s/MPa	1	2	3	4	6	11	15	30
φ/(°)	29	31	32	33	34	36	37	39

2）求地基承载力。用静力触探法求地基承载力的优点是快速、简便、有效，在应用此法时应注意以下两点：

a. 静力触探法求地基承载力一般依据的是经验公式。这些经验公式是建立在静力触探和载荷试验的对比关系上。但载荷试验原理是使地基土缓慢受压，先产生压缩（似弹性）变形，然后为塑性变形，最后剪切破坏，受荷过程慢，黏聚力和内摩擦角同时起作用。静力触探加荷快，土体来不及被压密就产生剪切破坏，同时产生较大的超孔隙水压力，对黏聚力影响很大。这样，主要起作用的是内摩擦角，内摩擦角越大，锥头阻力 q_c（或比贯入阻力 p_s）也越大。砂土黏聚力小或为零，黏土黏聚力相对较大，而内摩擦角相对较小。因此，用静力触探法求地基承载力要充分考虑土质的差别，特别是砂土和黏土的区别。另外，静力触探法提供的是一个孔位处的地基承载力，用于设计时应将各孔的资料进行统计分析以推求场地的承载力，此外还应进行基础的宽度和埋置深度的修正。

b. 地基土的成因、时代及含水率的差别对用静力触探法求地基承载力的经验公式有明显影响，如老黏土（$Q_1 \sim Q_3$）和新黏土（Q_4）的区别。

我国在使用静力触探法推求地基承载力方面已积累了较为丰富的经验，经验公式很多。在使用这些经验公式时应充分注意其使用的条件和地域性，并在实践中不断地检验。

《工业与民用建筑工程地质勘察规范》（TJ 21—77）中采用的公式如下：

砂土：
$$f_0 = 0.197 p_s + 0.0656 \qquad\qquad (5.2-9)$$

一般黏性土：
$$f_0 = 0.104 p_s + 0.0269 \qquad\qquad (5.2-10)$$

老黏土：
$$f_0 = 0.1 p_s \qquad\qquad (5.2-11)$$

式中：f_0 为地基承载力基本值，MPa；p_s 为单桥探头的比贯入阻力，MPa。

铁路部门在《深层静力触探技术使用暂行规定》中提出了如下的经验公式计算地基土基本承载力：

对于 Q_3 及以前沉积的老黏土地基，单桥探头的比贯入阻力 p_s 在 $3000 \sim 6000$ kPa 的范围内时采用式（5.2-12）计算地基的基本承载力 σ_0：

$$\sigma_0 = 0.1 p_s \qquad\qquad (5.2-12)$$

对于软土及一般黏土、亚黏土地基的基本承载力 σ_0 采用式（5.2-13）计算：

$$\sigma_0 = 5.8 p_s^{0.5} - 46 \qquad\qquad (5.2-13)$$

对于一般亚砂土及饱和砂土地基的基本承载力 σ_0 采用式（5.2-14）计算：

$$\sigma_0 = 0.89 p_s^{0.63} - 14.4 \qquad\qquad (5.2-14)$$

当确认该地基在施工及竣工后均不会达到饱和时，则由上式确定的砂土地基的 σ_0 可以提高 $25\% \sim 50\%$。式中 σ_0 单位均为 kPa。

《工程地质手册》（第五版）[214] 中地基的基本承载力 f_0 计算方法为

$$f_0 = 0.1 \beta p_s + 0.032 \alpha \qquad\qquad (5.2-15)$$

式中：p_s 为单桥探头的比贯入阻力，kPa；β、α 为土类修正系数，参见表5.2-14。

表 5.2-14 各土类 β、α 修正系数表

土类参数	砂土			黏 性 土								特殊土	
	粉细砂	中细砂	粗砂	粉土			粉质黏土			黏土		黄土	红土
I_p		<3		3~5	6~8	9~10	11~12	13~15	16~17	18~20	>21	9~12	>17
β	0.2	0.3	0.4	0.3	0.4	0.5	0.6	0.7	0.8	0.9	1.0	0.5~0.6	0.09
α		2.0			1.5			1.0			1.0	1.5	3.0

5.2.4.4 结果分析

本次静力触探测试在 91 号、94 号、99 号 3 个试验区不同深度土层共计测试 11 个试验点，部分试验点测试 $2 \sim 3$ 次，共计测试 19 次。由于土层中含有大量角砾、砾砂等粗颗粒，本次静力触探测试深度较浅，按照前述的资料整理方法绘制单桥静力触探曲线，对试验土层进行分层，并分别计算各层土的基本承载力。选取代表性试验点对静力触探成果进行说明，详见表 5.2-15～表 5.2-19。

表 5.2－15　　　　　　　94－4（0.2m）试坑单桥静力触探成果表

天然状态				含少量砾石与黏土的粉细砂层（可见盐分少）
层序	分层 /cm	比贯入阻力 /kPa	基本承载力 /kPa	
①	0～30	4670	187	
②	30～51	5409	216	
③	51 以下	12290	492	

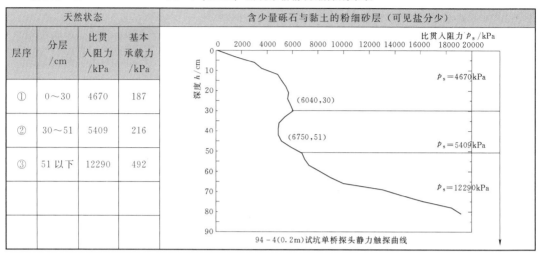

94－4(0.2m)试坑单桥探头静力触探曲线

表 5.2－16　　　　　　　99－4（0.2m）试坑单桥静力触探成果表

天然状态				含少量砾石与黏土的粉细砂层（可见盐分少）
层序	分层 /cm	比贯入阻力 /kPa	基本承载力 /kPa	
①	0～30	9114	365	
②	30～51	10007	400	
③	51～138	11999	480	
④	138 以下	12900	516	

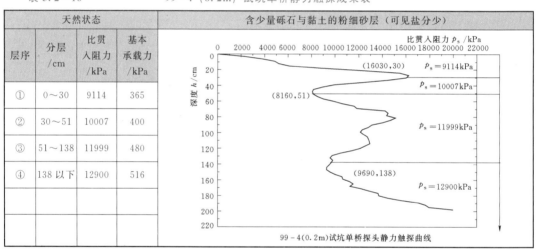

99－4(0.2m)试坑单桥探头静力触探曲线

表 5.2－17　　　　　　　94－3（1.2m）试坑单桥静力触探成果表

天然状态				黄土状粉砂土（可见钙质盐分）
层序	分层 /cm	比贯入阻力 /kPa	基本承载力 /kPa	
①	0～18	4980	199	
②	18～45	7608	304	
③	45 以下	12150	486	

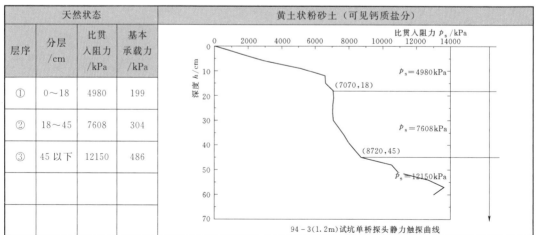

94－3(1.2m)试坑单桥探头静力触探曲线

表 5.2 - 18　　　　　99 - 3（1.2m）试坑浸水后单桥静力触探成果表

| 99-3（1.2m）浸水 | | | | 含角砾砂土层（不含可见盐分） |
层序	分层 /cm	比贯 入阻力 /kPa	基本 承载力 /kPa	
①	0～69	7735	309	
②	69 以下	16585	663	

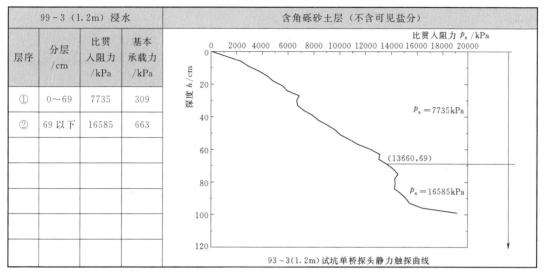

93 - 3(1.2m)试坑单桥探头静力触探曲线

表 5.2 - 19　　　　　91 - 2（2.8m）试坑浸水后单桥静力触探成果表

| 91-2（2.8m）浸水 | | | | 密实砾砂土（可见盐分少） |
层序	分层 /cm	比贯入 阻力 /kPa	基本 承载力 /kPa	
①	0～54	1894	76	
②	54 以下	10165	407	

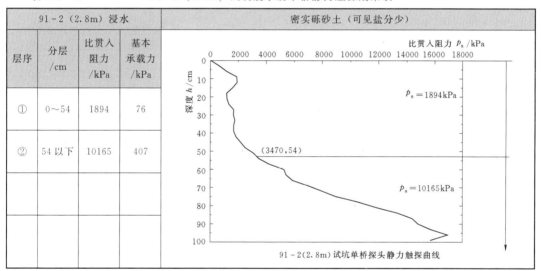

91 - 2(2.8m)试坑单桥探头静力触探曲线

　　静力触探测试适用于软土、一般黏性土、粉土、砂土等硬度较小，探头易贯入的土层。本次测试场地为冲洪积盐渍土戈壁滩地貌，根据地质编录和地质勘察钻孔资料，该地区的土层主要为含砾砂土和含砾黏性土，含有大量角砾和卵石颗粒，同时夹杂不连续分布的角砾层和钙质胶结坚硬土层。一般的砂土和黏土地区，静力触探试验可以达到数十米的深度，然而本次盐渍土地区试验深度明显受到土质影响，最深的不到 2m，最浅的仅有 0.2m。

　　表 5.2 - 20 统计了各试验点的静力触探成果。从表中可以看出，2.6～3.0m 深度处的密实砾砂层探头很难贯入，贯入深度较浅，承载力为 400～500kPa；1.2m 深度处含角砾砂土层因粗粒含量较多也较难贯入，1.5～1.9m 深度地层的承载力也为 350～450kPa；相比之下，地表处含少量砾石与黏土的粉细砂层较易贯入，0～0.5m 深度范围地层的承载

力介于 200～300kPa 之间，0.5～1.2m 深度范围地层的承载力约为 350kPa，1.2～1.9m 深度范围土层的承载力约为 400kPa。

表 5.2 - 20　　　　　　　　　　单桥静力触探试验成果汇总表

试验点	试验土层	深度/m	层序	分层/cm	比贯入阻力/kPa	基本承载力/kPa
91 - 1	密实砾砂土	3.0	①	0～24	7976	319
			②	24～45	13687	548
91 - 2	密实砾砂土	2.6	①	0～54	1894	76
			②	54～99	10165	407
91 - 3	含角砾密实砂层	1.2	①	0～30	7722	309
			②	30～48	13850	554
94 - 1	密实砾砂土	3.0	①	0～12	13519	541
94 - 2	密实砾砂土	2.6	①	0～36	4719	189
			②	36～72	14906	596
94 - 3	黄土状粉砂土	1.2	①	0～18	4980	199
			②	18～45	7608	304
			③	45～60	12150	486
94 - 4	含少量砾石与黏土的粉细砂层	0.0	①	0～30	4670	187
			②	30～51	5409	216
			③	51～81	12290	492
99 - 1	密实砾砂土	3.0	①	0～21	11443	458
99 - 2	密实砾砂土	2.6	①	0～36	11851	474
99 - 3	含角砾砂土层	1.4	①	0～69	7735	309
			②	69～99	16585	663
99 - 4	含少量砾石与黏土的粉细砂层	0.0	①	0～30	9114	365
			②	30～51	10007	400
			③	51～138	11999	480
			④	138～198	12900	516

5.2.4.5　小结

通过对研究区盐渍土不同土层共 11 个试验点的静力触探测试，划分各试验点的土层，并根据比贯入阻力采用经验公式计算得到不同土层的地基承载力情况，得到以下结论：

（1）静力触探试验适用于硬度较小、探头易贯入的土层，在砾类及卵石含量较高的冲洪积戈壁滩盐渍土地区探头贯入深度较小，不能达到理想的测试结果，测定结果需进一步求证。

（2）根据 3.0m 深度和 2.6m 深度试坑静力触探测试结果，3.0～3.3m 深度范围内的密实砾砂层探头贯入深度很小，该层对应的承载力为 400～500kPa。

（3）根据地表处和 1.2m 深度试验坑静力触探测试结果，1.2～1.9m 深度范围内的含

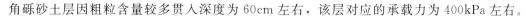

角砾砂土层因粗粒含量较多贯入深度为 60cm 左右，该层对应的承载力为 400kPa 左右。

（4）根据地表处静力触探测试结果，含少量砾石与黏土的粉细砂层较易贯入，贯入深度在 100cm 左右，也可达到 200cm，0～0.5m 深度范围地层的承载力介于 200～300kPa 之间，0.5～1.2m 深度范围地层的承载力约为 350kPa。

5.2.5　岩土渗透性测试

岩土体的渗透特性是水循环和水盐迁移过程等研究中的重要参数，同时也是工程建设中十分关注的问题之一。注水试验作为一种现场测定土体渗透参数的简便方法，由于其能直接解决原状土样的导水率问题及操作简单而被广泛应用。本次在盐渍土地区不同试验点向开挖的圆形试坑内注水，保持一定的水头高度，量测渗入岩土层的水量，以确定不同层位盐渍土层的透水性能。

5.2.5.1　试验目的与原理

注水试验一般分为单环注水法和双环注水法两种方法。双环注水法测试装置较为复杂，适用于测试渗透系数较低的黏性土和粉土层；单环注水法测试装置较为简单，适用于测试地下水位埋深大于 5m 的砂土层、砂卵砾石层。本次测试场地的盐渍土地层多为砾砂土层，故采用单环注水法测定土层渗透特性。

单环注水试验是将直径 30～50cm 的铁环放入 20cm 深的圆形（或方形）试坑底部，使其与试坑底紧密接触，在其外部用黏土填实，确保四周不漏水，环内铺 2～3cm 的反滤粗砂，向环内注水并保持 10cm 的水头，按一定的时间间隔观测土层的渗水量，最后计算得到土层的渗透系数。

由于注水试验的试坑面积较小，试验开始时水分并非径直沿着竖向渗流，同时也存在侧向渗流，形成如图 5.2-15 所示的包络状渗流区域，外围形成一定的毛细水带。随着时间推移，这个渗流区域扩大且趋于稳定，此时水分几乎全部沿竖向渗流，渗流速率基本稳定。

注水试验土层经历了由非饱和渗流到饱和渗流的过程，应用 Richards 方程可以确定土层的渗透系数。由 $v = -K(\theta)\left(\dfrac{\partial h}{\partial z} \pm 1\right)$ 可知，试验刚开始时 t 很小，则 $\dfrac{\partial h}{\partial z}$ 很大，v 较大；当 $t \to \infty$ 时，$\dfrac{\partial h}{\partial z} \to 0$，$v \to K$，此时入渗速率趋于定值，数值上等于渗透系数 K（图 5.2-16）。

当单位时间注入水量保持稳定时，则可根据达西渗透定律计算出土层的渗透系数，土层的垂向渗透系数（K）实际上就等于试坑底部单位面积上的渗透流量（单位面积注入水量），亦即渗入水在土层中的渗透速率（V），计算式为

$$V = V_{水} / F_{面} \, \Delta t \qquad (5.2-16)$$

或

$$V = Q / F_{面} \qquad (5.2-17)$$

式中：V 为垂向渗透速率，cm/min；$V_{水}$ 为渗入水的体积，cm³；$F_{面}$ 为铁环的底面积，cm²；Δt 为某一时间段，min；Q 为单位时间流量，cm³/min。

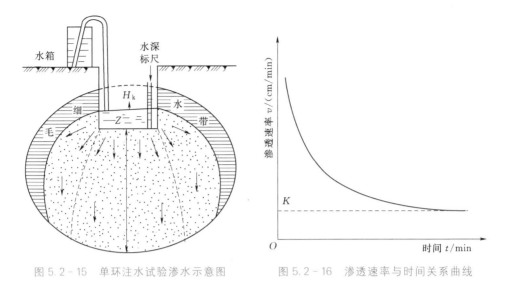

图 5.2 - 15　单环注水试验渗水示意图　　　图 5.2 - 16　渗透速率与时间关系曲线

5.2.5.2　试验标准与方法

本次注水试验参考《注水试验规程》（YS 5214—2000），现场采用单环注水法测定不同深度土层的渗透系数。试验所用铁环直径为 40cm，高 30cm，采用标有刻度的 20L 容量筒，以及微型电动抽水泵。试验具体操作步骤如下：①在拟定的试验位置上，挖一个圆形注水试坑（以放入注水铁环为准），深度为 15～20cm，修平坑底，并确保土层的原状结构；②放入铁环，使其与试坑底部紧密接触，在其外部用石膏填实，确保四周不漏水，在坑底铺厚度为 2～3cm 的小砾石作为缓冲层；③将流量桶水平放置在注水试坑边，接上胶管，将钳夹夹于胶管下部，然后向流量桶注满清水；④松开钳夹，向试坑内注水，待坑内水头高度达到 10cm 时，试验即正式开始，记录时间和流入桶内的水量。

单环注水试验过程中应注意以下要求：①试验时必须保持 10cm 水头，其波动范围允许偏差为 ±0.5cm；②试验开始后，按 5min、10min、15min、20min、30min 的时间间隔测记渗水量，以后每隔 30min 测记一次，直至试验终止；③每次观测流量 Q 的精度应达到 0.1L；④试验过程中，随时绘制流量 Q 与时间 t 的关系曲线，当每隔 30min 观测一次的流量与最后 2h 内平均流量之差不大于 10% 时，即可视为稳定，结束试验。

本次现场分别在地表（0.2m）、浅层（1.2m）、深层（2.6m）不同土层内测试了土体的渗透特性，共测试 6 个试验点，并在测试完成后采用高密度电阻率法对部分试验点的渗水范围进行了探测，表 5.2 - 21 列出了各注水试验点的详细情况。

表 5.2 - 21　　　　　　　　　　　　注 水 试 验 详 情 表

试坑	深度/m	土　　层	备　注
91 - 2	2.6	密实砾砂土（可见盐分少）	
94 - 2	2.6	密实砾砂土（含可见盐分）	
94 - 3	1.2	黄土状粉砂土（可见钙质盐分）	高密度电阻率法探测

试坑	深度/m	土 层	备 注
94-4	0.2	含少量砾石与黏土的粉细砂层（可见盐分少）	高密度电阻率法探测
99-2	2.6	密实砾砂土（可见盐分少）	
99-3	1.4	含角砾砂土层（不含可见盐分）	

5.2.5.3 结果分析

1. 单位时间注水量随时间变化关系

图 5.2-17～图 5.2-22 所示为不同试坑单位时间注水量随时间变化关系，可知每个试坑的注水过程都可以分为两个阶段：第一阶段单位时间内渗水流量大，为土层的非饱和阶段，随时间推移土层的饱和度不断增大，注水渗入流量则不断减小；第二阶段渗水流速

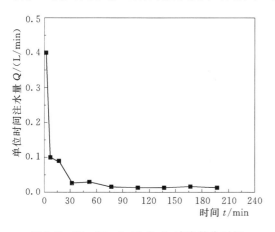

图 5.2-17 91-2（2.6m）试坑单位时间注水量与时间关系曲线

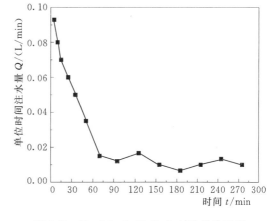

图 5.2-18 94-2（2.6m）试坑单位时间注水量与时间关系曲线

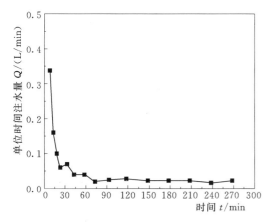

图 5.2-19 94-3（1.2m）试坑单位时间注水量与时间关系曲线

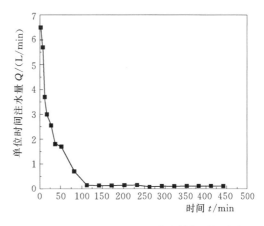

图 5.2-20 94-4（0.2m）试坑单位时间注水量与时间关系曲线

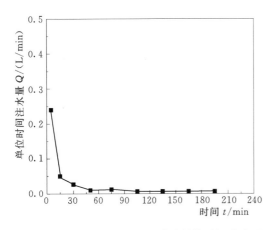

图 5.2-21　99-2（2.6m）试坑单位时间注水量
与时间关系曲线

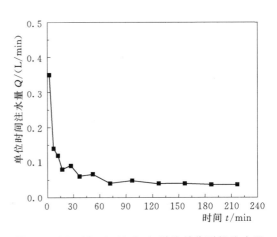

图 5.2-22　99-3（1.2m）试坑单位时间注水量
与时间关系曲线

稳定，土层处于饱和阶段，单位时间内的注水量相当，此时的渗透系数即反映了土层的真实渗透性能。从图中也可以看出，位于地表处（0.2m）的 94-4 试坑开始时注水量最大，可达 6.5L/min，随着时间增长注入水量迅速下降，经过 2h 后变化不大，5h 后基本不变，7.5h 后终止试验。1.2m 试坑单位时间注水量最初较小，介于 0.3～0.4L/min，流速稳定后接近 0.05L/min。相比之下，2.6m 试坑单位时间注水量最小，除 91-2 试坑外，其余试坑最初注水量都小于 0.25L/min，流速稳定后均小于 0.03L/min。从流速稳定时间也可知，0.2m 试坑达到稳定时所需时间最长，1.2m 试坑次之，2.6m 试坑所需时间最短。综合分析不难看出，地表处松散土层渗透系数最大，中部地层由于含黏粒但砾类较多渗透系数次之，深部地层黏粒含量高且密实度大渗透系数最小。

2. 不同土层的渗透系数

根据《注水试验规程》（YS 5214—2000）的规定，当每隔 30min 观测一次的流量与最后 2h 内平均流量之差不大于 10% 时，即可视为渗流达到稳定，此时的流量即为稳定流量。统计各试坑的稳定流量，并根据式（5-18）计算得到土层的稳定流量和渗透系数，见表 5.2-22。

表 5.2-22　　　　　　　不同试坑稳定流量与渗透系数详情表

试坑及深度	地表处	中部地层		深部地层		
	94-4 (0.2m)	94-3 (1.2m)	99-3 (1.2m)	91-2 (2.6m)	94-2 (2.6m)	99-2 (2.6m)
稳定流量 $Q/(L/min)$	0.1100	0.0233	0.0367	0.0133	0.0100	0.0067
渗透系数 $K/(cm/s)$	1.5×10^{-3}	3.1×10^{-4}	4.9×10^{-4}	1.8×10^{-4}	1.3×10^{-4}	8.8×10^{-5}

从表 5.2-22 中可以看出，地表处（0.2m）土层松散，主要以砾和砂土为主，地层渗透系数很大，处于 10^{-3}cm/s 数量级；中部地层（1.2m）内含有一定量的黏粒，密实度有所增加，但含有大量砾类，渗透系数仍然较大，介于 $3.0 \times 10^{-4} \sim 5.0 \times 10^{-4}$cm/s；深部地层（2.6m）为红褐色密实砾砂土，该层黏粒含量高，密实度大，砾类粒径较小，土层渗透

系数较小,接近或处于 10^{-5} cm/s 数量级。对比自北向南 91-2、94-2、99-2 三个试坑的渗透系数,可以发现随着土层整体粒径减小和黏粒的增多,渗透系数也逐渐减小。

注水试验完成后在注水试验点开挖试坑,以确定土层的渗水深度。将土层渗透系数与对应的渗水深度绘于同一图中(图 5.2-23),可以发现二者有着良好的对应关系,即渗透系数大的土层渗水深度也较大,进一步验证了测定渗透系数的准确性。

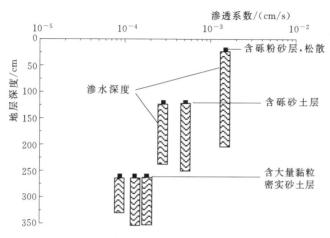

图 5.2-23　各土层渗透系数与对应的渗水深度

3. 高密度电阻率法探测土层渗水情况

鉴于高密度电阻率法在探测水分分布方面独到的优势,本次注水试验结束后利用高密度电阻率法探测了注水试验点水分的入渗和扩散情况。图 5.2-24 和图 5.2-25 所示分别为 94-3(1.2m)和 94-4(0.2m)两个试坑注水试验点高密度电阻率法测试的反演模型电阻率剖面图。

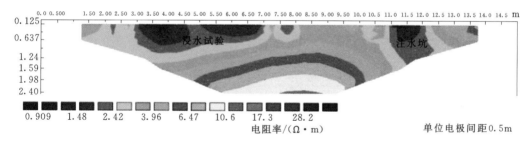

图 5.2-24　94-3(1.2m)试坑注水试验点高密度电阻率法测试的反演模型电阻率剖面图

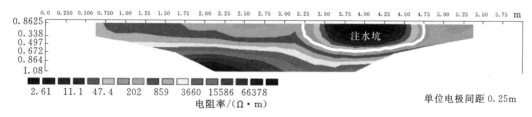

图 5.2-25　94-4(0.2m)试坑注水试验点高密度电阻率法测试的反演模型电阻率剖面图

图 5.2 - 24 所示为 94 - 3（1.2m）试坑注水试验后土层的反演模型电阻率剖面图，1.2m 深度处出露地层为黄土状钙质粉砂土，夹杂大量白色钙质盐分，土层密度较小，渗透系数为 3.1×10^{-4} cm/s。图 5.2 - 25 所示为 94 - 4（0.2m）试坑注水试验后土层的反演模型电阻率剖面图，地层为含少量砾石和黏性土的粉细砂层（戈壁土），土层干燥松散，水分极易入渗，测得渗透系数为 1.5×10^{-3} cm/s。

对比图 5.2 - 24 和图 5.2 - 25，可以看出高密度电阻率法可以很好地反映水分在地层中的分布（入渗）情况，含水率越高则土层电阻率越小，不同电阻率反映了土层的饱和情况。相比之下，94 - 3（1.2m）试坑的渗透系数较小，反演模型电阻率剖面图的低电阻区域深度和范围都较小；94 - 4（0.2m）试坑的渗透系数较大，反演模型电阻率剖面图的低电阻区域深度和范围都较大。通过试坑开挖得知渗透系数越大则渗透深度越大。通过电阻率剖面图亦可间接得知，渗透系数越大则土层的侧向渗透速率和侧向渗透范围也越大。

5.2.5.4　小结

通过对不深度土层共 6 个试验点开展注水试验，随后在试验点进行高密度电阻率法测试和试坑开挖，测试了不同土层的渗透性能及渗水范围，得到以下结论：

（1）注水过程可以分为两个阶段：第一阶段土层处于非饱和阶段，单位时间内渗水流量大，随时间推移土层的饱和度不断增大，注水渗入流量则不断减小；第二阶段土层处于饱和阶段，渗水流速稳定，此时的渗透系数即反映了土层的真实渗透性能。

（2）地表处（0.2m）土层松散，主要以砾和砂土为主，地层渗透系数很大，处于 10^{-3} cm/s 数量级；中部地层（1.2m）内含有一定量的黏粒，密实度有所增加，但含有大量砾类，渗透系数仍然较大，介于 $3.0 \times 10^{-4} \sim 5.0 \times 10^{-4}$ cm/s 之间；深部地层（2.6m）为红褐色密实砾砂土，该层黏粒含量高，密实度大，砾类粒径较小，土层渗透系数较小，接近或处于 10^{-5} cm/s 数量级。

（3）高密度电阻率法能很好地探测水分的入渗和扩散情况。土层渗透系数越大则竖向和侧向渗透速率和入渗范围就越大。

5.3　盐渍土强度室内试验测试

为了进一步了解盐渍土的强度特征，探究含盐量、干密度、粒径组成等对土体强度的影响，并从机理上解释和预测粗粒盐渍土的强度特征，本次研究在调查区取样进行土体强度的室内试验模拟测试。

由于调查区的盐渍土属于粗粒土，含有大量碎石或砾砂，弱胶结，因此无法取原状样进行测试，只能现场取样后在室内重塑土样，然后进行土体强度测试。与盐胀、溶陷等试验测试相同，盐渍土的强度试验同样按照颗粒组成将土体分为 3 种不同粒度组分的土样，即粗粒土（土样过 5mm 颗分筛，保留小于 5mm 的所有组分，简称 5mm 土样）、中粒土（土样过 2mm 颗分筛，保留小于 2mm 的所有组分，简称 2mm 土样）和细粒土（土样过 0.5mm 颗分筛，保留小于 0.5mm 的所有组分，简称 0.5mm 土样），三种土的基本物理性质指标和颗粒组成分别见表 5.3 - 1 和表 5.3 - 2。随后，通过击实试验确定土样的最大干密度和最优含水率等参数，在最优含水率条件下通过静力压实法制取不同干密度试样，最后进行强度测试。制取土样的含水率和干密度详见表 5.3-3。

表 5.3-1 不同土样基本物理性质指标

土样	比重	最大干密度 /(g/cm³)	最优含水率 /%	天然含水率 /%	塑限	液限
5mm 土样	2.57	2.04	8.7	1.22	—	—
2mm 土样	2.53	2.00	10.5	1.39	—	—
0.5mm 土样	2.59	1.93	12.8	1.74	27.6	16.4

表 5.3-2 不同土样颗粒组成情况

5mm 土样		2mm 土样		0.5mm 土样	
粒径/mm	通过率/%	粒径/mm	通过率/%	粒径/mm	通过率/%
<5	100	<5	—	<5	—
<2	74.31	<2	100	<2	—
<1	63.14	<1	89.46	<1	—
<0.5	39.54	<0.5	55.63	<0.5	100
<0.25	19.68	<0.25	28.32	<0.25	52.59
<0.075	5.35	<0.075	8.28	<0.075	13.1

表 5.3-3 不同土样样品制取参数

试样	5mm 土样			2mm 土样			0.5mm 土样		
含水率/%	8.7			10.5			12.8		
干密度/(g/cm³)	1.94	2.04	2.14	1.90	2.00	2.10	1.83	1.93	2.03

本次盐渍土强度试验测试选取常用的强度指标，即抗剪强度和无侧限抗压强度[211]。土的抗剪强度是土体最重要的强度表征指标，大多数土体的破坏形式即为剪切破坏，这是因为与土颗粒自身压碎破坏相比土体更容易产生相对滑移破坏。土的无侧限抗压强度是指土样在不受侧向限制的条件下进行的压力试验，直至土样破坏，此时土样最小主应力为0，最大主应力的极限值即为无侧限抗压强度，用于表征土体的抗压强度及灵敏度。

5.3.1 盐渍土抗剪强度测试

土的抗剪强度是土在外力作用下，一部分土体对于另一部分土体滑动时所具有的抵抗剪切的极限强度。该试验是将同一种土的几个试样分别在不同的垂直压力作用下，沿固定的剪切面直接施加水平剪力，得到破坏时的剪应力，然后根据库仑定律，确定土的抗剪强度指标，即内摩擦角和黏聚力。

关于材料强度和破坏机理的研究，曾经有过多种不同的理论假设。但对于土体而言，通过大量的室内和野外试验资料逐渐证明，抗剪强度理论最符合于土和岩石破坏机理的自然规律。土的抗剪强度是土体重要的力学指标，在评价边坡稳定性、地基承载力计算，挡土建筑物的土压力计算等方面有重要应用。

早在 1776 年，库仑在试验的基础上提出了土的抗剪强度理论，认为土的抗剪强度 τ_f 由黏聚力 c 和摩阻力 $\sigma\tan\varphi$ 两部分组成，并假定土的强度指标 c 和 φ 为常数。提出了著名的库仑公式，即

$$\tau_f = c + \sigma\tan\varphi \tag{5.3-1}$$

但实际的 c 和 φ 并非常数，而是随着应力状态有所变化。1900 年摩尔（Mohr）提出，在土的破坏面上的抗剪强度是作用在该面上的正应力的单值函数，见式（5.3-2）。

$$\tau_f = f(\sigma_f) \tag{5.3-2}$$

这样，库仑公式就只是在一定应力条件下摩尔公式的线性特例。从而建立了著名的摩尔-库仑强度理论。

影响土的抗剪强度的因素很多，包括土的组成、应力历史、土的结构、孔隙比，以及试验过程中的排水条件、加载速率和应力条件等，这些因素可以分为两大类：一类是土自身的因素，主要是其物理性质；另一类是外界条件，主要是应力-应变条件。

1. 土的一般物理性质对其抗剪强度的影响

（1）颗粒矿物成分。不同的矿物质间的内摩擦角是不一样的，细粒土（黏性土）的抗剪强度还与土粒间的结合水及双电层性质有关。

（2）土的结构。土的结构对于土的抗剪强度起着控制性作用，由于沉积过程中的地质环境、沉积以后的地质活动和应力历史，天然原状土的矿物形成和结构形式使其具有较高的强度，一般要高于重塑土或扰动土，室内试样的制样方法也影响土的结构形式。

（3）含水率。含水率状态土的抗剪强度具有很大的影响，含水率越大则土的强度越低，大量研究结果表明，土的黏聚力和内摩擦角都随含水率增大成线性减小。

（4）干密度。干密度对抗剪强度的影响也是很显著的。对于同一种土，随着干密度增大，孔隙比减小，土的接触点增加，使得细粒土连接增强，粗粒土内摩擦角增大。

（5）剪切带的存在对土抗剪强度的影响。在密砂、坚硬黏土及原状土的试验中，应变软化常常伴随着应变的局部化和剪切带的形成。剪切带处局部孔隙比很大，且有强烈的颗粒定向作用。剪切带的形成会使土的强度降低。

2. 试验条件对土体抗剪强度的影响

主要包括围压、应力历史、加载速率、应变、时间、温度、排水与不排水等。具体来说，试验条件对抗剪强度的影响可以概括如下：

（1）围压。通过影响土体压密程度与土颗粒的约束（咬合）作用，围压不仅影响土的峰值强度，也影响土的应力-应变关系和体变关系。

（2）加载速率。加载速率对抗剪强度的影响分为三类：第一类是很快的加载速率或在极短的时间内加载，这表现为土的动力或瞬时强度问题，在冲击荷载下，土的强度一般有所提高，这与土的破坏需要一定的能量有关；第二类是常规的加载速率，主要涉及土的排水对强度的影响，土的排水时间一般都比较长，因此在极慢的加载速率下，土体发生破坏时的应力远低于常规试验下的峰值强度，有时甚至只为后者的 50%；第三类是很慢的加载速率或时间停顿，它涉及土的流变强度及土强度的时效性。

（3）应变。土的应力-应变曲线在开始阶段近似地呈直线比例关系，因而称之为弹性阶段。但土并非弹性体，土的应变大部分是不可恢复的。当应变增大超过直线变形阶段

后，土的应力-应变关系主要有以下三种情况：第一种是应变硬化的性质，在应变增大后可以继续承受更大的应力；第二种是应变软化，应变增大后强度逐渐降低，最后达到残余强度；第三种是塑性应变，应变继续增大而应力不变。某些特殊情况下的土体甚至会出现脆性破坏。

（4）排水与不排水强度。土的抗剪强度是由有效应力决定的，在许多情况下，测量和计算的只有总荷载或总应力，在分析土的抗剪强度时，就不可避免地要涉及总应力强度和有效应力强度（排水与不排水强度）。因此，当谈论某种土的抗剪强度指标 c 和 φ 的数值时，必须同时说明测试土样的原始状态以及所用的测试方法，才能正确判断这种指标的意义以及如何用于计算分析。

5.3.1.1 研究概况

调查区土样属于粗粒土，含有大量角砾、砾砂等粗颗粒，同时又含有黏粒等细颗粒，在某种程度上可以看作是粗粒土和细粒土混合而成的混合土。鉴于此，此处借用混合土抗剪强度的相关研究成果来阐述调查区土体的抗剪特性。

当粗细粒混合土受剪切力作用时，土体内部粗粒含量和粒径控制着其相应的变形破坏发展，从而影响着其宏观的力学性能[216-217]，当粗粒含量超过某一临界值时，混合土的宏观强度将随着粗粒含量的增加而增加。通常影响混合土抗剪强度的因素有粗粒含量、粗粒粒径、混合物干密度和含水率。

郭庆国[217]在对多个地区混合土强度特征研究的基础上，指出混合土的抗剪强度是由土体中细粒强度、粗粒的强度共同构成。当粗粒含量小于30％时，其强度基本取决于细料；当粗料含量为30％～70％时，其强度随着粗料含量的增加而增加；当粗粒含量大于70％时，因粗粒孔隙未被充分填充，此时抗剪强度主要取决于粗料之间的摩擦力和咬合力，强度不再提高。并且指出粗料含量为30％及70％是粗粒土的两个特征点。

Kawakami 等[218]通过对黏土和粗砂的混合物进行三轴试验，研究了粗颗粒含量对其宏观黏聚力及内摩擦角的影响。研究结果表明，当粗粒含量增加到50％～70％时内摩擦角将迅速增加，而黏聚力则随着粗粒含量的增加而降低。

Patwardhan 等[219]通过对含砾石质黏土的进行大型直剪试验研究了砾石含量对其宏观抗剪强度的影响，当砾石含量较低时（小于40％），抗剪强度随着砾石含量的增加呈现缓慢增加的趋势；而当砾石含量超过40％时，其抗剪强度将急剧增加。

Savely[220]通过大型现场试验研究了卵砾石含量对宏观抗剪强度的影响，认为其宏观材料的黏聚力与卵砾石的含量无关，其值近似等于基质材料的黏聚力；而内摩擦角则随着含石量的增加而增加。

刘建锋等[221]通过进行一系列大型三轴试验研究了干密度、含石量、颗粒粒径对混合土抗剪强度的影响。研究结果表明，混合土中粗颗粒的骨架效应对抗剪强度的影响很明显；混合土的抗剪强度随干密度的增大而增大；咬合力随含石量的增加和最大粒径的增大而降低；当含石量为50％～60％时抗剪强度最低，含石量为65％～70％时抗剪强度最大。

董云[222]采用自行研制的大型直剪仪（1000mm×1000mm×800mm）研究了含石量、岩性及含水率等因素对土石混合体强度特征的影响。研究结果表明，高应力下土石混合料的剪切破坏不再完全符合库仑定律，抗剪强度应进行一定的折减；混合土的抗剪强度随含水率的变化存在峰值；砾石岩性及含石量对混合料的强度指标影响较大，硬岩类混合料的内摩擦角较软岩类高，当含石量小于 30% 时含石量变化对强度影响较小，随含石量的增加混合料强度呈抛物线形增长，一般在含石量为 70% 左右达到峰值。

赵川等[223]采用改进直剪仪对三峡地区分布的碎石土抗剪强度与含石量、含水率等特征的关系进行了研究。结果表明，碎石土的抗剪强度随含水率的增加而降低，而随着含石量的增加其抗剪强度总体上呈上升趋势。

谢婉丽等[224]根据大坝应力路径，对粗粒进行了等应力比和等应力比增量等于常数的大型三轴试验。试验得出了应力-应变关系及其变化规律，并建立了粗粒料的弹塑性本构模型。研究结论认为：对于黏聚力几乎为零的粗粒料在高压下受剪时内摩擦角将随着围压和颗粒破碎率的增大而减小。

5.3.1.2　抗剪强度测试

国内对各类盐渍土的力学特性研究不多，并且都集中在考虑含盐量、含盐类别、含水率以及温度等因素的影响，而对粒径级配、干密度对盐渍土抗剪特性的影响研究较少。陈炜韬等[48]分析不同含盐量和含水率对氯盐渍土抗剪强度的变化规律，认为土中易溶盐相态的变化，通过影响土体骨架作用和土颗粒间溶液的离子浓度两方面影响盐渍土的抗剪强度。徐安花等[225]采用正交试验与均匀试验的设计方法，测试分析了盐分因素对抗剪强度的变化规律。

为研究盐渍土粒径级配、干密度与抗剪特性的关系，本书采用直接快剪试验，测试调查区盐渍土在不同粒径级配、不同干密度组合下土样的应力-应变特性及抗剪强度参数，制取样品参数见表 5.3-1～表 5.3-3。依据摩尔-库仑抗剪强度理论，从非饱和土力学角度定性分析各因素对压实盐渍土抗剪强度的影响机理。

直剪试验是在维持垂直压力不变的条件下，不断对试样施加水平剪应力，直至试样达到破坏。试样破坏的直接原因是水平剪应力的增加，即在水平剪切力的持续增加下，土体颗粒抵抗剪切的作用逐渐发挥，直至式样破坏。本次直剪试验采用电子计数，以 4 圈/min 的速率进行剪切，分别测试 3 种粒径级配土样各自 3 种密度共 9 种试样分别在 100kPa、200kPa、300kPa、400kPa 4 级压力下剪位移与剪应力的关系，同时测试不同时刻试样的剪胀量。图 5.3-1 和图 5.3-2 所示分别为抗剪强度测试所用直剪仪和剪切破坏试样。

5.3.1.3　测试结果与分析

按照土样抗剪强度试验方法整理试验结果，可得到土样抗剪强度与垂直压力关系曲线、剪应力与剪切位移关系曲线等试验成果。图 5.3-3、图 5.3-4 和图 5.3-5 所示分别为 5mm 土样、2mm 土样和 0.5mm 土样在不同干密度状态下抗剪强度与垂直压力的关系曲线，即 3 种土样不同干密度下的强度包络线。依据摩尔-库仑破坏准则，破坏面上法向应力（σ）和剪切应力（τ_f）满足式（5.3-3）的函数关系[234]，该直线的倾角为土体内摩擦角，直线在纵坐标上的截距为黏聚力。

$$\tau_f = c + \sigma \tan\varphi \qquad\qquad (5.3-3)$$

式中：c 为黏聚力，kPa；φ 为内摩擦角，°。

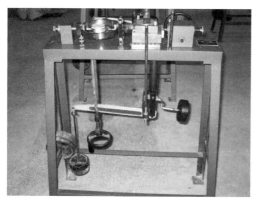

图 5.3-1 抗剪强度测试所用直剪仪

图 5.3-2 剪切破坏试样

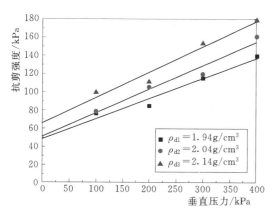

图 5.3-3 粗粒（5mm 土样）抗剪强度
与垂直压力关系曲线

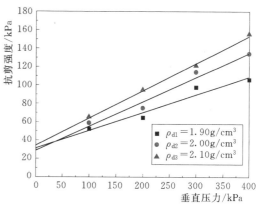

图 5.3-4 中粒（2mm 土样）抗剪强度
与垂直压力关系曲线

采用最小二乘法对土体抗剪强度与垂直压力关系曲线进行线性回归，得到表 5.3-4 所列的线性回归方程，从回归方程中可以清晰地看出不同土样在不同干密度状态下对应的内摩擦角和黏聚力。结合土体抗剪强度与垂直压力关系曲线，可以看出，同一粒径的土样初始含水率相同时，随着干密度增加，压实盐渍土的内摩擦角都相应增大，黏聚力也有一定程度增加，土体抗剪强度整体呈增加趋势，即高密度土样具有较高的抗剪强度。

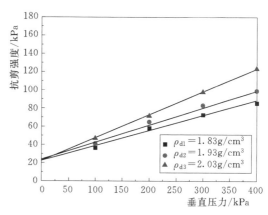

图 5.3-5 细粒（0.5mm 土样）抗剪强度
与垂直压力关系曲线

表 5.3-4　　　　　　　　　土样抗剪强度与垂直压力线性回归方程

土　　样	干密度/(g/cm³)	拟合函数	相关系数 R^2
5mm 土样	1.94	$\tau_{f0}=48.9+\sigma\tan12.4°$	0.93764
	2.04	$\tau_{f0}=50.9+\sigma\tan14.6°$	0.94514
	2.14	$\tau_{f0}=65.5+\sigma\tan15.7°$	0.94164
2mm 土样	1.90	$\tau_{f0}=31.8+\sigma\tan11.0°$	0.91943
	2.00	$\tau_{f0}=29.2+\sigma\tan14.9°$	0.96156
	2.10	$\tau_{f0}=35.0+\sigma\tan16.5°$	0.99598
0.5mm 土样	1.83	$\tau_{f0}=22.6+\sigma\tan9.2°$	0.97787
	1.93	$\tau_{f0}=24.1+\sigma\tan10.9°$	0.98699
	2.03	$\tau_{f0}=20.8+\sigma\tan14.4°$	0.99979

1. 粒径对压实盐渍土抗剪强度的影响

图 5.3-6～图 5.3-9 所示分别为 3 种土样中间干密度试样在不同垂直压力条件下的

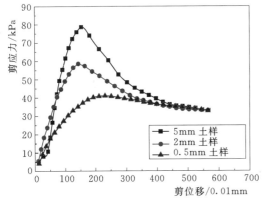

图 5.3-6　不同土样在 100kPa 压力条件下
剪应力与剪位移关系曲线

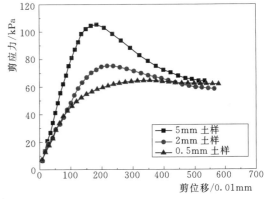

图 5.3-7　不同土样在 200kPa 压力条件下
剪应力与剪位移关系曲线

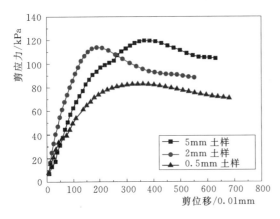

图 5.3-8　不同土样在 300kPa 压力条件下
剪应力与剪位移关系曲线

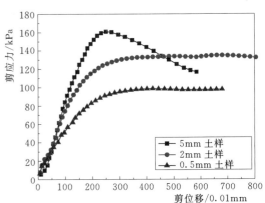

图 5.3-9　不同土样在 400kPa 压力条件下
剪应力与剪位移关系曲线

剪应力与剪位移关系曲线。可以看出，各级垂直压力下 3 种土样的初始剪应力与剪位移关系曲线均接近直线变形，剪应力与剪位移呈正比，试样处于弹性变形阶段。达到屈服应力后，试样除弹性变形外，开始出现不可恢复的塑性变形，曲线上各点斜率逐渐减小，剪应力与剪位移呈非线性关系。

从图中也可以看出，各垂直压力级下，压实盐渍土的峰值强度随粒径增大而增大，剪应力与剪位移关系曲线由应变硬化型向应变软化型过渡。0.5mm 土样在 4 级垂直压力下均表现为应变硬化型，试样为塑性破坏；5mm 土样在 4 级垂直压力下均表现为应变软化型，试样为脆性破坏；2mm 土样则随垂直压力的增加由应变硬化型向应变软化型过度。最大粒径对压实盐渍土的峰值强度起控制作用。由图 5.3-6 和图 5.3-7 可知，在 100kPa、200kPa 压力条件下，3 种土样的残余强度都趋于稳定值，且残余强度几近相等。相反，在 300kPa、400kPa 压力条件下，不同土样的残余强度出现差别，但相差不到 40kPa（图 5.3-8 和图 5.3-9）。由此看出，在低压力条件下粒径对压实盐渍土残余强度较小，随着压力增大，粒径对压实盐渍土残余强度影响逐渐增大，但总体影响程度不大。

图 5.3-10 和图 5.3-11 所示为压实盐渍土抗剪强度参数（内摩擦角和黏聚力）与颗粒组成的关系。由图 5.3-10 可知，干密度较小时，压实盐渍土的内摩擦角随粒径增大而增大；土样达到最密实状态即最大干密度状态时，初始条件下土样内摩擦角随粒径呈增大趋势，当粒径增大到一定程度后则不再增大，即土体的内摩擦角逐渐趋于稳定。由图 5.3-11 可知，在同一密度梯度下，土体黏聚力随粒径增大而增大，在一定范围内，土体黏聚力与压实盐渍土的最大粒径呈线性增大关系。

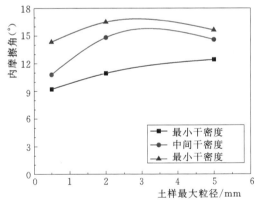

图 5.3-10　土体内摩擦角与颗粒组成的关系　　图 5.3-11　土体黏聚力与颗粒组成的关系

土的抗剪力由内摩擦力和黏聚力两部分组成，黏聚力是阻止土粒移动的主要阻力，反映土体的连接力大小。土粒移动后，内摩擦力起阻力作用，土的内摩擦力主要取决于土粒表面的粗糙程度和交错排列的咬合情况[234]。盐渍土颗粒的连接包括结合水连接、毛细连接、盐分颗粒的胶结连接[210]。0.5mm 土样粒度单一，土样颗粒为紧密排列的单粒结构，剪切过程中土粒间相对滑动的阻力、土粒相互嵌接的咬合力均较小，且盐分浓度较高的孔隙液使土颗粒表面的结合水连接、毛细水连接力较弱，因此 0.5mm 土样黏聚力与内摩擦角均较小。级配较好的 2mm 土样与 5mm 土样，细颗粒与盐分晶体均匀填充在大孔隙中，起接触连接的作用。在一定范围内,土样中粗粒含量越多则土体级配越好、土样表面越粗糙,土粒接触点增多,接触面扩大,黏聚力和内摩擦角均得到提高。

2. 干密度对压实盐渍土抗剪强度的影响

图 5.3-12~图 5.3-15 所示分别为 2mm 土样不同干密度试样在 100kPa、200kPa、300kPa 和 400kPa 四级垂直压力下剪应力与剪位移关系曲线。从图中可以看出,在低压力条件下,土样表现为常规的弹性-塑性破坏模式,弹性阶段剪应力随剪位移增大不断增大,达到顶峰后剪应力随剪位移增大迅速降低,具有明显的峰值强度,土样呈应变软化型。随着垂直压力和土样密度不断增大,土样由应变软化型向应变硬化型不断过渡,随着剪位移增大剪应力不再出现突然快速降低的现象,试样发生塑性变形后持续发展直至试样被剪坏,土样不具有明显的峰值强度,剪应力与剪位移关系曲线呈应变硬化型,试样为塑性破坏。试样剪切破坏模式由应变软化型向应变硬化型转化的过程中,随着垂直压力不断增大,压实盐渍土的抗剪强度逐渐增大。同一压力条件下,低密度试样呈现应变硬化型破坏,高密度试样呈现应变软化型破坏。至 400kPa 压力条件时,最大干密度的试样也呈现

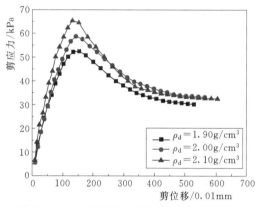

图 5.3-12　不同干密度试样在 100kPa 压力
条件下剪应力与剪位移关系曲线

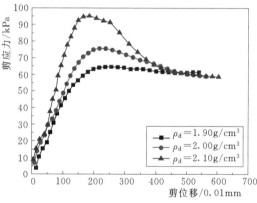

图 5.3-13　不同干密度试样在 200kPa 压力
条件下剪应力与剪位移关系曲线

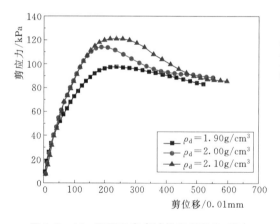

图 5.3-14　不同干密度试样在 300kPa 压力
条件下剪应力与剪位移关系曲线

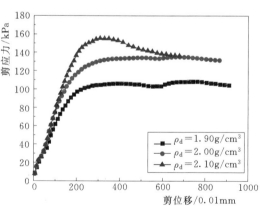

图 5.3-15　不同干密度试样在 400kPa 压力
条件下剪应力与剪位移关系曲线

为应变硬化型破坏。在 100kPa 压力条件下，3 种密度试样均具有明显的峰值强度，试样呈应变软化型破坏，至 400kPa 压力条件时，3 种密度试样均不具有明显的峰值强度，试样已全部转变为应变硬化型破坏。由以上分析可知，随着垂直压力和干密度不断增大，2mm 土样的峰值强度不断得到提高，且试样的破坏模式由应变软化型向应变硬化型转变。同时，对比不同干密度试样在不同压力条件下的残余强度，可以看出干密度的增大对试样的残余强度影响不大。

图 5.3-16 和图 5.3-17 所示为 3 种土样抗剪强度参数（内摩擦角和黏聚力）与干密度的关系。图 5.3-16 为压实盐渍土内摩擦角与干密度的关系曲线，可以看出对于同种粒径级配的压实试样，土体内摩擦角随干密度增大逐渐增大，干密度每增加 $0.1g/cm^3$，内摩擦角增大约 $2°$。图 5.3-17 为压实盐渍土黏聚力与干密度的关系曲线，可以看出，对于 0.5mm 土样和 2mm 土样，土体干密度对黏聚力影响不大，不同干密度试样黏聚力相差不到 4kPa；对于 5mm 土样，试样黏聚力随干密度增大显著增大，干密度对黏聚力影响水平较高。

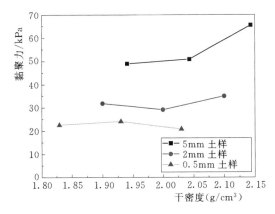

图 5.3-16 土体内摩擦角与干密度的关系

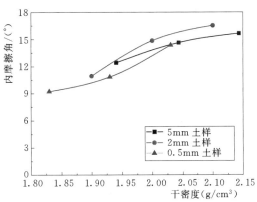

图 5.3-17 土体黏聚力与干密度的关系

本次试验为直接快剪试验，试样在整个剪切过程中不排水。根据非饱和土相关理论，盐渍土试样中存在吸力（包括基质吸力、溶质吸力等）[226-227]，会使土体骨架内部在剪切过程中产生附加摩擦力。随着干密度、垂直压力的增加，土体内吸力值不断增加，附加摩擦力也相应增大，试样在抵抗外力作用时表现为土体抗剪强度提高。另一方面，在颗粒组成和与含水率均相同的情况下，随着干密度增加，压实盐渍土试样的土体孔隙比变小，饱和度增加，土颗粒结合水膜变厚，润滑作用增强，压实盐渍土脆性破坏时，剪切面上的吸力消散，吸附强度随之消失，使内摩擦角有所降低，即干密度最大的压密盐渍土内摩擦角小幅减小。

3. 垂直压力对压实盐渍土抗剪强度的影响

土体所受垂直压力对其应力-应变特性具有较大影响[228]。同一种试样，垂直压力较小时，应力-应变曲线出现明显峰值，峰值后剪应力随剪位移的继续增大迅速减小，土样被剪坏，最后趋于一稳定值，这个稳定值被称为残余强度，应力-应变曲线呈应变"软化"型。随着土样垂直压力的增大，应力-应变曲线由应变"软化"逐渐向应变"硬化"过度。

图 5.3-18～图 5.3-20 分别为 5mm 土样、2mm 土样和 0.5mm 土样在 4 级垂直压力下的剪应力-剪位移曲线。由图可知，粒径、密度，含水率均相同的土样，随着所受垂直压力的增大，峰值强度与残余强度均显著提高。

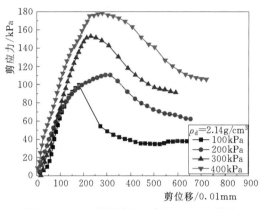

图 5.3-18　不同垂直压力下 5mm 土样的
剪应力-剪位移曲线

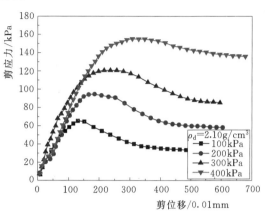

图 5.3-19　不同垂直压力下 2mm 土样的
剪应力-剪位移曲线

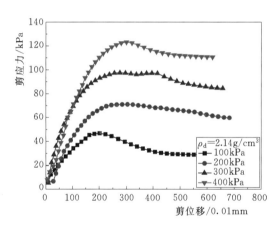

图 5.3-20　不同垂直压力下 0.5mm
土样的剪应力-剪位移曲线

同一般土相同，盐渍土也由固、液、气三相组成，它与一般土体最根本的区别在于土体中含有一定量不容忽视的可溶盐，且这部分可溶盐对土体的物理力学性质有着显著的影响。若把一般土看作是一个固、液、气三相的开放体系，盐渍土则可看作是一个土颗粒、盐分晶体、盐溶液及土中气体 4 项要素之间相互转换和相互作用的开放系统。盐分晶体在水的参与下因环境变化而发生相态变化，使土-水相互作用系统更为复杂。土中含水率不大时，土中的易溶盐成分如 Na_2SO_4、$NaCl$ 等以盐分晶体形态存在，并作为土颗粒的

胶结物，起到土骨架的作用，在一定程度上提高盐渍土的抗剪强度。土颗粒周围的孔隙水中也会溶解部分盐分，这就使得土体内部产生溶质吸力，在剪切过程中随压力与干密度的增大而增大，使土体的峰值强度与残余强度有所提高。

5.3.1.4　小结

通过对 5mm 土样、2mm 土样和 0.5mm 土样 3 种压实盐渍土样在不同干密度状态下进行直剪试验，试验测定颗粒组成、干密度、垂直压力对压实盐渍土抗剪特性的影响规律，从非饱和土理论角度分析试验结果，得出以下结论：

（1）干密度对盐渍土抗剪强度影响较大，在一定范围内土体内摩擦角随干密度的增加呈线性提高；粒径级配不同，干密度对盐渍土黏聚力的影响程度不同。干密度的增大可明

显提高盐渍土的峰值强度，但对土样的残余强度影响不大。

（2）颗粒组成对压实盐渍土的峰值强度有显著影响，但对残余强度提高不大，土样粒径越大、级配越好，压实盐渍土抗剪强度越高。

（3）垂直压力的增大能够有效提高压实盐渍土试样的峰值强度和残余强度，在实际工程应用时确定地基法向荷载情况具有较大的实用性。

5.3.2 盐渍土无侧限抗压强度测试

土的无侧限抗压强度是指土样在不受侧向限制的能够抵抗外力破坏的最大单轴强度。土体作为常用的基础承载体或建筑材料，使用时往往要其承载力，因此抗压强度是工程建设活动中考虑的重要性质。土体无侧限抗压强度试验容易进行，且与土体材料的其他性能，如弹性模量、变形能力等都有较好的相关性，抗压强度值可以间接地反映这些性质的良好程度。因此，开展压实盐渍土的无侧限抗压强度试验研究具有重要意义。

5.3.2.1 试验方法

与土体抗剪强度试验相对应，试验前制备前述 3 种土样不同干密度的试样，含水率分别为各土样的最优含水率。在最优含水率条件下均匀拌和土样，使水分充分均匀分布于土样，采用静力压实法制取试样，试样形状为圆柱形，直径为 72.5mm，高 70mm。无侧限压力试验采用 CSS-44000 型电子万能试验机进行，由压力装置与测试系统两部分构成，二者通过传感器连接，能够实时监测和记录压力试验过程中施加于样品上的应力与应变情况，并可同步绘制试样的应力-应变曲线，能够很好地控制和观测压力试验状态。CSS-44000 型电子万能试验机可测试 0~20mm 范围的位移变形，测试精度为 0.01mm，试验过程中压力机以 0.05mm/s 的速率匀速加载，试验开始后测试系统即开始记录并绘制曲线，同时记录试验的最大压缩力和对应的压缩位移，最后计算得出土体单轴无侧限抗压强度。图 5.3-21 和图 5.3-22 所示分别为 CSS-44000 型电子万能试验机及其测试系统。

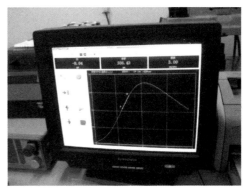

图 5.3-21　CSS-44000 型电子万能试验机　　　图 5.3-22　电子万能试验机测试系统

试验过程连续拍摄试样变形破坏形态，描述土体变形破坏模式，作为试验结果分析的重要依据，试验完成后迅速从试样内部取样测定其含水率。图 5.3-23 和图 5.3-24 所示分别为无侧限压力试验试样破坏前、后的外观形态。

图 5.3-23　无侧限压力试验试样破坏前

图 5.3-24　无侧限压力试验试样破坏后

5.3.2.2　结果分析

依据土样无侧限抗压强度试验方法标准，试验完成后绘制土样的压力-位移曲线，可以得到不同土样在不同干密度状态下的压力-位移曲线。图 5.3-25～图 5.3-27 所示分别为 5mm 土样低、中、高 3 种密度试样的无侧限抗压强度试验压力-位移曲线；图 5.3-28～图 5.3-30 分别为 2mm 土样低、中、高 3 种密度试样的无侧限抗压强度试验压力-位移曲线；图 5.3-31～图 5.3-33 分别为 0.5mm 土样低、中、高 3 种密度试样的无侧限抗压强度试验压力-位移曲线。

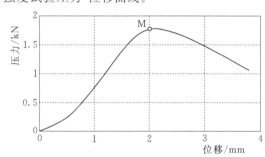
图 5.3-25　粗粒土（5mm 土样）低密度试样
无侧限抗压强度试验压力-位移曲线

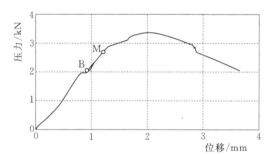
图 5.3-26　粗粒土（5mm 土样）中密度试样
无侧限抗压强度试验压力-位移曲线

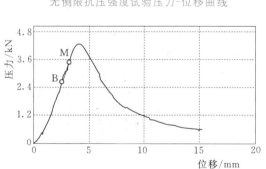
图 5.3-27　粗粒土（5mm 土样）高密度试样
无侧限抗压强度试验压力-位移曲线

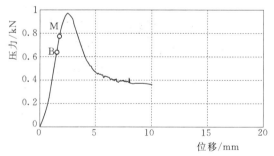
图 5.3-28　中粒土（2mm 土样）低密度试样
无侧限抗压强度试验压力-位移曲线

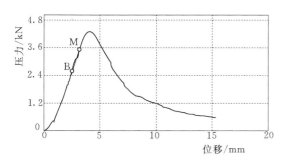

图 5.3-29 中粒土（2mm 土样）中密度试样
无侧限抗压强度试验压力-位移曲线

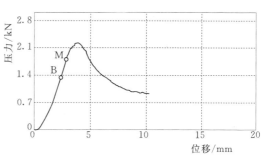

图 5.3-30 中粒土（2mm 土样）高密度试样
无侧限抗压强度试验压力-位移曲线

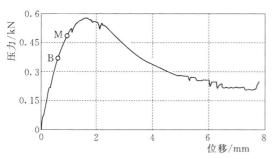

图 5.3-31 细粒土（0.5mm 土样）低密度试样
无侧限抗压强度试验压力-位移曲线

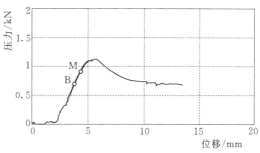

图 5.3-32 细粒土（0.5mm 土样）中密度试样
无侧限抗压强度试验压力-位移曲线

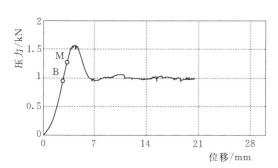

图 5.3-33 细粒土（0.5mm 土样）高密度试样
无侧限抗压强度试验压力-位移曲线

结合上述压力-位移曲线和试验过程中试样的变形破坏形态，可以很清晰地看出土样在无侧限条件下破坏的加载及变形状态。在加压试验开始后的前期，试样表现为弹性变化，此阶段应力-应变关系为线性比例关系，为弹性阶段。当加压至试样材料试块破坏荷载的 40%～70% 时，试样开始产生少量细小裂缝并发出很细微的响声。由于本次试验中试样的含水率较高，故而破坏形式为压裂压溃式破坏，弹性阶段完成后试样中部开始鼓胀并产生竖向细小裂缝，随着荷载不断增大，裂缝不断增多，原有的裂缝逐渐延伸且宽度加大，最终形成通缝并且开始掉落土渣。达到某一压力条件时，土样失去承载能力而破坏，试样表现出脆性特征。试验过程中由于加载速率较慢，裂缝开张充分，上下贯通，部分试样会产生局部的应力集中现象。

试验完成后取曲线上最大轴向应力作为无侧限抗压强度，当曲线上峰值不明显时，取轴向应变 15% 所对应的轴向应力作为无侧限抗压强度。将不同试样的无侧限抗压强度试验成果进行统计，结果见表 5.3-5。

表 5.3－5　　　　　　　　　　　　土样无侧限抗压强度结果统计表

土样	干密度 /(g/cm³)	含水率 /%	最大压缩力 /kN	抗压强度 /MPa	破坏位移 /mm
5mm 土样	1.943	6.78	1.78	0.43	2.2
	2.043	7.58	3.37	0.81	2.0
	2.143	7.13	4.28	1.03	4.0
2mm 土样	1.900	9.79	0.97	0.23	2.5
	2.000	10.14	1.82（修正）	0.44（修正）	4.0
	2.100	9.70	2.23	0.54	3.87
0.5mm 土样	1.830	12.04	0.58	0.14	1.7
	1.930	12.34	1.12	0.27	5.1
	2.030	12.41	1.57	0.38	4.34

　　将本次压实盐渍土的无侧限抗压强度试验成果进行整理，即可得到不同试样的抗压强度及相应的破坏变形位移。依据上述整理成果，即可清晰地看出不同试样的抗压强度特征，从而可以进一步探讨干密度和土样颗粒组成对试样无侧限抗压强度的影响。

　　图 5.3－34 所示为不同颗粒组成试样无侧限抗压强度与土体干密度的关系。可以看出，3 种土样无侧限抗压强度随干密度增大呈现不同程度地增长，粗颗粒土样增长幅度大，细颗粒土样增长幅度较小。随着干密度的增大，土的密度增大，土中孔隙数量减少，土的固结程度明显增大，胶结程度增强，故而能够承受并抵抗较大的外力作用，密度越大则试样越不容易被外力破坏，表现为土的抗压强度增大。这一规律符合一般土的无侧限抗压强度规律，因此在工程建设中可以考虑通过加大土体密实度提高其抗压强度。

　　图 5.3－35 所示为不同干密度试样无侧限抗压强度与土样颗粒组成的关系。可以看出，同一密度梯度下粗颗粒土样较细颗粒土样具有较高的抗压强度，且粗颗粒土样的抗压强度随干密度增大幅度较大。究其原因，是因为粗颗粒土样相对于细颗粒土样级配较好，

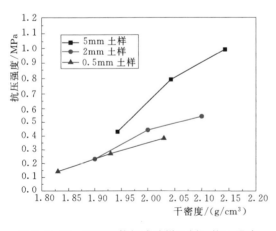

图 5.3－34　不同颗粒组成试样无侧限抗压强度
与土体干密度的关系

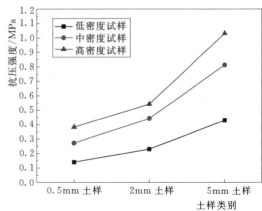

图 5.3－35　不同干密度试样无侧限抗压强度
与土样颗粒组成的关系

且土体中少量的大颗粒能够起到很好的骨架作用，具有较强的抵抗外力能力，加之粗颗粒土样较细颗粒土样本身具有较高的干密度，其自身密实度和固结程度较细颗粒土样都好一些，因而其抗压强度较细颗粒较高。由此可知，在工程建设中通过增加土中粗粒含量改善土的级配可以很好地提高土体的抗压强度，在级配良好的条件，增大土体密实度可以进一步有效提高土体抗压强度。

5.3.2.3 小结

采用 CSS-44000 型电子万能试验机测试不同干密度状态下不同压实盐渍土土样的无侧限抗压强度，观测不同试样的变形破坏形式，记录试样变形破坏过程中的压力-位移曲线，测试并分析各试样的无侧限抗压强度，得到以下结论：

（1）压实盐渍土的无侧限抗压强度试验符合一般土弹性-塑性破坏模式。试样破坏首先表现为中部鼓胀并产生细小裂隙，随着荷载增大土样裂缝不断增多并且延伸加大，最后形成通缝且开始掉落土渣，最终产生破坏。

（2）压实盐渍土的无侧限抗压强度随干密度而增大，粗颗粒土样增长幅度大，细颗粒土样增长幅度较小。

（3）同一密度梯度下粗颗粒土样较细颗粒土样具有较高的抗压强度，通过改善土的级配可以很好地提高土体的抗压强度。

5.4 盐渍土电阻率特性试验研究

5.4.1 盐渍土电阻率的研究意义

电阻率是表征物质导电性的基本参数，某种物质的电阻率实际上就是当电流垂直通过由该物质所组成的边长为 1m 的立方体时而呈现的电阻。物质的电阻率值越低，其导电性就越好。反之，物质的电阻率越高，其导电性就越差。电阻率的单位采用欧姆·米（Ω·m）来表示。电阻率的倒数即为导电率。

天然状态下的岩土体具有复杂的结构与组分，不仅组分不同的岩石会有不同的电阻率，即使组分相同的岩石，也会由于结构及含水情况的不同而使其电阻率在很大的范围内变化。一般情况下，火成岩电阻率最高，其变化范围在 $10^2 \sim 10^5 \Omega \cdot m$。变质岩的电阻率也较高，变化范围大体与火成岩类似，只是其中的部分岩石（如泥质板岩、石墨片岩等）稍低些，为 $10^1 \sim 10^3 \Omega \cdot m$。沉积岩的电阻率最低，然而，由于沉积岩的特殊生成条件，这一类岩石其电阻率变化范围也相当大，砂页岩电阻率较低，而灰岩电阻率却相当高，可达 $n \times 10^7 \Omega \cdot m$。一般土层结构疏松，孔隙度大，且与地表水密切相关，因而电阻率均较低，一般为 $n \times 10^1 \Omega \cdot m$。常见地表水中，雨水的电阻率大于 $1000 \Omega \cdot m$，河水为 $10 \sim 100 \Omega \cdot m$，海水为 $0.1 \sim 1 \Omega \cdot m$，潜水小于 $100 \Omega \cdot m$。

正是因为岩土体的这些电性差异，使得电法勘探得到的各种信息能够反映地表下丰富的地层特性。以物质电阻率差异为基础进行的电剖面、电测深测量，能够提供详细的地电信息，可用于地层划分、岩溶及洞穴探测、矿产资源勘查、地基及滑坡勘查等各个方面，在工程应用中发挥了很大的作用。然而由于岩土体电阻率的复杂多变，要想对勘探结果做出正确合理的解释是不容易的，需要充分了解岩土体电阻率的影响因素、各种因素的作用机理、电阻率随影响因素的变化规律等。在这个基础上，通过测试现场岩土体各种基本物理力学性质的基本参数，了解场地环境，即可对勘探测试结果做出较符合实际的判断与评估。

我国盐渍土分布广泛，包括滨海地区盐渍土与内陆干旱半干旱地区盐渍土及其他地区盐渍土。天然状态下盐渍土呈微-弱胶结，土质坚硬，具有较高的承载力。但自然条件改变或浸水时，地基中的易溶盐被溶解，土体结构破坏，力学强度降低。因此盐渍土地区的病害非常多，包括溶陷、盐胀、腐蚀、翻浆等，使建筑物产生变形破坏。而许多工程如公路、铁路、发电厂等通过盐渍土地区，因此对盐渍土地区进行有益的勘查是很必要的，而物探方法提供了比较好的帮助。常用的弹性波法对于没有明显波阻抗区别但盐分与水分呈不规律分布时的地层变化不敏感。磁法勘探依据介质的导电导磁性及介电性，也需要较明显的物性差异。盐渍土地区不同的盐分水分情况引起土体电性差异，因此电法勘探比较适用，且电法勘探由于方法种类多、适用面广、成本低、效率高等优点在工程中应用较为广泛。电阻率法是一种重要的物探方法，它是以岩土介质的导电性差异为基础、通过观测和研究人工建立的地中稳定电流场的分布规律从而来达到找矿或解决某些地质问题的目的。由于地壳中岩石和土层导电性差异的普遍存在，因而使电阻率法在水文工程及环境地质调查中获得了广泛应用。

关于岩土体的电阻率，早在 1942 年 Archie[229] 就提出了适用于纯净无泥质砂岩的电阻率公式，后来许多学者如 Waxman 和 Smits[230]、Clavier[231]、查甫生[232] 等考虑到含泥质岩土体的不同，提出了派生的公式与模型来修正。由于岩土体本身类型的复杂多变，影响因素各种各样，因此对岩土体电阻率已有各方面的一些研究。关于土体电阻率的特征已有学者进行了一些室内试验研究，涉及黏土、砂、淤泥[233]、水泥土[234-235]、膨胀土[236]、污染土[237-238] 等，但对盐渍土电阻率的研究比较缺乏。为了对盐渍土地区进行较好的勘查，详细了解盐分的分布范围及程度，对地层特性进行较准确的判断，并对现场电阻率测试的结果做出解释分析，有必要对盐渍土的电阻率特性进行更深入的了解，因此进行了盐渍土电阻率的室内试验，研究了盐渍土电阻率随含水率、孔隙率、含盐量等因素的变化规律，并与现场高密度电阻率测试相结合，对场地土进行了合理分析与解释，在理论与工程应用中发挥了作用。

5.4.2　土体电阻率的影响因素

影响土体电阻率的因素很多，但多数可以归结为一些基本因素及其之间的相互作用，从基本上分析影响电阻率的因素的内在原理，才能更好地分析各种因素所表现出来的效应。

土体是固相颗粒、液体、气体构成的三相体系，故土的电阻率由固相颗粒的导电性、孔隙液（气体一般可不考虑）的导电性、土体孔隙性及外界环境所决定，反映出各种因素综合作用下的宏观导电性。

5.4.2.1　固相颗粒

土颗粒的物质组成是影响电阻率的重要因素之一。卵砾石颗粒粗大，多为原生矿物；

砂粒组的矿物成分主要为原生矿物（如石英、长石、云母等）；粉粒组中以抗风化能力较强的石英、长石为主；黏粒组的矿物成分几乎都是由次生矿物与腐殖质组成。土中的黏粒组（小于 0.005mm）包括黏土矿物、游离氧化物及少量的石英、长石、云母等原生残余矿物的细小颗粒，以及有机质等物质。由于其颗粒细小，接近于胶体的颗粒表现出一系列胶体的特性，如具有吸附能力。黏粒与溶液接触时，会选择性吸附与它本身结晶格架中相同或相似的离子，从而使其表面带电。若黏粒由许多可分解的小分子缔合而成，则其与水作用后生成离子发生基，而后分解，再选择性吸附与矿物格架上性质相同的离子于其表面而带电。此外，黏土矿物晶格中的同晶替代作用也可产生负电荷。黏粒因结晶格架破坏、表面分子的电离、选择性吸附及黏土矿物的同晶替代等在表面形成电荷，其周围因此形成静电引力场。黏粒与溶液相互作用时，溶液中与黏粒表面电荷符号相反的离子同时受两种力的作用：一种是黏粒表面的吸着力，使它紧贴土粒表面；另一种是离子本身热运动引起的扩散作用力，使离子有离开颗粒表面、扩散到溶液中的趋势。这两种力作用的结果，使黏粒吸引反离子在其周围形成双电层。当岩土体为卵砾或砂质组成时，岩石骨架可看作绝缘体。当土体含盐且为固相存在时，盐颗粒并不导电。

5.4.2.2 孔隙液

孔隙水中或多或少都含有一定成分的矿物质，故具有一定的导电性。溶液导电是由于溶液中正负离子在外加电场作用下产生迁移，正离子把正电荷从正极携至负极，而负离子向相反的方向移动，通过溶液的总电量为正负离子导电量的总和。溶液导电能力的大小除了与导电溶液的几何形状有关外，还取决于溶液的固有性质，即溶液中离子的数目、离子所带电荷数和其迁移率等因素。所谓迁移率，是指在单位恒定外电场驱动下离子的运动速度。它与离子本性、溶剂的性质、离子与溶剂的相互作用、溶液的溶质含量、温度以及电场强度有关。随含水率增大，孔隙水的主要存在形式及电荷的迁移率发生变化，土的电阻率随之变化（图5.4-1）。在吸附水阶段，尽管土颗粒表面的溶质与水分子不能移动，但由于分子具有极性，在外加电场作用下可发生转向极化而导电。

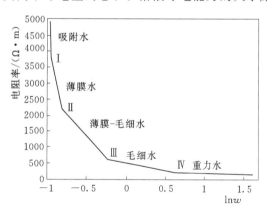

图 5.4-1 含水率自然对数与电阻率关系曲线图

含水率继续增大，水膜形成双电层结构并不断充填孔隙，电荷的移动性增强。重力水阶段水分子的移动性不再影响电荷的移动性，因此这个阶段电阻率几乎不受含水率影响，电阻率有所减小是由于重力水溶解了土中的离子[239]。土体含盐时可溶性矿物溶于孔隙水中以离子形式存在，土体盐分较高时增加了孔隙液的导电离子。

5.4.2.3 孔隙性

土体孔隙性主要指土孔隙的大小、形状、分布特征、连通情况及总体积等。土体孔隙性主要取决于土的粒径级配和土粒的密实程度。孔隙性影响着土骨架及孔隙液的连通状况，引起导电性的差异。

5.4.2.4　外界条件

土体处于外界水循环中时导致土体中盐分运移。地下含盐水体随地下水位及毛细作用范围的升降而升降。蒸发环境中水汽上升带动盐分向地表聚集，含水率在一定的范围内时，地表盐分的增加可能导致土体导电性的增强，当含水率减小至盐分结晶时可能导致导电性的降低。植物强烈的蒸腾作用消耗水分，也会促使盐分由土层深处向地表迁移。接受雨水淋洗时盐分流失使周围的孔隙液的浓度降低，孔隙液在沿途运移过程中发生离子交换，而使土体的电阻率变化。

土体所处的应力环境可由开挖卸荷或加载发生变化，从而影响土体的密实程度及各向异性，进而影响到土体电阻率的变化。

外界温度的改变影响离子活动性，并引起水分冻融及盐分结晶与溶解。国际上土电阻率温度校正公式主要有两种，一种是 Keller 和 Frischnecht 法[240]，关系式如下：

$$\rho_T = \frac{\rho_{18}}{1 + \alpha(T - 18)} \qquad (5.4-1)$$

式中：ρ_T 为试验温度 T℃下土体的电阻率；ρ_{18} 为 18℃时土的电阻率；T 为温度，℃；α 为经验系数，一般取为 0.025℃$^{-1}$。

另一种是 Campbell 法[241]，关系式为

$$\rho_T = \frac{\rho_{25}}{1 + \alpha(T - 25)} \qquad (5.4-2)$$

式中：ρ_{25}、ρ_T 分别为 25℃和任意 T℃时土体的电阻率；α 为经验系数，取为 0.02℃$^{-1}$。

对于污染土，电阻率随温度的变化关系稍有别于上述公式，韩立华等[242]通过对南京工业污染土进行电阻率随温度变化的试验测定，结合上述校正法，提出了最理想校正温度法，并推导出了相应的计算公式。

5.4.3　土的电阻率模型

根据试验结果或理论分析，许多学者在理论与试验基础上提出过一些电阻率模型来反映土体电阻率的变化规律，使得电阻率的研究定量化，目前主要的电阻率模型有以下几种，这些电阻率模型还需要不断地与实践结合并经受实践的检验。

5.4.3.1　Archie 公式

1942 年 Archie[229]就研究了土的电阻率与其结构间的关系，建立了饱和无黏性土、纯净砂岩的电阻率与孔隙水电阻率之间的关系：

$$\rho = a\rho_w n^{-m} \qquad (5.4-3)$$

式中：ρ 为饱和土电阻率；ρ_w 为孔隙水的电阻率；n 为砂岩孔隙率；a、m 为与土或岩石类型相关的常数。常数 m 与胶结情况有关，干净的砂及含水层中的砾石的值为 $1.4 \sim 2.2$。此模型较为简化，忽略了土颗粒表面吸附带电粒子的导电性的影响，随后经过拓展建立了用于非饱和土的方程：

$$\rho = a\rho_w n^{-m} S_r^{-p} \qquad (5.4-4)$$

式中：ρ 为不饱和含水时的电阻率；S_r 为饱和度；a 为压实常数；m 为固结系数；p 为饱和度指数。指数 m 反映了空隙迂曲度及空隙的连通性，常数 a 是一个经验值。

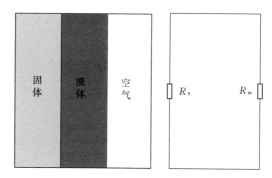

5.4.3.2 Waxman–Smits 模型

Waxman 和 Smits[230] 考虑到土颗粒表面导电性，假定土的导电是通过由土颗粒与孔隙水两个导体并联而组成的整体来完成，提出如图 5.4–2 所示土的导电模型，提出如式（5.4–5）所示的关系：

图 5.4–2　Waxman–Smits 导电模型

$$\rho = \frac{a\rho_w n^{-m} S_r^{-p}}{S_r + \rho_w BQ} \tag{5.4-5}$$

式中：B 为双电层中与土颗粒表面电性相反电荷的电导率；Q 为单位土体空隙中阳离子交换容量；BQ 为土颗粒表面双电层的电导率。

5.4.3.3 查甫生修正公式

查甫生等[232] 提出在非饱和土中，电流除了可沿土颗粒与孔隙水两条路径传播之外，还存在第三条路径：沿土水相串而成的路径传播（图 5.4–3）。图中路径 1 沿土颗粒传播，路径 2 沿孔隙水传播，路径 3 沿土水相串而成的路径传播。借鉴 Mitchell 土的三元导电模型推导了非饱和黏性土的电阻率模型公式。

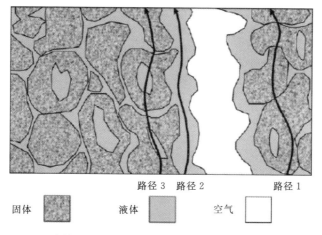

图 5.4–3　黏性土中电流的三种流通路径示意图 (Rhoadels, 1989)

如图 5.4–4 所示，假定土体为边长为 1 的立方体，电流方向为竖直方向。定义土的导电结构系数为 F'（所谓土的导电结构系数就是非饱和土中，土-水串联组成的路径的宽度与整个土体边长之比），土的孔隙率为 n，土水并联部分的水-土体积比为 θ，土水串联部分的水土体积比为 θ'。土颗粒是靠双电层导电的，其电导率为 BQ，得到非饱和黏性土的电阻率结构模型 ［式（5.4–6）］：

$$\rho = \left[\frac{nS_r - F'\left(\dfrac{\theta'}{1+\theta'}\right)}{\theta}BQ + \frac{nS_r - F'\left(\dfrac{\theta'}{1+\theta'}\right)}{\rho_w} + \frac{F'(1+\theta')BQ}{1+BQ\rho_w\theta'} \right]^{-1} \qquad (5.4-6)$$

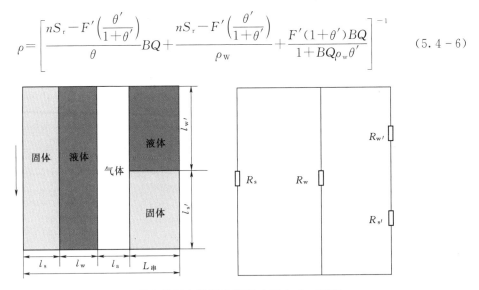

图 5.4-4 三元土的导电模型示意图（Mitchell，1993）

5.4.4 盐渍土电阻率室内测试

5.4.4.1 测试方法

目前电阻率的测试方法主要有两种，包括温纳方法和二相电极法[241-242]。室内试验所用的主要方法就是直接通电流的温纳方法（图 5.4-5），它是一种四相电极测试方法，电流通过外部电极，诱导电压由内部电极测出，则半空间电阻率为 $\rho = 2\pi a V/I$。

二相电极法如图 5.4-6 所示，分为两大类：一类是用两相电极法测得土样电阻，再由公式求得土样电阻率；另一类是用高阻抗电压表测得土样两端电位差，用电流表测得回路电流强度，再由公式计算获得土样电阻率。

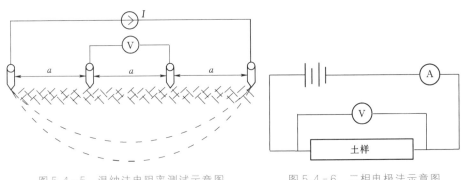

图 5.4-5 温纳法电阻率测试示意图   图 5.4-6 二相电极法示意图

按照土样测试装置划分，土的电阻率测试方法又可以分为两大类：一类是将土样放在定制的绝缘盒中，绝缘盒有圆柱体状（图 5.4-7），也有长方体状；另一类是把土样安装在通过改造的固结仪器（图 5.4-8）或三轴仪器中，以便在常规试验中同步观测土样电阻率的变化情况。

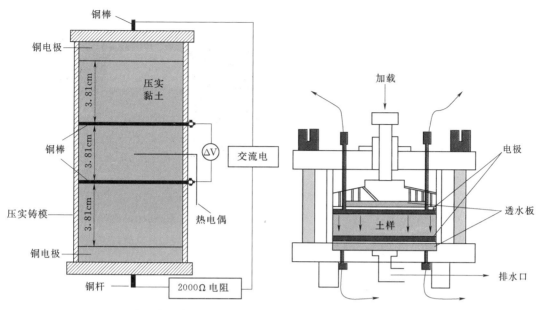

图 5.4-7 圆柱体状电阻率测试装置　　　图 5.4-8 固结仪改进的电阻率测试装置

　　土电阻率测试方法按照电源类型划分，可分为直流和交流两大类。现有的电阻率测试系统多采用直流电测。但直流电所具有的动电现象、电化学效应会改变土的含水率、土体结构与孔隙水的化学成分等，使得电阻率测试结果不准确。而采用交流电则可将试验误差减小到最小。

　　刘松玉等[243]研制了一种实用的土电阻率测试仪器，该仪器具备交流、低频、二相电极、与常规土工测试仪器匹配良好等特性，其电路原理如图 5.4-9 所示。

5.4.4.2　试验材料与方法

　　对现场高密度法测试得到的电阻率剖面，可用室内测试结果相印证来进行合理解释与推断，也可以用室内测试结果来反演现场的含水率和含盐量的变化。为此，采用现场原始成分的土进行了室内试验。

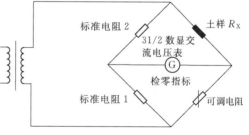

图 5.4-9 电路原理图

同时，为了研究盐渍土电阻率随各种影响因素的变化规律，通过改变土样的粒径、含水率、孔隙率、含盐量进行了相应的室内试验。

　　室内电阻率测试采用四电极电阻率测试装置，测试原理如图 5.4-10 所示，测试装置如图 5.4-11 所示，试验过程中采用 DDC2B 型电子补偿仪来测量电压与电流。将土装入米勒盒中，电阻率计算公式为

$$\rho = \frac{\Delta U}{I} \frac{S}{L} \tag{5.4-7}$$

式中：ΔU 为 MN 间的电位差，V；I 为 MN 间的电流，A；S 为电流通过方向盒的断面

积，m²；L 为测量电极距，m。

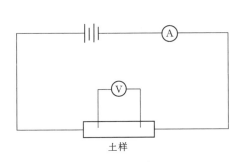

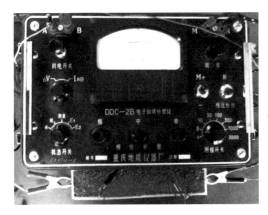

图 5.4－10　四电极电阻率测试原理图　　　　图 5.4－11　电阻率测试装置

　　试验中的米勒盒由有机玻璃板黏合而成，两端内附铜片，由螺丝钉固定于盒子内端。室内测试土样分为两种：一种为不进行处理的原始地层土样；另一种为去除大颗粒组分的土样。采用原始成分土样进行试验时，考虑到土体中含有大粒径的成分，采用了大尺寸的电阻率测试盒，测试盒按照 ASTM 标准建议的尺寸，为 30.4cm×20.4cm×9cm，供电电极距为 20.4cm，测量电极距为 6.8cm。由于采用原始组分土样测试需要大量土样，测试过程费时费力，测试过程慢，且影响因素不易控制，故而在研究盐渍土电阻率随各种因素的变化规律时，对土样进行了筛分处理，去除了较大粒径的组分，使得测试简便易行。采用处理土样进行电阻率测试中，使用小尺寸的米勒盒，尺寸为 22cm×4cm×3cm，供电电极距为 22cm，测量电极距为 12cm。

　　对于原始组分的土样，分别在现场试坑中不同深度进行了取样，取样试坑与深度分别为：94－2（2.6m 处密实砾砂土）、94－3（1.2m 处黄土状粉砂土）和 99－3（1.2m 处含一定量角砾和黏性土的砂土），分别测试 3 种土样不同含水率状态下的电阻率特性。将原始组分的土样进行筛分，分别得到粒径小于 5mm、小于 2mm 和小于 0.5mm 的土样（分别简称 5mm 土样、2mm 土样、0.5mm 土样），随后测试 3 种土样在不同含水率、不同盐量、不同干密度条件下的电阻率。

　　为了形成不同的含盐梯度，在原始含盐量的基础上进行了洗盐与加盐处理。洗盐是向原土加入蒸馏水搅拌澄清离心后烘干。加盐过程是采用洗盐得到的原始盐分按照不同梯度进行添加的，所加盐分是通过将原始土溶液经离心后蒸发盐溶液得到的。根据《土工试验方法标准》（GB/T 50123—2019）对土样按土水比 1：5 制取了易溶盐浸提液，采用离子色谱仪进行了易溶盐测定。含水率的控制为烘干加水法，向烘干土样加入蒸馏水拌匀，密封放置使水分均匀浸润，并在电阻率测量结束后立即测定实际含水率。干密度的控制参照标准击实得到的密度值进行，根据指定含水率计算需要的烘干含盐土的质量及所需蒸馏水，将拌和放置好的土均匀填满测试土盒后立即进行测量。由于试验过程中会有少量水分损失及量取水量的误差，试验结果中采用实际的含水率。试验时记录温度并将测量结果修正为 18℃下的电阻率。

本次室内土样电阻率测试共有 6 种土样（表 5.4 - 1），分别为 94 - 2 土样、94 - 3 土样、99 - 3 土样、5mm 土样、2mm 土样和 0.5mm 土样，各土样基本物理参数见表 5.4 - 1。其中，由原始组分组成的 94 - 2 土样、94 - 3 土样和 99 - 3 土样仅测试不同含水率条件下的电阻率；经过筛分处理的土样则考虑含水率、干密度和含盐量的影响，电阻率测试方案详见表 5.4 - 2。

表 5.4 - 1 　　　　　　　　　　　试验土样的基本物理参数

序号	土样	天然含水率/%	颗 粒 组 成/%							
			20～10mm	10～5mm	5～2mm	2～1mm	1～0.5mm	0.5～0.25mm	0.25～0.074mm	<0.074mm
1	94 - 2	7.36	2.51	5.66	17.44	19.72	24.30	7.07	13.23	10.06
2	94 - 3	9.7	—	0.62	3.80	14.29	32.33	14.86	31.93	2.17
3	99 - 3	4.03	6.45	13.34	22.92	8.22	22.72	10.34	13.02	2.99
4	5mm	3.83	—	—	25.69	11.17	23.60	19.86	14.32	5.36
5	2mm	4.47	—	—	—	10.53	33.84	27.31	20.04	8.28
6	0.5mm	5.52	—	—	—	—	—	47.41	39.49	13.10

表 5.4 - 2 　　　　　　考虑不同因素影响的盐渍土电阻率测试方案

影 响 因 素	取 值 范 围
含水率梯度/%	1、3、5、7、10、12、16
干密度梯度/(g/cm³)	1.65、1.70、1.75、1.80、1.85、1.95
含盐量梯度/%	1.33、2.21、3.72、5.18

5.4.4.3 试验结果

1. 电阻率随含水率的变化规律

图 5.4 - 12～图 5.4 - 14 分别为取自 94 - 2（2.6m）、94 - 3（1.2m）、99 - 3（1.2m）原始组分土样电阻率与含水率的关系。从图中可以看出，土体电阻率随含水率的增大呈幂函数关系减小，当含水率 w 大于 20% 时，土的电阻率趋于稳定，电流通过土中孔隙液传导，此时土的电阻率约等于孔隙液的电阻率。由此可以得到实测的土体电阻率随含水率变化的关系式为

94 - 2（2.6m）土样：　　　　　　$\rho = 71430 w^{-3.53} (R^2 = 0.99)$　　　　　　　　(5.4 - 8)

94 - 3（1.2m）土样：　　　　　　$\rho = 12267 w^{-3.58} (R^2 = 0.96)$　　　　　　　　(5.4 - 9)

99 - 3（1.2m）土样：　　　　　　$\rho = 12235 w^{-3.75} (R^2 = 0.95)$　　　　　　　　(5.4 - 10)

式中：w 为含水率，%；ρ 为电阻率，$\Omega \cdot m$；R^2 为拟合相关系数。

对于进行过筛分处理的土样，由图 5.4 - 15（5mm 土样）可知，当含水率很小时，土样很干燥，测不到电流；当含水率从 1% 变化到 2% 左右时，电阻率由几千欧姆·米急剧下降到几百或几十欧姆·米；含水率继续增大，电阻率下降的幅度降低。因此含水率是影响电阻率变化的重要因素。土体比较干燥时，土颗粒的电阻率很高，随着含水率的增加，土颗粒与水分相互作用，双电层逐渐扩展，土中出现毛细水以后，电流沿土水相串的

路径传导，含水率继续增大，大部分电流沿连续的孔隙水传导，当含水率大于塑限后，孔隙水的连续性已较好，土体电阻率下降较大。土样逐渐饱和时，电流基本为孔隙水传导，电阻率趋向于孔隙液的电阻率。

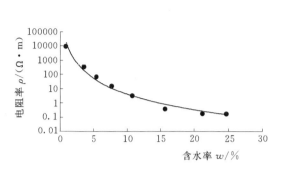

图 5.4-12　94-2 (2.6m) 土样电阻率
与含水率的关系

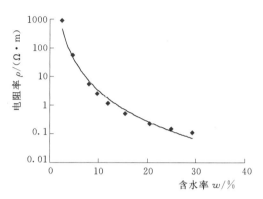

图 5.4-13　94-3 (1.2m) 土样电阻率
与含水率的关系

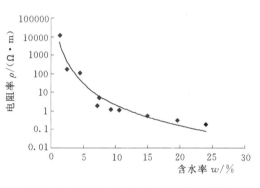

图 5.4-14　00-3 (1.2m) 土样电阻率
与含水率的关系

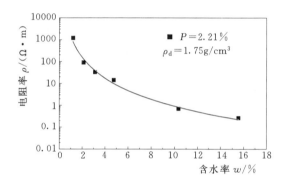

图 5.4-15　盐渍土电阻率随含水率
的变化规律

Larisa[239]解释含水率对电阻率的影响，即含水率增大时，土孔隙中水的主要存在形式发生变化，电荷的迁移率随含水率的增大而增大，土的电阻率随之变化。土颗粒不断吸附水化离子在其周围，水膜越来越厚，之后空隙间的毛细水量逐渐增长，其电荷迁移率逐渐增大，电荷更容易移动，直到重力水阶段，水分子的迁移率不再影响电荷的迁移率，电阻率的变化就十分缓慢，这时主要是因为重力水溶解了土中的离子。电阻率随含水率增加而变化的规律符合幂函数衰减。对原始含盐量（$P=2.21\%$）的干密度为 $1.75\mathrm{g/cm^3}$ 的盐渍土电阻率随含水率的变化进行了曲线拟合，得出拟合公式：

$$\rho = 1524w^{-3.2} \quad (R^2 = 0.987) \tag{5.4-11}$$

图 5.4-16 为 5mm 土样在干密度 $1.85\mathrm{g/cm^3}$，含盐量分别为 5.18%、2.21%、1.33% 条件下电阻率随含水率变化的关系及幂函数拟合曲线，其变化趋势基本相同，也反映出了盐和水的共同作用。高含盐量时电阻率总体值低，低含盐量时电阻率总体值高。图 5.4-17 显示了 2mm 土样在原始含盐量及经过洗盐的情况下电阻率随含水率的变化，都

符合幂函数关系。

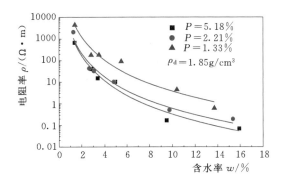

图 5.4 - 16　5mm 土样在不同含盐量时
电阻率随含水率的变化规律

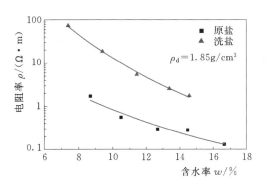

图 5.4 - 17　2mm 土样的电阻率
随含水率的变化规律

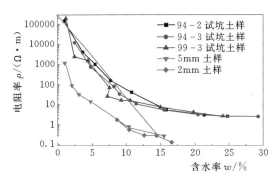

图 5.4 - 18　土的颗粒成分不同时电阻率
随含水率的变化规律

2. 电阻率随土样颗粒组成的变化规律

图 5.4 - 18 给出了土的颗粒成分不同时电阻率随含水率的变化规律，其中 94 - 2 试坑的土为密实砂粒土，94 - 3 试坑的土为黄土状粉砂土，99 - 3 试坑的土为含角砾及黏性土的砂土。从图中可以明显地看出，原始颗粒组分的土的电阻率比进行过筛分的土的电阻率要高很多，且土具体的颗粒成分不同，电阻率也略有差异。94 - 3 试坑的土颗粒较 94 - 2 试坑的细，其电阻率也低；99 - 3 试坑中既含较大的角砾又含较细的粉黏粒，其电阻率的变异性较大，会在一个范围内产生波动，这可能是由于其颗粒组分造成的不均匀性或土体结构的变化造成的。2mm 土样的电阻率比 5mm 土样的还小，但是可以发现，在含水率较大的时候，土体颗粒组分造成的影响已经不明显，被含水率的影响所掩盖。

土的颗粒组分对电阻率的影响主要是由于土的颗粒组分影响着土中黏粒的含量，而黏粒对土体导电性的影响主要表现在黏粒与孔隙液的相互作用。土的颗粒越小，所含的黏粒越多，土的导电性越好。从图中也可以看出，虽然土的颗粒成分不同，但是无论是什么组分的土，土的电阻率随含水率的变化都基本符合幂函数衰减，这也说明含水率是影响土体电阻率的重要因素，土的颗粒组分的影响远小于含水率的影响程度。

3. 电阻率随含盐量的变化规律

本次选取对于 5mm 土样进行含盐量影响下的电阻率测试试验，土样易溶盐测定结果见表 5.4 - 3。表中梯度 1、2 为在土中加入原始盐分的土样，梯度 3 为原始含盐量的土样，梯度 4、5 为经过洗盐的土样。盐渍土实测原始含盐量为 2.21%，按照《岩土工程勘察规范》（GB 50021—2001）（2009 年版）中盐化学成分的分类为亚硫酸盐渍土，按含盐量的分类为强盐渍土。对此进行成盐分析得出 100g 土中含盐质量约为：NaCl 704.3mg、

Na₂SO₄505.6mg、MgSO₄8.2mg、CaSO₄845.7mg、Ca(NO₃)₂73.8mg，误差约为1.16%。

表 5.4－3　　　　　　　　　　　　　土样易溶盐测试结果

梯度	Cl⁻ /(mg/L)	NO³⁻ /(mg/L)	SO₄²⁻ /(mg/L)	Na⁺ /(mg/L)	K⁺ /(mg/L)	Mg²⁺ /(mg/L)	Ca²⁺ /(mg/L)	总含量 /(mg/L)	含盐量 /%
1	2019.11	275.143	4249.13	2043.72	49.2157	9.0134	1208.79	9854.12	5.18
2	1417.88	191.826	3165.48	1492.44	33.2186	5.9137	868.376	7175.13	3.72
3	854.845	111.615	1890.6	870.429	18.580	3.26183	574.064	4323.39	2.21
4	811.346	105.935	1797.88	826.137	17.635	3.0958	544.852	4106.88	2.09
5	92.6319	42.8166	1696.82	298.965	11.3647	2.3054	499.415	2644.32	1.33

当土体处于不同含水率状态时，不同的含盐梯度中盐分的溶解情况不同。图5.4－19和图5.4－20分别为干密度1.85g/cm³和1.75g/cm³时不同含水率条件下土样电阻率随含盐量的变化规律。图中虚线为孔隙液未饱和与过饱和的大致分界线。虚线左下方的土体处于不饱和状态，随着含盐量的增加，水中溶解的离子增加，土体电阻率下降。虚线右上方的土体处于盐分没有完全溶解的状态，电阻率随含盐量的增加呈缓慢降低或基本不变。

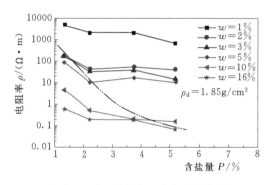

图 5.4－19　不同含水率条件下土样
电阻率随含盐量的变化规律

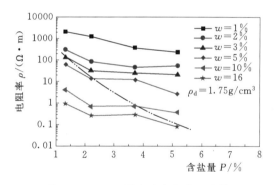

图 5.4－20　不同含水率条件下土样
电阻率随含盐量的变化规律

4. 电阻率随土样孔隙率的变化规律

图5.4－21为含水率为5%时不同含盐量条件下土样电阻率随孔隙率的变化规律，对于一定含水率的土体，随着孔隙率的增加，同样多的水对空隙的充填程度就越差，连通性就越差，因而电阻率增高。孔隙率比较小的时候，土体比较密实，电阻率值趋于稳定，变化范围较小。图5.4－22为不同含水率条件下土样电阻率随孔隙率的变化规律，总体上看，电阻率值随着孔隙率的减小而减小，但不同含水率时的变化程度略有差异。图5.4－23为粒径小于2mm的土样电阻率随孔隙率的变化规律，电阻率随着孔隙率的增大而增大，与粒径小于5mm的土样变化趋势基本相同。

5. 电阻率随土样饱和度的变化规律

饱和度可由含水率与孔隙比换算求得，反映出含水率和孔隙比的综合作用，因此研究了不同含盐量的土体电阻率随饱和度的变化规律（图5.4－24）。从图中可以看出，土体电阻率随饱和度的增加呈幂函数降低趋势，随着孔隙逐渐被孔隙液充填饱和，电阻率值也逐渐降低。同一干密度条件下含盐量高的土样电阻率低，含盐量低的土样电阻率高。

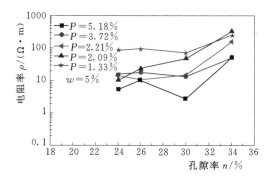

图 5.4-21 不同含盐量条件下土样
电阻率随孔隙率的变化规律

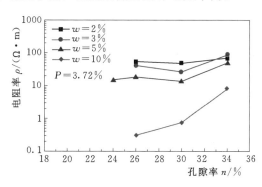

图 5.4-22 不同含水率条件下土样
电阻率随孔隙率的变化规律

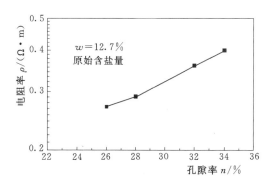

图 5.4-23 2mm 土样电阻率随
孔隙率的变化规律

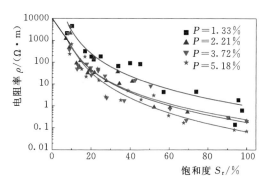

图 5.4-24 电阻率随饱和度的变化规律

不同饱和度时含盐量对土体电阻率的影响程度不同，土体饱和度很小时，由于含水率低，孔隙液很容易饱和，盐分的增加对电阻率的影响不大；土体饱和度较大时，盐分的增加对电阻率的影响范围增大。图中对含盐量分别为 1.33％、2.21％、3.72％、5.18％的土体电阻率随饱和度变化的数据进行了幂函数拟合，拟合公式如下：

$P=1.33\%$ 时 $\qquad \rho=7.17S_r^{-3.42}$ $\quad(R^2=0.881)$ $\qquad$ (5.4-12)

$P=2.21\%$ 时 $\qquad \rho=7.73S_r^{-3.25}$ $\quad(R^2=0.916)$ $\qquad$ (5.4-13)

$P=3.72\%$ 时 $\qquad \rho=1.22S_r^{-3.40}$ $\quad(R^2=0.874)$ $\qquad$ (5.4-14)

$P=5.18\%$ 时 $\qquad \rho=3.13S_r^{-3.82}$ $\quad(R^2=0.911)$ $\qquad$ (5.4-15)

观察不同含盐量时电阻率随饱和度的变化规律，可提出以下形式的经验公式：

$1.33\% \leqslant P < 2.21\%$ 时，$\rho=(16.82-7.26P)S_r^{(0.2P-3.7)}$ $\qquad$ (5.4-16)

$2.21\% \leqslant P < 5.18\%$ 时，$\rho=(12.59-6.45P+1.94P^2)S_r^{-3.1}$ $\qquad$ (5.4-17)

式中：P 为含盐量；S_r 为饱和度。因此可以根据室内试验的结果估计场地土的含盐量及盐渍化范围。

5.4.5 盐渍土电阻率探测应用

在实际工程中，场地土的类型和基本性质是基本不变的，即土的物质组成、颗粒成分、土体结构、密实程度等都是相对固定的。此时对于盐渍土场地，即可以根据室内试验的结果来分析现场高密度测试的结果，判断场地状况。当场地土的含水率在一定范围内大致相同时，可以通过场地土的电阻率大小来判断场地的含盐范围与程度，当场地土进行浸水试验时，可以通过电阻率的大小判断场地土的水分入渗情况。

图 5.4 - 25～图 5.4 - 27 给出了研究区试验场地地表 0.2m 向下的地层电阻率剖面图，测线长度为 24m，走向为 5°，极距为 1m。图 5.4 - 25 给出了未进行过浸水试验的场地的电阻率情况，由图中可以看出，电阻率在地表 3m 多的范围内电阻率随深度呈减小趋势，呈较平缓的水平成层分布。场地表部可见地层为含少量砾石和黏性土的粉细砂层（戈壁土），地表处含有大量砾石，土层密度小，含水率低，剖面图中地表电阻率很高，正好反映出这一情况。在地表下一定深度范围内，土体密度基本相近，含水率也在小范围内变化，且含水率较低，因此这时电阻率的变化反映出地层盐分的分布状况及含盐程度。

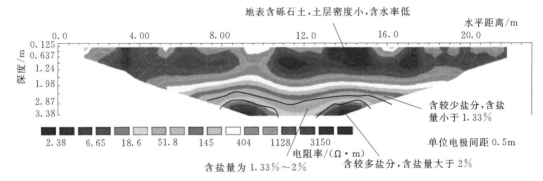

图 5.4 - 25 94 - 4 (0.2m) 试坑浸水前反演模型电阻率剖面图

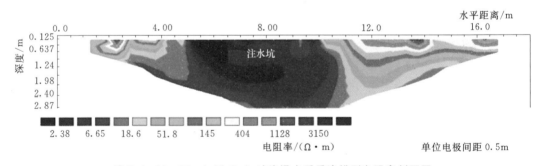

图 5.4 - 26 94 - 4 (0.2m) 试坑浸水后反演模型电阻率剖面图

图 5.4 - 26 和图 5.4 - 27 分别给出了地表浸水试坑和地表渗水试验点反演模型电阻率剖面图。由于地表土层的渗水速率和渗水深度都很大，反演电阻率剖面图中电阻异常区分布的区域也很广很深。进行浸水或渗水试验时，试验区的土体含水率很高，与场地较低的初始含水率形成鲜明的对比，含水率只要达到一定水平后，电阻率降低很多，在土中反映

得十分清楚，可见高密度电阻率法在探测地层中水分运移方面具有独到的优势，探测效果明显，探测精度较高。

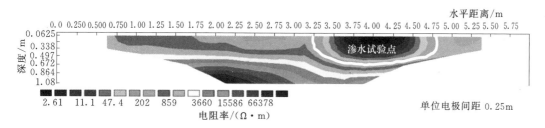

图 5.4-27 94-4 (0.2m) 渗水试验点反演模型电阻率剖面图

5.4.6 小结

通过不同影响因素下各土样室内电阻率的试验测试，得到以下结论：

（1）土层的密实度越大，含水率和含盐量越高，测试的电阻率就越小。因此，高密度电阻率法能够很好地探测水分的入渗和扩散情况，也可以灵敏地反映盐分的赋存位置。

（2）室内原始成分的土样试验结果表明，研究区盐渍土的电阻率随含水率的增大呈幂函数关系减小，当含水率 w 大于 20% 时，土的电阻率趋于稳定，电流通过土中孔隙液传导，此时土的电阻率约等于孔隙液的电阻率。

（3）对经过筛分的盐渍土的室内试验可以看出电阻率随各因素的变化规律：随着含水率的增加，电阻率呈幂函数降低。孔隙水中溶解的盐分未饱和时，随着含盐量的增加，电阻率呈减小趋势，当孔隙液饱和后电阻率随盐分变化很小。含水率相同时，随着孔隙率的增大，孔隙液连通性变差，电阻率随之增大。饱和度反映了孔隙的充填状况，随着饱和度增大，电阻率呈幂函数减小。含水率、含盐量、孔隙率、饱和度都是影响土体电阻率的重要因素，电阻率随各因素的变化程度不同，各因素之间相互影响。根据室内试验数据拟合出电阻率随土体含水情况变化的经验公式，这为电法勘探成果解释提供了依据。

第6章

内陆戈壁区盐渍土地基处理

作为一种地基材料，国内外学者对盐渍土物理力学性质、工程特性及治理方法开展了大量试验研究和实践工作。就盐渍土地基处理技术与措施来看，仍以苏联的研究水平较高，在世界上处于领先地位。在国内，以铁路、交通、能源和建筑等部门，在新疆、青海等地进行了较多的研究工作，并取得不少研究成果和实践经验。

盐渍土地基处理的目的，主要在于改善土的力学性质，消除或减少地基因浸水而引起的溶陷或盐胀、腐蚀性等。与其他类土的地基处理的目的有所不同，盐渍土地基处理的范围和厚度应根据其含盐类型、含盐量、分布状态、盐渍土的物理和力学性质、溶陷等级、盐胀性及建筑物类型等来选定。

在导致盐渍土病害的众多因素中，含盐量、水和土质是主要因素，并且是可加以控制的，而外界气候条件如温度、降雨等是难以控制的，因此治理的关键是含盐量、水及土质。在以往的工程实践中，针对不同盐渍土地区的实际地质水文情况和施工条件，工程人员提出了众多盐渍土病害防治方法[244-245]。下面按水分隔断、结构（地基）加固和去除盐分三个方面进行阐述。

6.1　水分隔断

如果能够隔断水分对盐渍土地基的影响，则导致翻浆病害出现的地基浸水软化、导致盐胀出现的硫酸盐吸水结晶膨胀、导致湿陷出现的水分溶解并带走盐分等现象将较少出现，或者危害程度将有所降低。同时，如果没有水分的影响，则盐分可以在干燥的情况下使土基强度增加，从工程角度来看，这时盐分反而是有益的。水分隔断主要有以下一些方法[246-252]。

6.1.1　抬高地基

有些盐渍土地区地下水位较高，构筑物地基除了有再盐渍化的问题外，还有冻胀和翻浆的危害，为使地基不受冻害和再盐渍化的影响，应控制构筑物地基高程到不再盐渍化的最小高度。

6.1.2　设置隔离层

（1）砂石材料隔离层、变形缓冲层。设置隔离层在隔断毛细水上升通道的同时，还可以增进地基的整体强度，削弱或控制土基的不均匀变形，其厚度可通过计算确定。在毛细水隔离层设置中，主要应该考虑材料的选取及合理厚度的确定。确定隔离层厚度的前提是能够估算出毛细水最大上升高度。在实际工作中，对特定的工程地质条件，提出了一些估算毛细水上升高度的经验公式。隔离层也可作为缓冲层，使下面土的盐胀变形得到缓冲，不破坏地基表面的平整，这种方法在我国硫酸盐含盐地层地区已经得到广泛的应用。

（2）土工布隔离层。采用土工布隔断毛细水和下渗水也是行之有效的方法；土工布可以为单层，也可为双层。选择土工布时应根据使用位置和目的，对渗透系数、顶破系数、耐冻性和耐老化性等提出具体要求。用于盐渍土地区的土工布还应具有长期对硫酸盐、氯盐等盐类的抗腐蚀性。土工布设置位置根据需要不尽相同，为了防止地表水、降水通过面层下渗，则土工布应设置在面层和基层之间，如果是为了隔断毛细水的上升，则一般设置在路基和垫层（或底基层、基层）之间。

（3）"盖被"法防治。采用炉灰或采石场清除的表层土石，把路基边坡包裹起来。实践经验表明，只要在路基上覆盖一层厚 $0.4\sim0.5\mathrm{m}$ 的炉灰或土石料，可很好控制土体温度随环境气温变化的幅度和速度，既控制冻胀，又减轻盐胀，还可以防止集中降雨的溶蚀冲刷，同时也可以收到变废为用、保护环境的效果，是一种集经济效益、社会效益和工程效益于一体的综合处理措施。

6.2 结构加固

盐渍土地基对构筑物的正常运行造成了很大的威胁，为了降低地基沉降、膨胀等变形破坏，可采取结构加固方法处理地基[253-258]。

6.2.1 强夯法

强夯法是一种将较大质量的重锤从高处自由下落，对较厚的松软土层进行强力夯实的地基处理方法，该方法具有工艺简单、效果好、施工速度快、费用低、适用土层范围广（如砂土、粉土、黄土、杂填土及含粉砂的黏性土等），在国外得到广泛应用。

大量工程实例证明，强夯法是减少地基溶陷的一种有效方法。强夯时，地表的竖向夯击能传给地基的能量是以纵波（P 波）、横波（S 波）、瑞利波（R 波）及拉夫波（L 波）联合传播的。体波（压缩波和剪切波）沿着一个半球阵面向外传播，对地基起加固作用。前者使土体受拉、压作用，能使孔隙水压力增加，导致土骨架解体；后者使解体的土颗粒处于更密实的状态，从而减少盐渍土的溶陷量。

然而，瑞利波和拉夫波以夯坑为中心沿地表向四周传播，使表层土松动形成松弛区域，对地基压密不利。目前，采用强夯法处理盐渍土地基还没有一套成熟的理论和计算方法，通常是根据现场的地质条件和工程使用要求，通过现场试验正确选用强夯参数，才能达到有效和经济的目的。强夯的参数包括锤重、落距、最佳夯击能、夯击遍数、两次夯击的间歇时间、影响深度和夯点的布置等。

6.2.2 浸水预溶加强夯法

浸水预溶不能完全消除盐渍土的溶陷性，而处于干旱或半干旱状态地区的土体，地下水位低时天然含水率低，且土的结构强度很高，单独采用强夯法来夯实地基很困难，这时就可采用浸水预溶加强夯法进行地基处理，这种方法是先对地基进行浸水预溶，然后让地基搁置一段时间，当地基中的含水率接近土的最佳含水率时，再进行强夯。采用这种方法，能够在浸水预溶的基础上提高处理效果。设计强夯能量时，最好使浸水影响深度与强夯影响深度一致，或使浸水影响深度稍大于强夯影响深度。

6.2.3　半刚性基层

在治理盐渍土病害的诸多措施中，还可以采用半刚性基层的方法。对盐胀病害而言，地（路）面抵制盐胀变形，不产生胀裂破坏的必要条件是结构层受到的不均匀盐胀力对地（路）面施加的弯曲力矩不大于材料固有的抗弯力矩和材料自重力矩。半刚性基层材料的板体性好，可以提高地（路）面的抗变形能力，尤其对交通量大、重载车多的盐渍土地区道路，采用半刚性基层治理的方案是合理的。半刚性基层形式一般为级配砾石（碎石）掺灰或水泥稳定砂砾（碎石）层。

6.2.4　挤密桩加固地基

对于承载力弱，且盐渍土层厚度大的地基，可以采用碎石桩、石灰砂桩等方法进行地基加固，以提高其强度和减少沉陷。对于厚度大的饱和软弱黏性土地基，由于土的渗透性小，加固时不能排出很多水分，砂桩挤密效果不佳，有条件时可以考虑采用砂井预压加固。

6.2.5　设置变形缓冲层

在我国的硫酸盐渍土地区，广泛采用设置变形缓冲层来防止盐胀破坏建筑物地坪，并取得良好的处理效果。这种做法是在地坪下设一层厚 20cm 左右的不含砂的大粒径卵石（小头在下，立栽于地），使盐胀得到缓冲，同时起协调变形的作用。

6.2.6　换土垫层法

当盐渍土厚度不大时，常用换土垫层法消除盐渍土的盐胀变形。有时，即使盐渍土土层较厚，但只是表土层的温度和湿度变化大，则不需要把全部硫酸盐渍土土层挖除，而只要将有效的盐胀区范围内的盐渍土挖除，然后换填非盐渍土或灰土即可。因此，用换土垫层法处理盐渍土地基的盐胀，要比处理盐渍土的溶陷容易实施，且成本较低。采用换土垫层法处理盐渍土地基的盐胀时，垫层的设计施工方法以及要求与处理地基溶陷时相同。并且，垫层所用的材料必须不含易溶盐，否则垫层本身将产生盐胀或溶陷。

6.2.7　设置地面隔热层

从硫酸盐的盐胀机理可以得知，盐渍土地基因盐胀而引起的变形，除与硫酸盐的含量有关外，主要取决于土的温度与湿度的变化，当土层温度的变化幅度小于某极值 $[\Delta T]$ 时，即使含硫酸盐较多的土，因无相的转变，也不产生盐胀变形。因此，在天然情况下，地基中一定深度 h 以下，地温由 T_1 变化为 T_2，因 $T_2 - T_1 < [\Delta T]$，将不产生盐胀，故

盐胀只在有限盐胀区 h 范围内发生。根据这一原理，如果在地面设置隔热层，使盐渍土层顶面的温度变化小于 $[\Delta T]$，则有限盐胀区 $h = 0$，则无需采用换土垫层法，将盐渍土挖除。

6.2.8　桩基

当盐渍土层厚度较大，且含盐量较高时，多数情况下采用桩基是比较合理的。我国在盐渍土地基中采用桩基的经验还不多，国外尤其是苏联在这方面的经验可供借鉴。与一般地基不同，在盐渍土中采用桩基时，必须考虑到浸水条件下桩的工作情况。比如在饱和盐渍土地基中，仅需要考虑到桩的耐腐性能，而对非饱和盐渍土地基，则需要考虑桩周盐渍土浸水后产生对桩的负摩擦力及桩承载力的降低。

6.3　去除盐分

盐分是导致盐渍土具有盐胀、湿陷、腐蚀和加重翻浆等特性的根源，因而如果能去除盐分，或者把有害的盐分转化为无害或者危害较小的盐分，则同样可以达到处治盐渍土道路病害的目的[259-263]。

6.3.1　换填法

对地基范围内存在埋深较浅的超强或强盐渍土，为了消除产生病害的隐患，可采取换填法；对于缺水地区，采用换填法也是一种较好的选择。在工程中往往要根据地基地质水文情况（地下水、含盐情况等）、筑路材料及其来源、对地基含盐量要求情况等来确定换填深度。总的要求是：换土深度宜超过有效的溶陷性（及盐胀性）土层厚度，保证残留盐渍土的溶陷量或盐胀量不超过上部结构容许的变形值。换土的宽度则应保证下卧层顶面处的压力小于该土层浸水后的承载力，同时还应保证周围土溶陷时换土部分土体的稳定性。

6.3.2　换土垫层法

对于溶陷性较高但厚度较小的盐渍土地基，采用换土垫层法消除溶陷性是较为合理的，即把基础下一定深度的盐渍土层挖除，如果盐渍土较薄，可全部挖除，然后回填不含盐的砂石、灰土等替换盐渍土层，分层压实。作为建筑物基础的持力层，可消除部分或完全消除盐渍土的溶陷性，减小地基的变形，提高地基的承载力。

（1）砂石垫层。在盐渍土地区，有的盐渍土层仅存在地表下厚 $1 \sim 5\text{m}$ 处，这种情况可采用砂石垫层处理地基，将基础下的盐渍土层全部挖除，回填不含盐的砂石材料。采用砂石材料是针对完全消除地基溶陷而言，其挖除深度因盐渍土层厚度而定，但一般不宜大于 5m，否则工程造价太高，不经济。砂石垫层的厚度应保证下卧层顶面处的压应力小于该土层浸水后的承载力，还应保证垫层周围溶陷时砂石垫层的稳定性，如果垫层宽度不够，四周盐渍土浸水后产生溶陷，将导致垫层侧向位移挤入侧壁盐渍土中，使基础沉降增大。

（2）灰土垫层。如果全部清除盐渍土层较困难，也可部分清除，将主要影响范围内的溶陷性盐渍土层挖除，铺设灰土垫层。采用灰土垫层，一方面清除地基持力层上部土层的溶陷性，另一方面灰土垫层具有良好的隔水性能，对垫层下残留的盐渍土层形成一定厚度的隔水层，起到防水的作用。灰土之间的作用是由于化学反应引起的，它不仅是一种机械的加固，而且通过一系列的化学过程改变了土的结构。

总而言之，作为换土垫层法的两种分类，在盐渍土层较厚时，砂石垫层可改为砂石墩，灰土垫层可发展成灰土墩基础。由于我国人工费便宜，且不需要先进的、昂贵的施工机械，换土用的替换材料也可尽量利用当地的材料，因此这类墩式基础，对偏远地区具有一定的实用价值。另外，砂石和灰土的耐腐性能比混凝土或钢筋混凝土好，故更适宜在盐渍土地区应用。

6.3.3　浸水预溶法

在进行工程建设之前，通过水浸地基，把上部地基中易溶盐溶解渗流到较深层的土中。上部土中的易溶盐被溶解过程中，土体结构在土自重作用下破坏，原来的一部分孔隙被填充，上部土的空隙减小而发生自重溶陷，称为预溶陷。由于有了预溶陷，建筑物即使再遇水，其变形也要小得多，从而达到改良盐渍土地基的效果。这种方法适用于厚度不大或渗透性较好的盐渍土，浸水时间与预溶深度需经现场确定，有条件的地方还可以堆载预压，以提高浸水预溶的效果。

浸水预溶法是指用矿化度较低的水对盐渍土进行浸灌，使土层中的盐分溶于水并排放到其他地方，降低盐渍土的含盐量，它实际上是一种原位换土法。过去浸水预溶法主要用于农业，应用于建筑物的地基处理上在国内比较少，在国外也很少见。一些文献表明，浸水预溶法可消除溶陷量的 $70\% \sim 80\%$，这也相当于改善地基溶陷等级，具有效果好、施工方便、成本低的优点。

浸水预溶法一般适用于厚度较大、渗透性较好的砂砾石土、粉土等非饱和盐渍土，对渗透性较差的非饱和黏性盐渍土等不宜采用。预浸水法用水量大，场地应具有充足的水源。另外，最好在空旷的新建场地采用，以免影响原有建筑物的安全。浸水预溶法的效果受下几个方面因素影响：

（1）浸水量。预浸水量是保证浸水效果的关键指标，它直接影响浸水预溶法的成本。浸水量与土的类型、土中原始含盐量、冲洗水的矿化度、冲洗时的气温等很多参数有关。

（2）浸水季节。浸水预溶不得在冬季有冻结可能的条件下进行。这是由于盐的溶解度与温度关系密切，有关资料和试验表明，比较理想的季节是在气温和土体温度均较高，且蒸发量较小的季节进行。

（3）浸水范围。应考虑施工中对邻近建筑物的和其他设施的影响，根据某些试验结果，其影响半径可达到 1.2 倍的浸水坑直径。结合盐渍土层厚度、基础埋深等综合考虑确定浸水范围，一般要求浸水范围自基础外边缘算起，向外扩大 1.5 倍基础埋深。

浸水预溶法在青海油田成功应用的例子不少，但也有不成功的事例，如青海石油管理局某大楼，施工完成后地基因浸水而严重下沉，其主要原因是浸水深度不够，没有充分的消除地基的溶陷性。同时，浸水预溶法的效果与浸水时间、水头和土质条件等密切相关。

6.3.4 化学处治

采用浸水预溶、换土等方法对含盐量较高、盐渍土层较厚的地基是不太适宜的，这时就可以采用化学处治的方法，即通常所说的"以盐治盐"的方法，此方法可分为两种：一种是用氯盐来抑制硫酸盐的膨胀；另一种是通过离子交换，使不稳定的硫酸盐转化成稳定的硫酸盐。研究表明，硫酸钠在氯盐中的溶解度随氯盐浓度的增大而减小，见表 6.3-1。

表 6.3-1　　　　　　不同温度下 Na_2SO_4 在不同浓度 $NaCl$ 溶液中的溶解度　　　　　单位：g/100g 水

温度	21.5℃		27.0℃		35.0℃	
盐类别	NaCl	Na_2SO_4	NaCl	Na_2SO_4	NaCl	Na_2SO_4
溶解度	0.00	21.33	0.00	31.00	0.00	47.94
	9.05	15.48	5.29	27.17	2.14	43.75
	20.41	13.62	16.13	24.82	13.57	26.75
	31.08	10.28	19.64	20.11	18.78	19.54
	33.69	4.73	20.77	19.29	31.91	8.28
	35.46	0.00	32.33	9.53	35.63	0.00

因此，在处理硫酸盐渍土的盐胀时，可采取在土中灌注 $CaCl_2$ 溶液的办法。这是因为 $CaCl_2$ 溶液在土中起到双重效果：一是容易降低 Na_2SO_4 的溶解度；二是 $CaCl_2$ 的溶解度高，易配制溶液，且生成的 $CaSO_4$ 微溶于水，性质稳定。

运用离子交换法处理盐胀时可选用石灰做原料，反应生成的 $CaSO_4$（熟石膏）为难溶盐类，不会给路面造成盐胀病害，从而达到增强路基稳定性和路面强度的目的，并减少由于盐胀对路面材料的侵蚀破坏。

化学处理法使用时应考虑其安全及是否有毒性，此法现正处于在小区域范围内试验阶段，并取得一定的积极成果，若此处理方法最终能得到认可，并得到大范围内的推广，对缺少砂砾材料的盐渍土地区地基病害治理，可产生显著的社会经济效益。

参 考 文 献

［1］ B A 考夫达. 盐渍土的发生与演变［M］. 席承藩，译. 北京：科学出版社，1957.

［2］ T J 马歇尔，J W 霍姆斯. 土壤物理学［M］. 赵诚斋，徐松龄，译. 北京：科学出版社，1986.

［3］ A A 穆斯塔法耶夫. 土壤盐化和碱化过程的模拟［M］. 中国科学院土壤研究所盐渍地球化学研究室，译. 北京：科学出版社，1986.

［4］ BLASER，H D，SCHERER O J. Simultaneous transport of solutes and water under transient unsaturated flow conditions［J］. Water Resour. Res.，1973，9（4），975 – 986.

［5］ NIXON J F，LEM G. Creep and strength testing of frozen saline fine grained soils［J］. Can. Gsotech. J.，1984（12）：518 – 529.

［6］ ABELEV M Y. Problems of construction on saline silts［C］. Proc. of 4th Asian ConfOn Soil Mech，Bangkok，1971.

［7］ GAURI K L. Geologic features and durability of limestones at the sphinx［J］. Environmental Geology and Water Science，1990，16（1）：57 – 62.

［8］ ELERT K，CULTRONE G，NAVARRO C R. et al. Durability of bricks used in the conservation of historic buildings – influence of composition and microstructure［J］. Journal of Cultural Heritage，2003，4（2）：91 – 99.

［9］ SNETHLAGE R，WENDLER E. Moisture cycles and sandstone degradation［A］. In Saving our architectural heritage：The conservation of historic stone structures，eds，. Elsevier，. 1997：7 – 24.

［10］ CNMUFFO D. Microclimate for cultural heritage［M］. Amsterdam and New York：Elsevier，1998.

［11］ ZEHNDER K，ARNOLD A. Crystal growth in salt efflorescence［J］. Journal of Crystal Growth，1989，97：513 – 521.

［12］ PRICE C A，BRIMBLECOMBE P. Preventing salt damage in porous materials［A］. In Preventive conservation，practice，theory and research，eds. A. Roy and P. Smith. London：International Institute for Conservation of Historic and Artistic Works，1994：90 – 93.

［13］ KRAUSKOPF K B. Introduction to geochemistry［M］. New York：McGraw – Hill，1979.

［14］ Goudie A，VILES H. Salt weathering hazards［M］. Chichester：J. Wiley & Sons，1997.

［15］ CORRENS C W. Über die Erklärung der sogennanten Kristallisationskraft［J］. Berichte der Preussischen Akademie der Wissenschaft，1926，11：81 – 88.

［16］ CORRENS C W，STEINBORN W. Experimente zur Messung und Erklärung der sogennanten Kristallisationskraft［J］. Zeitschrift für Kristallographie，1939，101：117 – 133.

［17］ CORRENS C W. Growth and dissolution of crystals under linear pressure［J］. Discussions of the Faraday Society，1949，5：267 – 271.

［18］ WELLMAN H W，WILSON A T. Salt weathering：A neglected geological erosive agent in coastal and arid environments［J］. Nature，1965，205：1097 – 1098.

［19］ MORTENSEN H. Die "Salzsprengung" und ihre Bedeutung für die Regionalklimatische Gliederung der Wüsten［J］. Dr. A. Petermanns Mitteilungen. Gotha：Justus Perthes. 1933，79：130 – 135.

［20］ 卢肇钧，杨灿文. 盐渍土工程性质的研究［J］. 铁道研究通讯，1956，2（3）：15 – 20.

［21］ 铁道部第一勘察设计院. 盐渍土地区铁路工程［M］. 北京：铁道出版社，1988.

[22] 周亮臣. 柴达木盆地西部盐渍土及其工程地质特性 [C]. 中国建筑学会第一届工程勘察学术交流会议论文选集. 北京：中国建筑工业出版社，1984.

[23] 陈肖柏，邱国庆，王雅卿，等. 重盐土在温度变化时的物理、化学性质和力学性质 [J]. 中国科学（A辑），1988（2）：245 – 254.

[24] 陈肖柏，邱国庆，王雅卿，等. 降温时之盐分重分布及盐胀试验研究 [J]. 冰川冻土，1989，11（3）：232 – 238.

[25] FU S F. Geotechnical features of saline soils in Chaidamu Basin west China [C]. Proc 5th International Congress International Association of Engineering Geology，Buenos Aires，1986，2：P971 – 979.

[26] XU Y Z. Problems on saline soil foundation in arid zones in china [J]. 1st Int. Symp. on the Enng Characteristics of Arid Soils，1993，Vol.2：325 – 331.

[27] KANG S Y，GAO W Y，XU X Z. Fild observation of solute migrationin freezing and thawing soils [C]. Procedings of the 7th International Symposium on Ground Freezing，1994：397 – 398.

[28] 徐攸在. 盐渍土地基 [M]. 北京：中国建筑工业出版社，1993.

[29] 罗伟甫. 盐渍土地区公路工程 [M]. 北京：人民交通出版社. 1980.

[30] 陈肖柏，刘建坤，刘鸿绪，等. 土的冻结作用与地基 [M]. 北京：科学出版社，2006.

[31] 徐学祖，王家澄，张立新. 冻土物理学 [M]. 北京：科学出版社，2001.

[32] 李宁远，李斌，吴家惠. 硫酸盐渍土及膨胀特性研究 [J]. 西安公路学院学报，1989，7（3）：81 – 90.

[33] 袁红，李斌. 硫酸盐渍土起胀含盐量及容许含盐量的研究 [J]. 中国公路学报，1993，8（3）：10 – 14.

[34] 费学良，李斌，王家澄. 不同密度硫酸盐渍土盐胀规律的试验研究 [J]. 冰川冻土，1994，16（3）：245 – 250.

[35] 石兆旭，李斌，金应春. 硫酸盐渍土膨胀规律及影响因素的试验分析 [J]. 西安公路学院学报，1994，14（2）：15 – 21.

[36] 杨丽英，李斌. 氯与硫酸根比值对硫酸盐渍土工程性质影响的研究 [J]. 冰川冻土，1997，19（1）：84 – 89.

[37] 彭铁华，李斌. 硫酸盐渍土在不同降温速率下的盐胀规律 [J]. 冰川冻土，1997，19（3）：252 – 257.

[38] 褚彩平，李斌，侯仲杰. 硫酸盐渍土在多次冻融循环时的盐胀累加规律 [J]. 冰川冻土，1998，20（3）：8 – 11.

[39] 高江平，吴家惠. 硫酸盐渍土盐胀性的单因素影响规律研究 [J]. 岩土工程学报，1997，19（1）：37 – 42.

[40] 高江平，吴家惠，邓友生，等. 硫酸盐渍土膨胀规律的综合影响因素的试验研究 [J]. 冰川冻土，1996，18（2）：170 – 177.

[41] 高江平，吴家惠，杨荣尚. 硫酸盐渍土盐胀性各影响因素交互作用规律的分析 [J]. 中国公路学报，1997，10（1）：10 – 15.

[42] 高江平，杨荣尚. 含氯化钠硫酸盐渍土在单向降温时水分和盐分迁移规律的研究 [J]. 西安公路交通大学学报，1997，17（3）：22 – 26.

[43] 高江平，李芳. 含氯化钠硫酸盐渍土盐胀过程分析 [J]. 西安公路交通大学学报，1997，17（4）：19 – 24.

[44] 吴青柏，孙涛，陶兆祥，等. 恒温下含硫酸钠盐粗颗粒土盐胀特征及过程研究 [J]. 冰川冻土，2001，23（3）：239 – 241.

[45] 雷华阳，张文殊，张喜发. 盐渍土渗透性测试和渗透系数计算方法 [J]. 长春科技大学学报，

2000，30 (2)：173-176.

[46] 邓友生，何平，周成林.含盐土导热系数的试验研究 [J].冰川冻土，2004，26 (3)：319-323.

[47] 雷华阳，张文殊，张喜发，等.超氯盐渍土的工程特性指标研究 [J].长春科技大学学报，2001，31 (1)：70-73.

[48] 陈炜韬，王明年，王鹰，等.含盐量及含水率对氯盐渍土抗剪强度参数的影响 [J].中国铁道科学，2006，27 (4)：1-5.

[49] 陈炜韬，李姝，王鹰.含盐量、含盐类别对盐渍土抗剪强度的影响 [J].铁道建筑技术，2005 (6)：54-57.

[50] 郭菊彬，张昆，王鹰.盐渍土抗剪强度与含水率、含盐量及干密度关系探讨 [J].工程勘察，2006，1：12-14.

[51] 张明泉，张虎元，曾正中，等.莫高窟壁画酥碱病害产生机理 [J].兰州大学学报 (自然科学版)，1995，31 (1)：96-101.

[52] 包卫星，谢永利，杨晓华.天然盐渍土冻融循环时水盐迁移规律及强度变化试验研究 [J].工程地质学报，2006，14 (3)：380-385.

[53] 蔺娟，地里拜尔·苏力坦.土壤盐渍化的研究进展 [J].新疆大学学报 (自然科学版)，2007，24 (3)：318-323，328.

[54] 西北矿冶研究院.风电场工程建设项目环境影响报告 [R].白银：甘肃瓜州干河口第八风电场200MW 工程，2008.

[55] 甘肃地质调查局.河西走廊水资源调查评价报告 [R].兰州：甘肃地质调查局，2005.

[56] 汪宁波.风电发展"瓶颈"问题的原因及应对措施 [J].电力技术，2009，19 (3)：4-6.

[57] 王萍.甘肃疏勒河冲积扇发育对构造活动的响应—兼论阿尔金断裂东端新构造活动特征 [D].北京：中国地震局地质研究所，2003.

[58] 王静永.甘肃北山南带峡东地区敦煌岩群中花岗质正片麻岩的确认及其意义 [J].甘肃地质，2008，17 (3)：22-26.

[59] 龚全胜，刘明强，梁明宏，等.北山造山带大地构造相及构造演化 [J].西北地质，2003，36 (1)：11-17.

[60] 郭平.河西走廊水文地质特征简介 [J].水文地质，2001 (9)：70.

[61] 丁宏伟，姚兴荣，闫成云，等.河西走廊祁连山山前缺水区找水方向 [J].水文地质工程地质，2002 (6)：17-20.

[62] 李博文.甘肃北山南带的东西向大型区域剪切作用 [J].西北地质，1990 (4)：10-12.

[63] 左国朝，刘义科，刘春燕.甘新蒙北山地区构造格局及演化 [J]，2003，12 (1)：1-15.

[64] 中国地震年鉴编辑部.中国地震年鉴 [M].北京：地震出版社，1988.

[65] 王峰，苏刚，晋佩东.甘肃北山地区晚第四纪构造变形特征及演化趋势 [J].地震研究，2004，27 (2)：173-178.

[66] 甘肃省地质矿产局.甘肃省区域地质志 [M].北京：地质出版社，1989.

[67] 蔡厚维.试谈河西走廊的新构造运动 [J].甘肃地质，1986 (6)：95-102.

[68] 熊章强.根据地球物理场特征评价核废物处置场址—对疏勒河断裂带稳定性评价 [J].华东地质学院院报，2001，24 (3)：209-213.

[69] 余运祥，刘青林，莫撼.甘肃疏勒河断裂带中段核废物处置库稳定性研究 [J].华东地质学院学报，1995，18 (3)：243-248.

[70] 熊章强.疏勒河断裂中段构造及地震活动对北山岩体稳定性的影响 [J].地震研究，2003，26 (4)：367-371.

[71] 戴文晗.甘肃安西北部地区遥感地质调查—综合遥感技术在甘肃北山南带1：5万地质调查和找金、铀中的应用研究 [J].中国核科技报告，1993 (1)：1-20.

[72] 王龙成. 甘肃北山南带西段金成矿带控矿因素特征 [J]. 黄金科学技术，2007，15 (2)：15 - 19.

[73] 朱瑞成，周华，李传镔. 焉耆盆地盐渍土的工程地质特征 [J]. 工程勘察，1996 (2)：15 - 18，22.

[74] 华遵孟，沈秋武. 西北内陆盆地粗颗粒盐渍土研究 [J]. 工程勘察，2001 (1)：28 - 31.

[75] 钟建平，王志硕，李安旗. 河西地区盐渍土的工程地质特性 [J]. 西北水电，2006 (4)：15 - 17，30.

[76] 姚山. 西北地区盐渍土的工程特性和地基处理 [J]. 工程设计与研究，2005 (2)：41 - 44.

[77] 温利强，杨成斌. 我国盐渍土的成因及分布特征 [D]. 合肥：合肥工业大学，2010.

[78] 李向全，胡瑞林，张莉. 黏性土固结过程中的微结构效应研究 [J]. 岩土工程技术，1999，(3)：52 - 56.

[79] 张梅英. 利用扫描电镜研究土的微观结构有关问题 [J]. 岩土力学，1986，7 (1)：53 - 58.

[80] 独仲德. 黄土微结构特征的扫描电镜观察 [J]. 辐射防护通讯，1990 (3)：22 - 25.

[81] 王家澄，张学珍，王玉杰. 扫描电子显微镜在冻土研究中的应用 [J]. 冰川冻土，1996，18 (2)：184 - 188.

[82] 袁莉民，蒋蔚霞. 对环境扫描电子显微镜 (ESEM) 的认识 [J]. 现代科学仪器，2001 (2)：53 - 56.

[83] 黎立群. 盐渍土基础知识 [M]. 北京：科学出版社，1986.

[84] 王绍令，陈肖柏. 祁连山东段宁张公路在坂山垭口段的冻土分布 [J]. 冰川冻土，1995，17 (2)：184 - 188.

[85] 费学良，李斌. 开放系统条件下硫酸盐渍土盐胀性的试验研究 [J]. 公路，1997 (4)：7 - 12.

[86] 牛玺荣，高江平. 硫酸盐渍土纯盐胀期盐胀关系式的建立 [J]. 岩土工程学报，2007，7 (7)：1058 - 1061.

[87] 高民欢，李斌，金应春. 含氯盐和硫酸盐类盐渍土膨胀特性的研究 [J]. 冰川冻土，1997 (4)：346 - 353.

[88] BLASER H D，SCHERER O J. Expansion of soils containing sodium sulfate caused by drop in ambient temperatures [R]. Proc. of Inte. Conf. on Expansive Soil，Special Report. 1969.

[89] 徐学祖，邓友生，土家澄，等. 含盐正冻土的冻胀和盐胀 [A]. 第五届全国冰川冻土大会论文集 [C]. 兰州：甘肃文化出版社，1996：607 - 618.

[90] 朱瑞成. 盐渍土胀缩机理的初步探讨 [J]. 工程地质信息，1989 (3)：26 - 30.

[91] 樊子卿. 红当公路盐渍土病害治理 [J]. 公路交通科技，1990，7 (3)：17 - 26.

[92] 张文虎. 对新疆焉耆盆地盐渍土铁路路基的浅析 [J]. 中国铁路，1992，11：30 - 32.

[93] 黄立度，席元伟，李俊超. 硫酸盐渍土道路盐胀病害的基本特征及其防治 [J]. 中国公路学报，1997，10 (2)：39 - 47.

[94] 王鹰，谢强. 含盐地层工程性能及其对铁路工程施工的影响 [J]. 矿物岩石，2000，20 (4)：81 - 85.

[95] 丁永勤，陈肖柏. 掺氯化钠治理硫酸盐渍土膨胀的应用范围 [J]. 冰川冻土，1992，4 (2)：107 - 114.

[96] 北京石油化工公司. 氯碱工业理化常数手册 (修订版) [M]. 北京：化学工业出版社，1988.

[97] 任保增，雒廷亮，赵红坤，等. 氯化钠-硫酸钠-水三元体系相平衡 [J]. 中国井矿盐，2003，34 (5)：24 - 25.

[98] 王俊臣. 新疆水磨河细土平原区硫酸（亚硫酸）盐渍土填土盐胀和冻胀研究 [D]. 吉林：吉林大学，2005.

[99] 张琦，顾强康，张俐. 含盐量对硫酸盐渍土溶陷性的影响研究 [J]. 路基工程，2010 (6)：152 - 154.

[100] 宋通海. 氯盐渍土溶陷性试验研究 [J]. 山西交通科技，2007（5）：25-27.

[101] 程东幸，刘志伟，张希宏. 粗颗粒盐渍土溶陷性试验研究 [J]. 工程勘察，2010（12）：27-31.

[102] 耿鹤良，杨成斌. 盐渍土化学潜蚀溶陷过程阶段化模型分析 [J]. 岩土力学，2009，30（sup 2）：232-234.

[103] TERZAGHI K，PECK R B. Soil Mechanics in Engineering Practice [M]. New York：Wiley，1967.

[104] 张洪萍，杨晓华. 盐渍土溶陷性的试验研究与分析 [J]. 中国地质灾害与防治学报，2009，20（4）：95-100.

[105] 杨晓华，张志萍，张莎莎. 高速公路盐渍土地基溶陷性离心模型试验 [J]. 长安大学学报，2010，30（2）：5-9.

[106] 杨晓松. 粉煤灰改良氯盐渍土工程特性的试验研究 [D]. 杨凌：西北农林科技大学，2009.

[107] 冯忠居，乌延玲，成超，等. 板块状盐渍土的盐溶和盐胀性研究 [J]. 岩土工程学报，2010，32（9）：1139-1142.

[108] AL-AMOUDI O S B，Abduljauwad S N. Modified oedometer for arid，saline soils [J]. ASCE J. Geotech. Eng.，1994，120（10）：1892-1897.

[109] AL-AMOUDI O S B，Abduljauwad S N. Compressibility and collapse characteristics of arid saline sabkha [J]. Eng. Geol.，1995，39：185-202.

[110] OENEMA. Sulfate reduction in fine-graind sediments in the Eastern Scheldt，southwest Netherlands [J]. Biogeochemistry，1990，9：53-74.

[111] COOPER C H，CALOW R C. Avoiding gypsum geo-hazards guidance for planning and construction [J]. Technical Report，1998：5-7.

[112] 李永红. 氯盐渍土的变形和强度特性研究 [D]. 杨凌：西北农林科技大学，2006.

[113] 张莎莎，谢永利，杨晓华，等. 典型天然粗粒盐渍土盐胀微观机制分析 [J]. 岩土力学，2010，31（1）：123-127.

[114] 黄晓波，周立新，何淑军，等. 浸水预溶强夯法处理盐渍土地基试验研 [J]. 岩土力学，2006，27（11）：2080-2084.

[115] 何淑军. 克拉玛依机场溶陷性地基处理试验研究 [D]. 北京：中国地质大学，2006.

[116] 许攸在，史桃开. 盐渍土地区遇水溶陷灾害的治理对策 [J]. 工业建筑，1991（1）：16-18.

[117] 许攸在. 确定盐渍土溶陷性的简便方法 [J]. 工程勘察，1997（1）：21-22.

[118] 邓长忠. 盐渍土公路工程溶陷性研究 [A]. 第三届华东公路发展研讨会 [C]，2008.

[119] 张玉. 疏勒河安西总干渠渠基砂碎石盐渍土工程地质研究 [J]. 甘肃水利水电技术，2008，44（6）：416-421.

[120] 余侃柱. 中国内陆砂碎石盐渍土工程特性研究 [A]. 第六次全国岩石力学与工程学术大会论文 [C]. 武汉，2000.

[121] AZAM S. Collapse and compressibility behaviour of arid calcareous soil formations [J]. Bull Eng Geol Env，2000，59：211-217.

[122] 燕宪国. 盐渍土物理力学特性研究 [J]. 华东公路，2009（4）：94-96.

[123] 李小林，马建青，高忠咏，等. 柴达木盆地土壤积盐与盐胀溶陷灾害对工程建设的影响 [J]. 水文地质工程地质，2007（1）：77-80.

[124] 耿树江. 青海西部盐渍土溶陷灾害对建筑物的影响及治理对策 [J]. 中国减灾，1992，2（4）：46-49.

[125] REZNI Y M. Engineering approach to interpretation of oedometer tests performed on collapsible soils [J]. Engineering geology，2000，57：205-213.

[126] TAYLOR G R，MAH A H，KRUSE F A. Characterization of Saline Soils Using Airborne Radar

Imagery [J]. Remote Sens. Environ, 1996, 57: 127 - 142.

[127] ZORLU K, KASAPOGLU K E. Determination of geomechanical properties and collapse potential of a caliche by in situ and laboratory tests [J]. Environ Geol, 2009, 56: 1449 - 1459.

[128] GUTIERREZ N H M, NÓBREGA M T DE, VILAR O M. Influence of the microstructure in the collapse of a residual clayey tropical soil [J]. Bull Eng Geol Environ, 2009, 68 (1): 107 - 116.

[129] 徐学祖. 甘肃盐渍土及土壤水分改良三环节探讨 [J]. 冰川冻土, 1998, 20 (2): 101 - 107.

[130] 何平, 程国栋, 杨成松, 等. 冻土融沉系数的评价方法 [J]. 冰川冻土, 2003, 25 (6): 608 - 613.

[131] 张立新, 韩文玉, 顾同欣. 冻融过程对景电灌区草窝滩盆地土壤水盐动态的影响 [J]. 冰川冻土, 2003, 25 (3): 297 - 302.

[132] 徐学祖. 土体冻胀和盐胀机理 [M]. 北京: 科学出版社, 1995.

[133] RUIZ - AGUDO E, MEES F, JACOBS P, et al. The role of saline solution properties on porous limestone salt weathering by magnesium and sodium sulfates [J]. Environ Geol, 2007 (52): 269 - 281.

[134] EVERETT D H. The thereto dynamics of frost damage to porous solids [J]. Trans Faraday Soc, 1961, 57: 1541 - 1551.

[135] 费雪良, 李斌. 硫酸盐渍土压实特性及盐胀机理研究 [J]. 中国公路学报, 1995, 8 (1): 44 - 49.

[136] 中国水电顾问集团西北勘测设计研究院. 甘肃瓜州干河口第七风电场 200MW 工程工程地质勘察报告 [R]. 西安: 中国水电顾问集团西北勘测设计研究院, 2009.

[137] 赵斌, 李大勇, 匡丽红, 等. 常用温度检测方法的简析 [J]. 黑龙江八一农垦大学学报, 2000, 12 (2): 54 - 59.

[138] 张彦兵, 刘永前, 陈树礼. 半导体温度传感器的应用研究 [J]. 传感技术学报, 2005, 18 (3): 660 - 663.

[139] GARDNER W, KIRKHAM D. Determination of soil moisture by neutron scattering [J]. Soil Sci., 1952, 73 (5): 391 - 401.

[140] MCCANN I R, KINCAID D C, WANG D. Operational characteristics of the watermark model 200 soil water potential sensor for irrigation management [J]. Applied Engineering in Agriculture, 1992, 8 (5): 603 - 609.

[141] 王维真, 小林哲夫. 利用 TDR 对土壤含水率及土壤溶液电导率的同步连续测量 [J]. 冰川冻土, 2008, 30 (6): 488 - 493.

[142] 周凌云, 陈志雄, 李卫民. TDR 法测定土壤含水率的标定研究 [J]. 土壤学报, 2003, 40 (1): 59 - 64.

[143] 张青, 史彦新, 朱汝烈. TDR 滑坡监测技术的研究 [J]. 中国地质灾害与防治学报, 2001, 12 (2): 64 - 66.

[144] 陈赟, 陈云敏, 周群建. 基于 TDR 技术的多种岩土介质含水率试验研究 [J]. 西南交通大学学报, 2011, 46 (1): 42 - 48.

[145] 龚壁卫, 刘艳华, 詹良通. 非饱和土力学理论的研究意义及其工程应用 [J]. 人民长江, 1999, 30 (7): 20 - 23.

[146] ROSCOE K H, BURLAND J B. On the generalized stress strain behavior of wet clay [A]. Engineering Plasticity [C]. Cambridge: Cambridge University Press, 1968: 535 - 609.

[147] 黄文熙. 土的工程性质 [M]. 北京: 水利电力出版社, 1983.

[148] 栾茂田, 李顺群, 杨庆. 非饱和土的理论土-水特征曲线 [J]. 岩土工程学报, 2005, 27 (6): 611 - 615.

[149] FREDLUND D G. 非饱和土的力学性能与工程应用 [J]. 岩土工程学报, 1991, 13 (5): 24-35.

[150] 陈正汉. 非饱和土的应力状态与应力状态变量 [A]. 第七届全国土力学及基础工程学术会议论文集 [C]. 北京: 中国建筑工业出版社, 1994: 186-191.

[151] FREDLUND D G, RAHARDJO H. 非饱和土力学 [M]. 陈仲颐, 张在明, 陈愈炯, 等, 译. 北京: 中国建筑工业出版社, 1997.

[152] 包承纲, 龚壁卫, 詹良通. 非饱和土的特性和膨胀土边坡的稳定问题 [A]. 南水北调膨胀土渠坡稳定和早期滑动预报研究论文集 [C]. 武汉, 1998: 1-31.

[153] 杨代泉. 非饱和土二维广义固结非线性数值模型 [J]. 岩土工程学报, 1992, 14 (S1): 2-12.

[154] 陈正汉, 王永胜, 谢定义. 非饱和土的有效应力探讨 [J]. 岩土工程学报, 1994, 16 (3): 62-69.

[155] 沈珠江. 广义吸力和非饱和土的统一变形理论 [J]. 岩土工程学报, 1996, 18 (2): 1-9.

[156] 汤连生. 从粒间吸力特性再认识非饱和土抗剪强度理论 [J]. 岩土工程学报, 2001, 23 (4): 412-417.

[157] 陈正汉. 重塑非饱和黄土的变形、强度、屈服和水量变化特性 [J]. 岩土工程学报, 1999, 21 (1): 82-90.

[158] 陈正汉, 周海清, FREDLUND D G. 非饱和土的非线性模型及其应用 [J]. 岩土工程学报, 1999, 21 (5): 603-608.

[159] 卢再华, 陈正汉, 孙树国. 南阳膨胀土变形与强度特性的三轴试验研究 [J]. 岩石力学与工程学报, 2002, 21 (5): 717-723.

[160] 徐永福, 史春乐. 宁夏膨胀土膨胀变形规律 [J]. 岩土工程学报, 1997, 19 (3): 95-98.

[161] 徐永福, 傅德明. 非饱和土结构强度的研究 [J]. 工程力学, 1999, 16 (4): 73-77.

[162] XU Y F. Fractal approach to unsaturated shear strength [J]. Journal of Geotech and Geoenviron Eng, ASCE, 2004, 3: 264-274.

[163] 缪林昌, 殷宗泽, 刘松玉. 非饱和膨胀土强度特性的常规三轴实验研究 [J]. 东南大学学报, 2000, 30 (1): 121-125.

[164] 缪林昌, 刘宋玉. 南阳膨胀土的水分特征和强度特性研究 [J]. 水利学报, 2002, 7: 87-92.

[165] 詹良通, 吴宏伟. 非饱和膨胀土变形和强度特性的三轴试验研究 [J]. 岩土工程学报, 2006, 28 (2): 196-201.

[166] 谢定义. 对非饱和土基本特性的学习与思考 [A]. 第二届全国非饱和土学术研讨会论文集 [C]. 杭州: 浙江大学, 2005.

[167] 包承纲. 非饱和土的性状及膨胀土边坡稳定问题 [J]. 岩土工程学报, 2004, 26 (1): 1-15.

[168] 沈珠江. 非饱和土力学实用化之路探索 [J]. 岩土工程学报, 2006, 28 (2): 256-259.

[169] BROOKS R H, COREY A T. Properties of porous media affecting fluid flow [J]. ASCE, Irrig. Drain Div., 1896, 92: 61-681.

[170] VAN GENUCHTEN M T. A close-form equation for predicting the hydraulic conductivity of unsaturated soils [J]. Soil Science Society of America Journal, 1980, 4: 892-898.

[171] TYLER S W, HEATCRAFT S W. Fractal process in soil water retention [J]. Water Resources Res., 1990, 6 (5): 1047-1054.

[172] XU Y F, SUN D A. Determination on of expansive soil strength using afractal model [J]. Fractals-Complex Geometry, Patterns, and Scaling in Nature and Society, 2001 (1): 51-60.

[173] FREDLUND D G, XING A, REDLUND M D. The relationship of the unsaturated soil shear strength function to the soil-water characteristics [J]. Canadian Geotechnical Journal, 1996, 33 (3): 440-448.

［174］　D 希勒尔. 土壤和水-物理原理和过程［M］. 华孟，叶和才，译. 北京：农业出版社，1981.

［175］　AUNG K K，RAHARDJO H，LEONG E C，et al. Relationship between porosimetry measurement and soil－water characteristic curve for an unsaturated residual soil［J］. Geotechnical and Geological Engineering. 2001，19：401－416.

［176］　SILLERS W S，FREDLUND D G，ZAKERZADEH N. Mathematical attributes of some soil－water characteristic curve models［J］. Geotechnical and Geological Engineering. 2001，19：243－283.

［177］　BARBOUR S L. Nineteenth Canadian Geothnical Colloqium：The soil－water characteristic curve：a historical perspective［J］. Canadian Geotechnical Journal，1998，35：873－894.

［178］　HARRISON B A，BLIGHT G E，RAHARDJO H. The use of indicator tests to estimate the drying leg of the soil－water characteristic curves［J］. Unsaturated soils for Asia，2000，2：323－328.

［179］　TAN J L，LEONG E C，RAHARDJO H. Soil－water characteristic curves of peaty soils［J］. Unsaturated soils for Asia，Rahardjo，2000，2：357－362.

［180］　KHAMZODE R M，FREDLUND D G. A new test procedure to measure the soil－water characteristic curves using a small－scale centrifuge［J］. Unsaturated soils for Asia，2000，2：335－340.

［181］　FREDLUND D G，MORGENSTERN N R，AND WIDGER R A. The shear strength of unsaturated soils［J］. Canadian Geotechnical Journal，1978，15（3）：313－321.

［182］　HALLET B. Proceedings of 3rd international conference on permaforst ottawa［J］. National Council of Canada，1978（1）：86－91.

［183］　罗金明，许林书，邓伟. 盐渍土的热力构型对水盐运移的影响研究［J］. 干旱区资源与环境，2008，9（9）：118－123.

［184］　李国玉，喻文兵，马巍. 甘肃省公路沿线典型地段含盐量对冻胀盐胀性影响的试验研究［J］. 岩土力学，2009，8（8）：2276－2280.

［185］　BING H，PING H. Experimental study of water and salt redistribution of clay soil in an opening system with constant temperature［J］. Environ Geol，2008（55）：717－721.

［186］　邱国庆，王雅卿，王淑娟. 冻结过程中的盐分迁移及其与上壤盐渍化的关系［J］. 土壤肥料，1992（5）：15－18.

［187］　贾大林，傅正泉. 利用放射性^{131}I 和^{35}S 研究松沙土土体和地下水盐分的运动［J］. 土壤学报，1979（1）：47－48.

［188］　谢承陶. 盐渍土改良原理与作物抗性［M］. 北京：中国农业科技出版社，1992.

［189］　POUL B P，JUSTIN C J，KELLY P K. Direct experimental validation of the Jones－Ray effect［J］. Chemical Physics Letters，2004（397）：46－50.

［190］　尉庆丰，王益权. 无机盐和有机质对毛管水上升高度的影响［J］. 土壤学报，1989（2）：193－198.

［191］　李小林，杨太保，吴国禄，等. 青海省柴达木盆地北缘生态环境水文地质调查报告［R］. 西宁：青海省环境地质勘察局，2003.

［192］　CLARK I D，FRITZ P. Environmental Isotopes in Hydrogeology［M］. Florida：Lewis Publishers，1997：328.

［193］　KWANG－SIK L，JUN－MO K，DONG－RIM L. Analysis of water movement through an unsaturated soil zone in Jeju Island，Korea using stable oxygen and hydrogen isotopes［J］. Journal of Hydrology，2007，9（345）：199－211.

［194］　雷志栋，杨诗秀. 非饱和土壤水分运移的数学模型［J］. 水利学报，1982，19（2）：141－153.

［195］　张瑜芳，张蔚榛. 垂直一维均质土壤水分运动的数学模拟［J］. 工程勘察，1984（4）：51－55.

[196] 黄康乐. 特征交替法求解二维饱和—非饱和土壤水流问题 [J]. 水文地质工程地质，1989（6）：6-10.

[197] 叶自桐. 利用盐分迁移函数模型研究入渗条件下土层的水盐动态 [J]. 水力学报，1990，2（2）：1-9.

[198] 李朝刚，王春晴. 解非饱和流土壤溶质运移方程的数值方法 [J]. 甘肃农业科技，1996（5）：18-20.

[199] DANIEL D E，LINERS C. Geotechnical Practice for Waste Disposal [M]. Edited by D. E. Daniel. New York：Chapman & Hall，1993.

[200] 兰州大学，中国水电顾问集团西北勘测设计研究院. 酒泉地区盐渍土物理力学特性现场试验研究 [R]. 西安：中国水电顾问集团西北勘测设计研究院，2010.

[201] 熊承仁，刘宝琛，张家生. 重塑黏性土的基质吸力与土水分及密度状态的关系 [J]. 岩石力学与工程学报，2005，24（2）：321-327.

[202] LEONG E C，RAHARDJO H. Review of soil - water characteristic curve equations [J]. Journal of Geotechnical and Geo - environmental Engineering，1997，123：1106-1117.

[203] SILLERS W S，FREDLUND D G. Statistical assessment of soil - water characteristic curve models for geotechnical engineering [J]. Canadian Geotechnical Journal，2001，38：1297-1313.

[204] FREDLUND D G，XING A Q. Equations for the soil - water characteristic curve [J]. Canadian Geotechnical Journal，1994，31：521-532.

[205] GUPTA S C，LARSON W E. Estimating soil water retention characteristics from particle size distribution，organic matter percent，and bulk density [J]. Water Resources Research，1979，15（6）：1633-1635.

[206] ARYA L M，PARIS J F. A physicoempirical model to predict the soil moisture characteristic from partical - size distribution and bulk density data [J]. Soil Science Society of America Journal，1981，45：1023-1030.

[207] ARYA L M，LEIJ F J，VAN GENUCHTEN M T，et al. Scaling Parameter to Predict the Soil Water Characteristic from Particle - Size Distribution Data [J]. Soil Science Society of America Journal，1999，63：510-519.

[208] CHAN T P，GOVINDARAJU R S. Estimating soil water retention curve from particle - size distribution data based on polydisperse sphere systems [J]. Soil Science Society of America，2004，3：1443-1454.

[209] HWANG S I，CHOL S I. Use of a lognormal distribution model for estimating soil water retention curves from particle - size distribution data [J]. Journal of Hydrology，2006，323（1-4）：325-334.

[210] FREDLUND M D，WILSON G W，FREDLUND D G. Use of the grain - size distribution for estimation of the soil - water characteristic curve [J]. Canadian Geotechnical Journal，2002，39：1103-1117.

[211] FREDLUND M D，FREDLUND D G，WILSON G W. Prediction of the soil - water characteristic curve from grain - size distribution and volume - mass properties [J]. Brazilian Symposium on Unsaturated Soils，1997，3：1-12.

[212] FREDLUND M D，FREDLUND D G，WILSON G W. An equation to represent grain - size distribution [J]. Canadian Geotechnical Journal，2000，37：817-827.

[213] FREDLUND M D，WILSON G W，FREDLUND D G. Use of grain - size functions in unsaturated soil mechanics [J]. Proceedings of the GeoDenver Conference，Denver，Colorado，2000：68-83.

[214] 工程地质手册编委会. 工程地质手册（第五版）[M]. 北京：中国建筑工业出版社，2018.

[215] MEDLEY E. Orderly characterization of chaotic Franciscan mélanges [J]. Felsbau Rock and Soil Engineering – Journal for Engineering Geology Geomechanics and Tunneling，2001，19（4）：20 – 33.

[216] IRFAN T Y，TANG K Y. Effect of the coarse fraction on the shear strength of colluviums in Hong Kong [R]. Hong Kong：Geotechnical Engineering office Report，1993.

[217] 郭庆国. 粗粒土的工程特性及应用 [M]. 郑州：黄河水利出版社，1998.

[218] KAWAKAMI H，ABE H. Shear characteristics of saturated gravelly clays [J]. Transactions of the Japanese Society of Civil Engineers，1970，2（2）：295 – 298.

[219] PATWARDHAN A S，RAO J S，GAIDHANE R B. Interlocking effects and shearing resistance of boulders and large size particles in a matrix of fines on the basis of large scale direct shear tests [C]. Proc 2nd Southeast Asian Conference on Soil Mechanics，Singapore，1970：265 – 273.

[220] SAVELY J P. Determination of shear strength of conglomerates using a Caterpillar D9 ripper and comparison with alternative methods [J]. International Journal of Mining and Geological Engineering，1990（8）：203 – 225.

[221] 刘建锋，徐进，高春玉，等. 土石混合料干密度和粒度的强度效应研究 [J]. 岩石力学与工程学报，2007，26（S1）：3304 – 3310.

[222] 董云. 土石混合料强度特性的试验研究 [J]. 岩土力学，2007，28（6）：1269 – 1274.

[223] 赵川，石晋，唐红梅. 三峡库区土石比对土体强度参数影响规律的试验研究 [J]. 公路，2006，11：32 – 35.

[224] 谢婉丽，王家鼎，张林洪. 土石粗粒料的强度和变形特性的试验研究 [J]. 岩石力学与工程学报，2005，24（3）：430 – 437.

[225] 徐安花，房建宏. 盐渍土抗剪强度变化规律的研究 [J]. 公路工程与运输，2005（147）：54 – 58.

[226] MAN A，GRAHAM J. Pore fluid chemistry，stress – strain behaviour，and yielding in reconstituted highly plastic clay [J]. Engineering Geology，2010，116：296 – 310.

[227] FREDLUND D G，RAHURDJO H. Soil Mechanics for Unsaturated Soils [M]. New York：John Wiley & Sons，1993.

[228] FREDLUND D G，XING A Q，FREDLUND M D，et al. The relationship of unsaturated soil shear strength to the soil – water characteristic curve [J]. Canadian Geotechnical Journal，1995，32：440 – 448.

[229] ARCHIE G E. The electric resistivity log as an aid in determining some reservoir characteristics [J]. Transactions of the American Institute of Mining and Metallurgical Engineers，1942，146：54 – 61.

[230] WAXMAN M H，SMITS L J M. Electrical conductivity in oil – bearing shaly sand [J]. Society of Petroleum Engineers Journal，1968，8（2）：107 – 122.

[231] CLAVIER C，COATES G，DUMANOIR J. The theoretical and experimental bases for the "dual water" model for the interpretation of shaly sands [C]. 52nd Annual fall Technical Conference，Denver，Colorado，1977.

[232] 查甫生，刘松玉，杜延军，等. 非饱和黏性土的电阻率特性及其试验研究 [J]. 岩土力学，2007，28（8）：1671 – 1676.

[233] 刘国华，王振宇，黄建平. 土的电阻率特性及其工程应用研究 [J]. 岩土工程学报，2004，26（1）：83 – 87.

[234] 刘松玉，韩立华，杜延军. 水泥土的电阻率特性与应用探讨 [J]. 岩土工程学报，2006，28（11）：1921 – 1926.

[235] 董晓强，白晓红，赵永强，等. 硫酸侵蚀下水泥土的电阻率特性研究 [J]. 岩土力学，2007，

28（7）：1453-1458.

[236] 缪林昌，严明良，崔颖. 重塑膨胀土的电阻率特性测试研究［J］. 岩土工程学报，2007，29（9）：1413-1417.

[237] 韩立华，刘松玉，杜延军. 一种检测污染土的新方法——电阻率法［J］. 岩土工程学报，2006，28（8）：1028-1032.

[238] 白兰，周仲华，张虎元，等. 污染土的电阻率特征分析［J］. 环境工程，2008，26（2）：66-69.

[239] LARISA POZDNYAKOVA. Electrical properties of soils ［D］. Wyoming：University of Wyoming，1999.

[240] KELLER G，FRISCHKNECHT F. Electrical methods in geophysical prospecting ［M］. New York：Pergamom Press，1966.

[241] CAMPBELL R B，BOWER C A，RICHARDS L A. Change of electrical conductivity with temperature and the relation of osmotic pressure to electrical conductivity and ion concentration for soil extracts ［J］. Soil Science Society of America Proceedings，1948：66-69.

[242] 韩立华，刘松玉，杜延军. 温度对污染土电阻率影响的试验研究［J］. 岩土力学，2007，28（6）：1152-1155.

[243] 刘松玉，查甫生，于小军. 土的电阻率室内测试技术研究［J］. 工程地质学报，2006，14（2）：216-222.

[244] 张志权. 不同粉黏粒含量盐渍土的工程性质研究［D］. 西安：长安大学，2004.

[245] 铁道部第一勘测设计院. 铁路工程设计技术手册［M］. 北京：中国铁道出版社，1992.

[246] 吕文学，顾晓鲁. 硫酸盐渍土的工程性质［A］. 第七届土力学及基础工程学术会议论文集［C］，1994.

[247] LKLAE W，WHITE O，INGLES G. 岩土工程［M］. 俞调梅，叶书麟，曹名葆，等，译校. 北京：中国建筑工业出版社，1986.

[248] 叶书麟，韩杰，叶观宝. 地基处理与托换技术［M］. 北京：中国建筑工业出版社，1994.

[249] 欧阳葆元. 盐渍土地区工程勘察和筑路问题［J］. 工程勘察，1981（5）：12-17.

[250] 中国石油化工总公司北京设计院. 硫酸盐渍土工程性质和处理方法［R］. 北京：中国石油化工总公司北京设计院，1985.

[251] 金应教，张振乾. 盐渍土地区岩土工程勘察与预防危害处理实录［A］. 第二届全国岩土工程实录交流会岩土工程实录集［C］，1990.

[252] 乌鲁木齐铁路局. 灌注氯化钙治理硫酸盐渍土路基病害［R］. 乌鲁木齐：乌鲁木齐铁路局，1983.

[253] 王洪杰. 西北地区盐渍土修筑路基的几个问题［R］. 克拉玛依：新疆石油勘察设计研究院，1979.

[254] 耿树江. 青海西部地区盐渍土溶陷对建筑物的影响及治理对策［J］. 中国减灾，1992（2）：40-42.

[255] 铁道部第一设计院. 青藏铁路察尔汗盐湖南岸超氯盐渍土地区路基修筑的研究总结［R］. 兰州：铁道部第一设计院，1979.

[256] 徐攸在，史桃开. 盐渍土地基遇水溶陷灾害原因及治理对策［M］. 北京：中国科学技术出版社，1990.

[257] KAZI A，MOUM J. Effect of leaching on the fabric of normally consolidated marine clays ［C］. Proc. Int. Symp on Soil Structure. Gothenburg，Sweden，1973.

[258] FOOKES P G. Middle East inherent foundation ［J］. Quarterly Journal Of Engineering Geology And Hydrogeology，UK，1978，（5）：78-84.

[259] BLASER H D，SCHERER O J. Expansion of soils containing sodium sulfate caused by drop in-

ambient temperatures [C]. Proc. of Intn. Conf on Expansive Soil：Special Report，1969.

[260] 盐渍土地区建筑规定编制组. 盐渍土地基的侵蚀性及其防护 [R]. 北京：盐渍土地区建筑规定编制组，1992 (7)：42-45.

[261] 铁道科学研究院铁建所. 青藏铁路察尔汗盐湖及超盐渍土区段建筑材料防侵蚀研究 [R]. 北京：铁道科学研究院铁建所，1976，(9)：34-38.

[262] 中国科学院青海湖研究所. 青藏线察尔汗盐湖钾镁液体矿开采对铁路路基基底稳定性影响的研究 [R]. 西宁：中国科学院青海湖研究所，1977 (3)：23-28.

[263] 陈肖柏. 温降时盐分重分布及盐胀试验研究 [J]. 冰川冻土，1989 (4)：66-70.